まえがき

このテキストの主題　統計学の方法は数理的に組み立てられていますが，その方法は，「あるモデルを想定できること」を前提として展開されています．また，データが「ある仮定をみたすきれいな型であること」を前提として展開されています．

したがって，「場面に応じて方法を選択し，適用の仕方を考えること」が必要ですから，このテキストではひとつひとつの方法の数理に深く立ち入ることよりも，幅の広さを優先してシラバスを組み立てています．いいかえると，種々の手法の論理面を重視しているという意味で『統計学の論理』と題したのです．

このテキストの構成　まず，たくさんの観察対象について観察した結果，数字を1セットの情報として扱い，その中にひそむ傾向性を見出すために，「傾向線で説明されずに残った部分」の大きさを表わす残差分散に注目することを説明し，それを最小にするという基準から傾向線を誘導できることを説明します（第1章，第2章）．

これは2つの変数について $X \Rightarrow Y$ を想定した扱いですが，2つの変数の扱いとしては，(X, Y) を1つの総合値に集約するという扱い方があります．このような種々の場面でのデータの表わし方を区別した後，総合値を求める問題の扱い方を第4章で説明します．

つづいて，傾向線を求めるにしても，総合値を求めるにしても，他と同一には扱えない「外れ値」の影響を避けるためにそれを識別する方法が必要です．これが第5章のテーマです．

トピックスとして，第6章で統計調査などの「集計値」の扱い方を説明します．

また，「時系列データ」について，変化率や寄与率などの指標を使って時間的変化を把握し，変化を説明すること（第7章），さらに，レベルとレートを区別し，かつ，相互の関係に注目して，現象の変化をレベルレート図を使って説明

でき（第8章），その成長経路を表わすモデル式を誘導できること（第9章）を説明します．

このテキストの説明方法　このテキストでは，**実際の問題解決に直結**するように，適当な実例を取り上げて説明しています．数理を解説するのですが，その数理がなぜ必要となるのか，そうして，数理でどこまで対応でき，どこに限界があるのか … そこをはっきりさせるために選んだ実例です．

　実際の問題を扱いますから，コンピュータを使うことを前提としています．

学習を助けるソフト　このシリーズでは，そういう学習を助けるために，第9巻『統計ソフトUEDAの使い方』にデータ解析学習用として筆者が開発した**統計ソフトUEDA**（Windows版 CD-ROM）を添付し，その解説を用意してあります．

　分析を実行するためのプログラムばかりでなく，手法の意味や使い方の説明を画面上に展開するプログラムや，適当な実例用のデータをおさめたデータベースも含まれています．

　これらを使って，
> テキスト本文をよむ
> → 説明用プログラムを使って理解を確認する
> → 分析用プログラムを使ってテキストの問題を解いてみる
> → 手法を活用する力をつける
> → …

という学び方をサポートする「学習システム」になっているのです．

　このテキストと一体をなすものとして，利用していただくことを期待しています．

2002年10月

上　田　尚　一

目　次

1. **データ解析の進め方** ―――――――――――――――――――― 1
   - 1.1　データの変動とその説明　1
   - 1.2　平均値の対比　4
   - 1.3　分散とその意味　5
   - 1.4　区分けの有効度評価　9
   - 1.5　2要因を組み合わせて区分した場合　12
   - 1.6　残差の表示　15
   - 　　問　題　1　17

2. **傾向線の求め方** ――――――――――――――――――――― 19
   - 2.1　数量データと分類データ　19
   - 2.2　残差分散と決定係数　20
   - 2.3　傾向線の導出 ―― ひとつの考え方　23
   - 2.4　集計データを使う場合　26
   - 　　問　題　2　32

3. **2変数の関係の表わし方** ――――――――――――――――― 37
   - 3.1　2変数の関係をみる論理　37
   - 3.2　2次元散布図とその見方　38
   - 3.3　分散・共分散と相関係数　43
   - 3.4　第三の変数を考慮に入れる　47
   - 　　問　題　3　50

4. **主成分（総合指標）の見方** ――――――――――――――― 53
   - 4.1　主成分（総合化）　53
   - 4.2　2変数の場合の主成分　56
   - 4.3　分布のひろがりと方向の表示 ―― 集中楕円　60
   - 4.4　集中多角形　63
   - 　　補注　集中多角形の導出　64

4.5　等頻度原理による集中範囲の表示　66
　　　　　補注　観察値の分布の表現　68
　　　問 題 4　71

5. **傾向性と個別性** ─────────────────────── 73
　　　5.1　2変数の関係をみる（因果関係の見方）　73
　　　5.2　決 定 係 数　75
　　　5.3　残差プロット　77
　　　5.4　アウトライヤーへの考慮　84
　　　5.5　ひろがり幅を示す　90
　　　5.6　第三の変数を考慮に入れる　93
　　　　　補注1　各部分でみた決定係数から全体でみた決定係数を計算　99
　　　　　補注2　各部分でみた決定係数を個別に計算　100
　　　　　補注3　ダミー変数　100
　　　　　補注4　スプライン関数　101
　　　問 題 5　102

6. **集計データの利用** ─────────────────────── 104
　　　6.1　統計情報の情報源　104
　　　6.2　値域区分の仕方とウエイトづけ　108
　　　6.3　決定係数の解釈　113
　　　6.4　比較できる平均値，比較できない平均値　117
　　　6.5　時系列データ，コホートデータ　121
　　　問 題 6　126

7. **時間的変化をみる指標** ─────────────────── 128
　　　7.1　変化と変化率　128
　　　7.2　比率と限界性向　134
　　　7.3　限界性向と弾力性係数　140
　　　7.4　寄与率，寄与度　149
　　　問 題 7　158

8. **ストックとフロー** ─────────────────────── 161
　　　8.1　ストックとフロー　161
　　　8.2　発 生 率　163
　　　8.3　モ デ ル　165

目　次　　　v

　　8.4　滞留期間の情報　166
　　8.5　遷 移 確 率　169
　　8.6　ストック・フローのデータの見方　172
　　　問 題 8　176

9. **時間的推移の見方 ── レベルレート図** ────────── 178
　　9.1　レベルレート図　178
　　9.2　指数型成長曲線　184
　　9.3　成長曲線のモデル　187
　　9.4　循環現象のモデル　190
　　9.5　モデル選定の考え方　191
　　　問 題 9　194

付　　録　196
　　A. 図・表・例題の資料源　196
　　B. 付表：図・表・問題の基礎データ　199
　　C. 統計ソフト UEDA　217

索　　引　219

● スポット
　　　分散分析　14
　　　dirty data の cleaning　49
　　　ラウンド　52
　　　統計情報の公表　107
　　　追跡調査，回顧調査　125
　　　パーセントとパーセントポイント　133
　　　システムダイナミックス　171

● プログラム
　　　DATAEDIT の使い方　34
　　　VARCONV の使い方　35
　　　RATECOMP の使い方　160

《シリーズ構成》

1. 統計学の基礎 ……………………… どんな場面でも必要な基本概念．
2. 統計学の論理 ……………………… 種々の手法を広く取り上げる．
3. 統計学の数理 ……………………… よく使われる手法をくわしく説明．
4. 統計グラフ ………………………… 情報を表現し，説明するために．
5. 統計の活用・誤用 ………………… 気づかないで誤用していませんか．
6. 質的データの解析 ………………… 意識調査などの数字を扱うために．
7. クラスター分析 …………………… ⎫ 多次元データ解析とよばれる
8. 主成分分析 ………………………… ⎬ 手法のうちよく使われるもの．
9. 統計ソフト UEDA の使い方 …… 1〜8に共通です．

1 データ解析の進め方

簡単な例をあげて，このテキストで何を学ぶかを説明します．
また，データ解析において，種々の「分散」が定義されること，そして，データの変動をどの程度説明できたかを評価する役割を果たすことを説明します．

▷1.1 データの変動とその説明

① 表1.1.1に示す情報が得られているものとしましょう．20世帯について，それぞれの1か月あたり生計費などを調べたものです．当然，世帯ごとにちがった値をもっていますが，そのことについて，「およそこれくらいだ」，あるいは「このくらいの範囲だ」といった発言はできるでしょう．

「この世帯は…」という発言ではなく，調査した20世帯全体のデータを「1つのバッジ」とみたときに見出される「一般的な傾向」について発言するのです．

表1.1.1 説明用データ

世帯番号	生計費支出額	世帯人員	世帯主の職業	世帯番号	生計費支出額	世帯人員	世帯主の職業
1	34	2	A	11	45	3	B
2	36	2	A	12	44	3	B
3	35	2	B	13	45	4	C
4	39	2	C	14	42	4	C
5	40	3	B	15	46	4	B
6	39	3	A	16	49	4	C
7	43	3	C	17	42	4	A
8	45	3	C	18	41	4	B
9	38	3	C	19	44	4	C
10	42	3	C	20	50	4	B

専門用語を使っていうと，20世帯を1つの「集団」とみなしたときにみられる規則性（これを「集団的規則性」または「統計的規則性」とよびます）について発言しようとするのです．

以下では，こういう発言の仕方を「客観的な手法」として組み立てていくことを考えましょう．

② まず，表1.1.1のデータのうち生計費支出額を図示してみましょう．

データの全貌がわかりさえすれば，どんな方法でもけっこうです．たとえば，図1.1.2のようにします．平均42ですが，34〜50の範囲に広く散布しています．

一見して明らかなように，各世帯の値には，かなり大きい格差がみられます．この格差をどう説明すべきでしょうか．また，"わが家の情報と比べる"ことを考えた場合，このデータからどんな情報を取り出すべきでしょうか．こういう問題を考えるのです．

図1.1.2 全体でみた分布

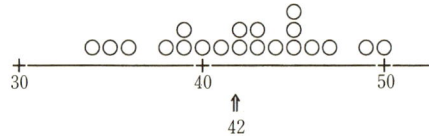

③ 支出金額は，世帯人員によってちがうでしょう．そこで，図を世帯人員で区分けしてみましょう．図1.1.3のようになります．当然ですが，データ全体を一括して扱った場合の図1.1.2と同じ形式，同じスケールでかくべきです．

そうしないと，「世帯人員のちがいによって，分布の位置がどうかわったか」をよみとれません．

分布の位置を比べると，世帯人員2の場合，3の場合，4の場合と右側にずれています．また，若干の例外があるものの，重なりはわずかです．

図1.1.3 世帯人員で区分してみた分布

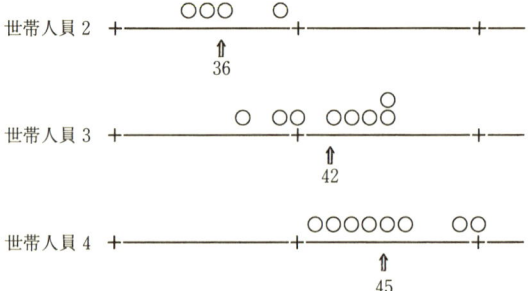

よって，
　　　支出金額は，"世帯人員によってちがう"
といってよいでしょう．
　わが家の情報と比べるべきものは，図1.1.3のうち，わが家と同じ世帯人員の部分です．図1.1.3があるのに，図1.1.2と比べようという人は，ないでしょうね．あるとすれば世帯人員がかわる予定の世帯ですが，その場合も，世帯人員を特定してみるのです．
　④　もうひとつ，図1.1.3でみると，点のちらばり幅（ここでは，3つの部分のそれぞれについてみます）が狭くなっていることに注目しましょう．図1.1.2では無視されていた「世帯人員」を考慮に入れたため，図1.1.2で"ちらばり"とみなされていた部分の一部が，図1.1.3では，"世帯人員によるちがい"としてわけられたためです．いわば，
　　　「こう説明できる」として取り出されたため，
　　　　未説明だった「ばらつきの部分が小さくなったのだ」
と解釈すればよいのです．いいかえると
　　　データがもっている情報が
　　　　世帯人員で区分けしてみることによって説明された
という評価ができることを意味します．
　⑤　基礎データには，世帯主の職業が含まれています．生計費は，職業によってもちがうかもしれません．「…かもしれない」… それなら，情報が求められているのですから，確かめるために分析してみましょう．
　図1.1.3と同じ形式で図示すると，図1.1.4のようになります．
　この場合，職業A，B，C，…に対応するデータの分布範囲はかなり重なっています．この情報にもとづいて，職業によって差があるとはいいにくそうです．
　しかし，差がないともいえません．どちらかはっきりせよ … と，せっかちな要求を出す人がいるかもしれませんが，データにもとづく判断としては，

図1.1.4　職業で区分してみた分布

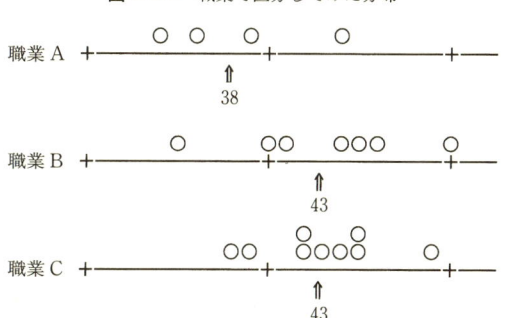

"どちらともいえない"という第三の場合
を認めるべきです．
　実際は Yes, No のいずれかであるにしても，今使っている情報では判断できない場合に，そのことを無視して結論（根拠づけがなされていない結論）を出すのは，統計手法のルールに反することですから注意しましょう．
　さらに説明を深めるためには，収入や年齢などを取り上げることになるでしょう（第5章参照）が，ここではこの範囲で考えます．

▶1.2　平均値の対比

　①　1.1節で例示したように，グラフをかくと，十分に事態を把握できたようです．
　生計費のちがいは，世帯人員のちがいによって説明できる，しかし，職業によっては説明できない…ということです．
　これに対して，「ちがいがある，ない」という定性的な表現を，「これだけちがう」という定量的な表現におきかえたい場合があるでしょう．できるなら，そうする方がよさそうです．
　そのためには，たとえば，世帯人員別あるいは職業区分別に，それぞれの区分での平均値を計算して，平均値どうしを比べてみる…それでよさそうです．
　世帯人員別のちがいは 36, 42, 45 であり，職業別のちがいは 38, 43, 43 であることが簡単に計算できます．また，すでに図示してあります．
　②　しかし，「世帯人員によって説明できる，職業によっては説明できない」という（わりきった）答え方には，重要な問題点が含まれています．
　　　　　平均値を比べて，十分なことがいえるでしょうか．
　図1.1.4 を使って説明しましょう．
　この図では，平均値を計算してその位置を矢印で示してありました．ただし，そうすることによる効果について，考えなおしてみることが必要でしょう．
　平均値だけに注目すると，職業 B, C はほとんど同じで，A は小さいという結論を出したくなりますが，これは，誤りです．その理由は，2つあります．
　第一に，個々の世帯レベルでの議論と，平均レベルでの議論はちがうという理由です．世帯レベルでみると，たとえば B, C で A の平均より小さい値をもつ世帯があります．また，A には B, C の平均より大きい値をもつ世帯があります．そういう事実を無視した発言にしてよいでしょうか．差が小さいときには，「とりたてていうほどの差ではない」という言い方が考えられます．
　　　　　「同一条件の世帯でもみられるバラツキ」を考慮に入れる
と，このような含みをもたせた言い方をすることになるのです．
　第二に，平均レベルで議論する（たとえば職業 A と B との差をみる）ことが目的だ

としても，平均値では表現されない世帯間格差を無視してはいけないのです．
　平均値の上下に広い幅をもって分布していることが，重要な情報です．
　平均値だけでみると，この情報が失われてしまいます．そして，そのことから，わずかな差を誇張した結論を出すという誤読（これも誤読です）をおかすおそれがあります．
　したがって，1.1節で例示した一連の図のように，「世帯間格差のわかる表現をする」のが基本です．いいかえると，
　　　　平均値に注目して傾向性を比較するにしても，
　　　　それだけでは表現されない個別性を考慮に入れる
ことが必要です．
　③　こう考えると，「職業によって差があるとはいえない」ことが明らかでしょう．「差があるとはいえない」という表現では，「差がない」といっているわけではありません．平均値の数字でみると差があるのですが，世帯間格差の存在に注目すると，「その差が職業のちがいにより起こった差だとは断定できない」という意味をこめているのです．長い表現になりますから，
　　　　「差があるとはいえない」という表現をする
ことが多いのですが，
　　　　「差がない」といいかえてはいけない
のです．
　なお，世帯間格差という表現は，「対象が，それぞれの区分内では条件が同じだとみられるように区分けされていること」を前提としています．他と同じ事情にあるとはいいにくいデータが混在しているときには，それを，別グループにわけて扱うなどの措置が必要です．その措置なしに，たとえば平均値を計算すると，意味のない（説明しようのない）値になってしまいます．このことについては，たとえば本シリーズ第1巻『統計学の基礎』を参照してください．「混同要因」あるいは「シンプソンのパラドックス」というキーワードのもとで論じられる問題です．

▶ 1.3　分散とその意味

　①　「データを対比する」という手法に関して，
　　　　対比を可能ならしめるために対象を区分けするステップが必要
だということ，そして，
　　　　各区分内での差が小さければそれぞれを1つの平均値で代表できるが，一般には，各観察単位のデータが平均値の上下にちらばっている度合いもあわせてみるべきだ
と指摘しました．
　したがって，「データの比較」の論理を数理的に精密化するには，

　　　　　各区分内でのデータの格差を測る指標

が必要です．

　②　「最大値と最小値との差」として測る（もちろん比較しようとする区分ごとに求める）のが一案ですが，それでよいでしょうか．

　最大値や最小値は，なんらかの特別の事情をもっていることが多いものです．実際のデータを扱うときには，まず，それらについて，特別の事情の有無を調べることが必要でしょう．その過程を経ずに，最大値や最小値がこうだという議論は避けるべきです．

　「特別の事情にあるデータ」に注目することはひとつの着眼点です．それを無視せよということではありませんが，他の多数部分についてみられる程度のちらばりとわけて考えよということです．いいかえると，多数部分でちらばりを測ろうとする場合には特別の事情をもつ可能性のある最大値，最小値を使わず

　　　　　多数部分の情報を"要約する"形の指標

を使うべきだということです．

　③　そのためのひとつの案は，標準偏差を使うことです．これが，一般に用いられる指標ですから，知っている人が多いでしょう．必ずしもそれを使うのが妥当というわけではありません（9ページの注1を参照）が，ここでは，通説にしたがうこととし，これを使ってデータを対比する数理を説明しましょう．

　④　このあたりから少し記号を使います．

　統計の議論では，いくつかの観察単位（たとえば20世帯）について求めた指標値（たとえば家計支出金額20個）を1セットの情報として扱いますから，それに対応する形で，記号を定義して使います．すなわち，指標を表わす記号（たとえば，X）と，観察単位を表わす記号（たとえば，I）とを組み合わせた記号（この場合 X_I）を使います．必要に応じて，指標部分を Y とかえたり添字部分を J とかえたりするのです．

　また，区分けした場合は，区分を表わす添字（たとえば K）と観察単位を表わす添字（たとえば I）とを組み合わせて X_{KI} のようにします．数学的な表現ですが，添字を具体的な意味に対応づけています．統計データの意味を表現するためにたいへん便利な表現ですから，慣れてください．

　この記号を使って平均値の算式をかいてみましょう．支出金額を X，世帯人員区分を K，それぞれの区分内での世帯番号を I とすると，基礎データは，X_{KI} と表わされます．平均値は，"X の"という意味で X，その"平均値だ"という意味で，上に横棒をつけた記号 $\bar{X}$ を使います．

　データ数は記号 N で表わしましょう．ただし，区分けしていますから，データ $\bar{X}_K$ の計算に用いるデータ数は N_K とかくことになります．

　以上の記号によって，平均値の算式を

$$\bar{X}_K = \frac{X_{K1} + X_{K2} + \cdots}{N_K}$$

とかくことができます．

　もうひとつ，Σ という記号も有用です．上の表現における分子は，X_{KI} の合計ですから，"X_{KI} の"という意味で X_{KI}，"合計"という意味で Σ を使って，ΣX_{KI} と表わします．合計をとる範囲を $\sum_{I=1}^{N_I} X_{KI}$ のように明示すれば完全ですが，文脈から判断できるので省略することが多いのです．例示の場合，左辺が $\overline{X}_K =$ となっていれば添字 K が残っているから，I についての計だとわかること，そして，計をとる範囲は，特にことわっていない場合は，"その I についてのすべてだ"と了解することで，ΣX_{KI} と略記するのです．

　これを使うと，平均値の算式は

$$\overline{X}_K = \frac{\Sigma X_{KI}}{N_K}$$

とかけます．

⑤　記号の準備が長くなりましたが，ここで，標準偏差の定義を説明しましょう．
　平均値 $\overline{X}_K$ を区分 K を代表する値とみなすと，それとの差，すなわち偏差は

$$D_{KI} = X_{KI} - \overline{X}_K$$

です．

　この偏差は，観察単位ごとに異なります．したがって，ひとつひとつの観察単位ごとに D_{KI} をみていくのが基本です．ただし，偏差全体を1セットとみて，"およそこのくらい"と，1つの平均的な値でみれば十分とされる場合もあるので，

$$\frac{D_{K1}{}^2 + D_{K2}{}^2 + \cdots}{N_K} \text{ の平方根}$$

として定義される指標を使います．これが，標準偏差です．ギリシャ文字 σ で表わすことが多いので（通称ですが）「シグマ」とよばれます．

　標準偏差の2乗を分散とよびます．Σ を使うと，区分 K での分散は

$$\sigma_K{}^2 = \frac{\Sigma D_{KI}{}^2}{N_K}$$

です．

⑥　これまでの説明から，表1.3.1のように計算手順を組み立てることができます．

　計算例は，世帯人員2の場合です．

　これにならって，世帯人員3の区分および世帯人員4の区分についても分散を計算してみましょう．

　また，区分けせず，データ全部を一括した場合はどうなるでしょうか．

　世帯人員による区分別にみた分散は

　　　3.50，6.50，9.00

表 1.3.1　分散の計算例

データ番号 I	データ X_I	平均 $\overline{X}$	偏差 D_I
1	34	36	-2
2	36	36	0
3	35	36	-1
4	39	36	3
計	144		14
平均	36.0		3.5

世帯人員区分に対応する添字を省略．

となるはずです。

全体を一括して分散を計算すると17.70です。

この例では，各区分でみた分散はすべて，これより小さくなっています．この例ではそうですが，いつもそうだとは限りません．1.4節で説明します。

なお，表の偏差の欄は必要です。

最後の結果があっていれば，どんな様式で計算してもよい … そういう説は，不適切です．上述したように，ひとつひとつのデータについて偏差 D_I の情報を求めておくことが必要ですから，表1.3.1の様式を使う習慣をつけましょう．計算機を使うときも同じです．そういう出力形式で答えを表示するプログラムを使いましょう。

見出しの"計"は，X_I に対しては計，D_I に対しては2乗したものの計（平方和とよぶ）を意味します．また，"平均"は，N でわるという計算を示すものと解釈しても，平均値という見出しだと解釈してもよいものです．後の解釈では D_I の欄は，"偏差の2乗"の平均値，すなわち，分散です．

⑦ 図1.1.3，1.1.4にそれぞれ区分での平均値の位置を書き込んでみてください．また，"平均値＋標準偏差"と，"平均値－標準偏差"とを結ぶ線を書き込んでみてください．

こうすると各区分の情報の重なり具合をよみやすくなります．データのちらばりを線で表示しましたから，ひとつひとつの値を示すマークは省きましょう．これが，図1.3.2です．

⑧ なお，"平均値と他の平均値との差"について発言するための幅をつける場合がありますが，ここで考えているのは"分布の重なり"をみるための幅です．

"平均値の差"をみる問題と別のものです．「平均値の差の大きさを評価する指標」は，各区分のデータ数 N_K が関係してきます．すなわち $\sigma_K/\sqrt{N_K}$ です．ここで使うのは，σ_K です．

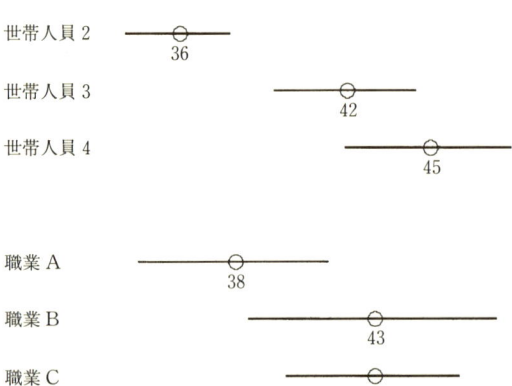

図1.3.2　平均値と標準偏差の比較

◇**注1** 標準偏差の定義においては，D_l が正の場合と D_l が負の場合とを同一視しています．+3も−3も2乗して同じ+9として扱おうということですが，それでよいのか気になりませんか．

大きい方への偏差と小さい方への偏差は意味がちがい，値もちがうのに，標準偏差を使うとそのことがわからない … そういう表現になることが，標準偏差を使う場合の問題点です．

◇**注2** 標準偏差のもうひとつの欠点は，データ中の最大値・最小値の影響を受けやすいことです．1.3節の②で述べた"最大値−最小値"を使う案の欠点が解消されないのです．

◇**注3** これらの点を問題視し，データの表わし方を基本にもどってみなおす方向で展開された「EDA(探索的データ解析)」とよばれる考え方があります．
たとえば本シリーズ第1巻『統計学の基礎』を参照してください．

▷1.4 区分けの有効度評価

① 図1.1.3と図1.1.4によって，支出額 X の変動は，世帯人員(以下 U と表わす)で区分し，それぞれの平均値を基準としてみるとかなり小さくなること，また，職業(以下 V と表わす)で区分した場合はあまりかわらないことがわかりました．

このことは，この例に関しては図で十分にわかりましたが，いつもそうとは限りません．したがって，この論理を，図にたよらず，数理的な基準を使う形に組み立てることが必要です．

そのためには，分散の定義を改めて，種々の区分けの仕方について，その有効性を測る方式を組み立てることを考えます．

② 前節の表1.3.1で U による区分の1つについて分散を計算しました．他の区分についても計算してください．また，V による区分についても計算してみてください．

U で区分けした場合，それぞれの区分での分散は，区分けしなかった場合の分散と比べて，次のように小さくなっています．このことは，どの区分でも同じです．

$$17.70 \Rightarrow (3.50, 6.50, 9.00)$$

これに対して，V で区分けした場合は，小さくなったところと，大きくなったところがあります．

$$17.70 \Rightarrow (11.5, 20.0, 9.8)$$

③ ここで括弧書きしたのは，1つの項目(U または V)で区分けした各区分に対応する1セットの情報だからです．そこで，これら1セットの情報の平均を計算してみましょう．

V の場合小さくなったところ，大きくなったところがありましたが，平均(各区分でみた分散の平均です)でみたらどうかを調べるのです．

U の場合　　$17.70 \Rightarrow 6.90$

V の場合　　$17.70 \Rightarrow 13.70$

となります．V の場合も，平均では減少しています．

なお，この場合の平均は，

　　　各区分の N がちがうことを考慮して，N をウエイトとする加重平均，
すなわち，

$$\frac{4\times3.50+8\times6.50+8\times9.00}{20}$$

$$\frac{4\times11.5+7\times20.0+9\times9.8}{20}$$

としています．この加重平均の計算式

$$\sigma^2=\frac{N_1\times\sigma_1{}^2+N_2\times\sigma_2{}^2+N_3\times\sigma_3{}^2}{N}$$

に分散の定義式 $\sigma_K{}^2=\Sigma D_{KI}{}^2/N$ を代入すると，

$$\sigma^2=\frac{\Sigma D_{KI}{}^2}{N}, \quad D_{KI}=X_{KI}-\bar{X}_K$$

が導かれます．したがって，この σ^2 は

　　　偏差は，"各区分での"平均値を基準として測り

　　　その加重平均は，"区分全体"を通算して計算
した形になっています．

　これを級内分散とよび，$\sigma_{X|U}{}^2$ とかきます．

　この記号においては

　　　添字の X は X の偏差をみること，

　　　$|U$ は，要因 U で区分けしてみたものであること
を示しています．V で区分けした場合は，添字の U を V とかえるわけです．

　④　級内分散の計算は，次の表1.4.1のフォームによって行なうとよいでしょう（比較のために全分散の計算フォームを併記してあります（表1.4.2））．各区分ごとにみた分散も一緒に計算されます．級内分散の場合も，全分散の場合と同じく，個々のデータの偏差も記録しておくべきです．計算機を使う場合も同じです．

　⑤　級内分散に対し，区分を考えなかった場合の分散，すなわち，

　　　偏差を，"全体での"平均値を基準として測り

　　　その加重平均を，"区分全体"を通算して計算
した分散を，全分散とよび，$\sigma_X{}^2$ とかきます．

　◆注　偏差も，分散も，「ある標準とみられる値を基準とみなし，それからの差を測ったもの」です．したがって，標準の選び方によって，種々の分散が定義されることになります．「一定の条件下で観察をくりかえした場合」には，全体での平均値を基準とするのが唯一となりますが，一般にはそうではありません．

　一般に，「全分散 $\geqq$ 級内分散」が成り立ちます．等しくなるのは，「区分けしたがどの区分でも平均値が等しかった」という特殊な場合です．

　したがって，

1.4 区分けの有効度評価

表 1.4.1 級内分散の計算

データ番号	区分	指標値 X_I	平均値 $\bar{X}$	偏差 D_I
1	A	34	38	−4
2	A	36	38	−2
3	B	35	43	−8
4	C	39	43	−4
5	B	40	43	−3
6	A	39	38	1
7	C	43	43	0
8	C	45	43	2
9	C	38	43	−5
10	C	42	43	−1
11	B	45	43	2
12	B	44	43	1
13	C	45	43	2
14	C	42	43	−1
15	B	46	43	3
16	C	49	43	6
17	A	43	38	5
18	B	41	43	−2
19	C	44	43	1
20	B	50	43	7
区分A 計		152		46
平均		38.0		11.50
区分B 計		301		140
平均		43.0		20.00
区分C 計		387		88
平均		43.0		9.78
全体 計		840		274
平均		42.0		13.70

表 1.4.2 全分散の計算

データ番号	区分	指標値 X_I	平均値 $\bar{X}$	偏差 D_I
1	A	34	42	−8
2	A	36	42	−6
3	B	35	42	−7
4	C	39	42	−3
5	B	40	42	−2
6	A	39	42	−3
7	C	43	42	1
8	C	45	42	3
9	C	38	42	−4
10	C	42	42	0
11	B	45	42	3
12	B	44	42	2
13	C	45	42	3
14	C	42	42	0
15	B	46	42	4
16	C	49	42	7
17	A	43	42	1
18	B	41	42	−1
19	C	44	42	2
20	B	50	42	8
全体 計		840		354
平均		42.0		17.70

$$R^2 = \frac{\sigma_X^2 - \sigma_{X|U}^2}{\sigma_{X|U}^2}$$

によって,平均値間の差の大きさを評価できます.いいかえると,区分けしてみることの有効性を評価することができるのです.

この R^2 を"決定係数"とよびます.

⑥ この決定係数の"データ解析の手段としての意義"はたいへん重要です.

全分散と級内分散の"定義上のちがい"が"偏差を測る基準のちがい"であることから,

　　　　区分け ⇒ 偏差を測る基準の精密化 ⇒ 分散の減少

という論理をたどることができます.

したがって,種々の要因による区分けや,2つ以上の要因を組み合わせた区分けについて,

　　　　"区分けして説明することの有効度"を計測

できるのです.これが,"分散分析"とよばれる分析手段です.

なお，分散の減少分
$$\sigma_{X \times U}^2 = \sigma_X^2 - \sigma_{X|U}^2$$
を級間分散とよびます．X の変動と要因 U との関連性が大きいほどその値が大きくなりますから，X と U との関連度を評価する指標です．

これを使うと，決定係数は
$$R^2 = \frac{\sigma_{X \times U}^2}{\sigma_X^2}$$
となります．

⑦　3種の分散の関係を図1.4.3，1.4.4のように図示しましょう．

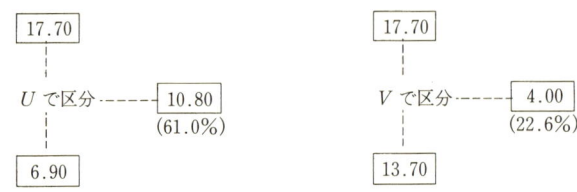

図1.4.3　要因 U の効果の分析　　　図1.4.4　要因 V の効果の分析

この図によって，各種の分散の変化を追ってみることができます．

分析の流れにしたがって，分散が次第に減っていくことから，次のまとめのように理解することができます．

> 　　　　分散　…　データ解析の手順としての位置づけ
> 　　**全分散**——当初の未説明部分
> 　　　　　　　すなわち，分析前の潜在情報量
> 　　**級内分散**—区分け後も残った未説明部分
> 　　　　　　　すなわち，分析後の潜在情報量
> 　　**級間分散**—区分けにより説明された部分
> 　　　　　　　すなわち，分析により顕在化された情報量

したがって，
　　　"潜在情報量"を逐次"顕在化していく"
のがデータ解析の指導原理になっているのです．

こう考えると，潜在あるいは顕在化という表現がぴったりです．

▷1.5　2要因を組み合わせて区分した場合

①　前節の計算によって，生計費 X の変動について，世帯人員 U による区分けでは情報の61.0%，職業 V による区分けでは情報の22.6%を説明できることがわかり

ました.

では,両方を組み合わせると何%の情報を説明できるでしょうか.

61.0%と22.6%を足して83.6%だとするのは正解ではありません.2つの要因を組み合わせたときには,それぞれの効果のほかに,両者の相互関連の結果として,いわゆる相乗効果,相殺効果が発生するからです.61.0%+22.6%ではその効果分が重複計算になる,あるいは脱落することになるのです.

② したがって,それを考慮して要因U, Vの効果および交互作用を評価するためには,2つの要因を組み合わせて区分けしてみることが必要です.表1.4.1と同じ形式で,2つの要因の組み合わせに対応する平均値を求め,それらを基準とする級内分散を計算します.

図1.4.2にその結果をつけ足したものが,図1.5.1です.

③ この図で注意を要するのは,"Uで区分"と"Uで細分"とのちがいです.

この図の10.80は,データをUで区分けすることにより説明される情報量です.

これに対し,8.27は,Vで区分されていることを前提にして,さらにUで細分することにより説明される情報量です.Uの効果の評価値という意味では同じです.ちがいは偏差を測る基準で,前者ではUの区分別平均値を使うのに対して,後者ではU, Vの組み合わせ区分ごとの平均値を使う形になっています.

いいかえると,後者では,

Vでも区分することによってVの影響を補正したもの,

そういう意味で精密化されているのです.

したがって,どちらもUの効果の評価値ですが,前者を「粗評価値」,後者を「補正ずみ評価値」と区別します.

④ また,図示するように,2とおりの評価値の差(例示では2.53)を「交互作用」とよびます.

図1.5.1 2つの要因U, Vの効果の分析

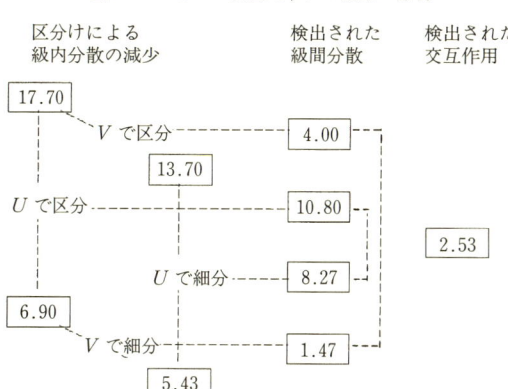

この交互作用は，定義から，U の効果の粗評価値を補正するための項です．

> U の効果を評価するときに
> 　V の影響を考慮していない粗評価値
> 　V の影響を考慮して補正した補正ずみ評価値
> この差が交互作用

また，2つの要因が重なることによって発生するものですから，2つの要因の相互関連として説明される（相乗効果または相殺効果に相当する）部分の大きさを計測するものになっています．

U, V を組み合わせず別々に扱った場合と比べると次のような関係になっており，粗評価値では，交互作用分が重複計算になっていることに注意してください．

U の効果（粗評価値）　10.80　⎡ 8.27　U の効果（補正ずみ評価値）
　　　　　　　　　　　　　　　⎢ 2.53　U, V の交互作用
V の効果（粗評価値）　 4.00　⎣ 1.47　V の効果（補正ずみ評価値）

また，V の効果は，粗評価値でみると大きいようであっても，V そのものの効果ではなく，V の区分において U の平均値にちがいがあることから発生する交互作用を含むこと，そうして，その部分が大きいことに注意しましょう．

なお，この関係から，交互作用は，

　U の効果の粗評価値に対する補正項であると同時に，
　V の効果の粗評価値に対する補正項でもある

のです．

◆注1　「U の効果と V の効果の差をみる」ことが目的だとすれば
　　　　$\sigma_U{}^2 - \sigma_V{}^2 = \sigma_{U|V}{}^2 - \sigma_{V|U}{}^2$
が成り立ちますから，粗評価値でみても，補正ずみ評価値でみても同じということになります．

◆注2　各区分の観察単位数が不ぞろいの場合，そのことによる影響が重なるため，「交互作用は相乗効果あるいは相殺効果だ」という解釈はできません．いいかえると，そう解釈するためには，観察単位数の影響を補正することが必要なのです．

分散分析

変数 X に対する種々の要因の効果を測るために，分散を使うことを本文で説明しました．一般のテキストでは，さらに，各要因の効果が誤差範囲をこえているか否かを検定する手段につづけるものとして説明していますが，そこまで進めるには，データの変動に関するいくつかの前提が必要です．その前提が成り立っていなくても，ここで説明した範囲で使うことができますから，ここでは，仮説検定を含まずに，分散分析とよぶことにしています（本シリーズ第1巻『統計学の基礎』参照）．

▷1.6 残差の表示

① 分析結果をわかりやすく説明するには，グラフなどをかくことを考えましょう．

もちろん，必要なのは，取り上げている問題に答えるグラフです．この章で取り上げた例題では，「世帯の生計費支出の変動の説明」が目的でした．当然それに答える形の説明を与えるグラフを用意しなければなりません．

分析の過程で種々の平均値を計算しました．それらを比較するためには，1.3節でかいた図1.3.2で十分わかります．"平均値を求めてそれを比べる"という限定され

図 1.6.1(a) 生計費支出の世帯間格差を説明する種々の基準(1)

全体での平均値と
それからの残差

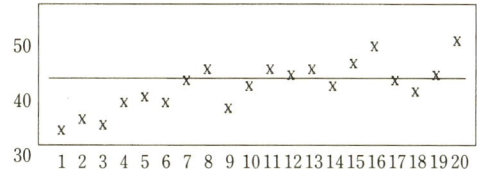

世帯人員別の平均値と
それからの残差

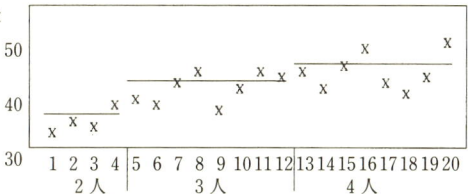

図 1.6.1(b) 生計費支出の世帯間格差を説明する種々の基準(2)

全体での平均値と
それからの残差

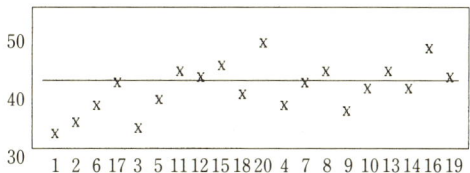

職種区分別の平均値と
それからの残差

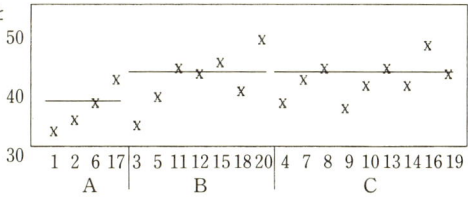

た問題意識ならそれでよいのですが，世帯間変動を説明しようという問題意識にたちかえると，平均値に注目して比較するだけでなく，平均値では表わされていない「個々の世帯間変動」もよみとれるグラフにしましょう．標準偏差を示してあるにしても，十分ではありません．

特にこの例では，図1.5.1に示したように，U, V を考慮に入れても残差分散が 5.43 (30%) の大きさです．データの変動の30%が説明されずに残る … いいかえると，世帯間格差が大きいのですから，その事実を示すことが必要です．

◆注　この節では，「個々の観察値」と，そのバラツキを説明する「基準値」との差を「残差」とよびます．これまでの節では「偏差」とよんでいたのですが，「全体でみた平均値」以外にも種々の説明基準が考えられることから，提唱された説明基準値で説明されずに残った部分というニュアンスで，残差とよぶのです．

② 分散の計算過程でひとつひとつの世帯について，残差を記録しておいたはずです．それを，たとえば図1.6.1(a)あるいは(b)のように図示すればよいでしょう．

世帯間格差を示すのですが，格差をみるための基準をいくとおりか導出していますから，それと関係づけたグラフにしているのです．

基礎データ(図の×印)と，その変動を説明する基準(図に書き込まれた補助線)が明示されており，×印と線との差(それが残差)をみて，それぞれの基準の有効性がよみとれます．

③ この節で，変数値の変動を説明する種々の基準を取り上げ，それぞれの説明基準の有効性を測れることを学びましたが，その部分の答えは，分析結果の説明という意味では，主たる説明(図1.6.1による説明)を補う形で言及することです．

分散分析表や分散の変化を示すフロー図(図1.5.1)は専門家用でしょうか．

しかし，このテキストで説明したように，分析のロジックを示すことを考えるなら採用してよい図だと思います．

結果を説明するための図が図1.6.1，分析手順を説明するための図が図1.5.1です．

● **問題 1** ●

【分散の計算】
問1 (1) 表1.1.1のうち世帯人員3の区分について，表1.3.1の形式によって分散を計算せよ．世帯人員4の区分についても計算せよ．
(2) 表1.1.1のデータについて，世帯人員で区分した場合の級内分散を表1.4.1の形式によって計算せよ．

【分散の定義】
問2 (1) プログラム AOV01E（注）を使って，分散の定義および計算方法に関する本文の説明を復習せよ．
(2) AOV02E を使って，データ数が多い場合については，分布表の形に整理した後，分散を計算できることを確認せよ．
(3) AOV03E を使って，級内分散の定義および計算方法の説明をよみ，全分散と比較することによって，区分けの基準の有効度を評価できることを確認せよ．

　　注：31ページ「問題について」を参照．

【分散の計算プログラム】
問3 (1) 付表Bのうち食費支出のデータについて，平均値と分散を計算せよ．プログラム AOV01A を使うこと．付表Bのデータは，ファイル DH10V に記録されている．
(2) 付表Bのうち食費支出のデータを次の値域区分別にわけて，平均値と分散を計算せよ．

値域区分	0.5~	1.0~	1.5~	2.0~	2.5~	3.0~	3.5~	4.0~	4.5~
度数	2	9	19	17	11	6	2	0	2

　　注：DH10V にこの区切り値を指定するキイワードを付加したデータファイル DH10VX を用意してあります．AOV01A でこのデータファイル DH10VX を指定すると，各区切りに属するデータ数をカウントした上，プログラム AOV02A を自動的に呼び出して計算します．

(3) (2)の扱いでは，各値域区分のデータを同一の値とみて計算するので，(1)の結果と一致しない．値域区分の区切り方を細かくして計算してみよ．また，粗くして計算してみよ．

注：プログラム DATAEDIT を呼び出してデータファイル DH10VX を指定するとその内容が画面に表示されます．その中の「区切り値指定文」をおきかえると，作業用データファイル WORK.DAT ができるので，プログラム AOV01A データ WORK.DAT を指定すればその区切りを使った場合の計算が行なわれます．

【区分けの効果をみるための図】

問4 (1) 付表 B のうち食費支出のデータについて，プログラム BUNPU0 とデータファイル DH10V を使って，各値域区分に属するデータ数を「カウント」する図をかけ．このプログラムで「幹葉表示」または「カウント」を指定すると，図 1.1.2 と同様な機能をもつ図がかける．区切り値は，任意に指定できる．

注：BUNPU0 では分布図をかくための区切り値を指定して分布図などをかきますが，その後で「分散を計算する」と指定すると，問3(3)と同じ計算が行なわれます．

(2) 付表 B のうち食費支出のデータについて，世帯人員によるちがいをみるために，(1)と同様の図をかけ．食費の値域区分は(1)と同じにせよ．また，世帯人員区分は，2人，3人，4人，5人以上とすること．世帯人員区分別にわけたデータはファイル DH10VS に記録されている．

(3) (2)において世帯人員区分を 2〜3 人，4 人，5 人以上の 3 区分とせよ．

【分散分析】

問5 (1) 問4(2)の場合の級内分散は，問4(3)の場合の級内分散より小さくなっている．そうなる理由を説明せよ．また，数理的にそうなることを証明せよ．

(2) 問4(3)でみた世帯人員ごとに食費支出の平均値と標準偏差を計算し，図 1.3.2 の形に図示せよ．計算はプログラム AOV01A とデータファイル DH10VS で行ない，図は，その結果を利用して手書きすること．

問6 (1) 問5(2)で行なった区分別比較の効果を示すために図 1.4.3 と同様な図をかけ．

(2) 世帯人員3区分と実収入3区分を組み合わせた場合について，図 1.5.1 と同様な図をかけ．2つ以上の項目区分を組み合わせるときには，プログラム AOV04 とデータファイル DH10V を使う．これを使うと，図 1.5.1 の形式の図も出力される．

問7 (1) 世帯人員による区分（問6(2)で使った3区分）と，消費支出総額区分（3区分とする）を組み合わせた場合について問6(2)と同様な図をかけ．

(2) 実収入による区分（問6(2)で使った3区分）と，消費支出総額区分を組み合わせた場合について問6(2)と同様な図をかけ．

問8 食費支出のちがいを説明するために，世帯人員，実収入，消費支出総額の3つの情報のうち2つを選んで使うものとすれば，どれとどれを選ぶのがよいか．問6(2)，7(1)，7(2)の結果を参照して，最も有効な組み合わせを選ぶこと．

2 傾向線の求め方

2つの変数 X, Y の関係を表わす傾向線を求めることによって Y の値の大小を説明する … こういう場面では,傾向線による計算値を基準とする残差分散に注目し,その大きさによって,傾向線の有効性を評価できること,したがって,有効な傾向線を求めうることを解説します.

▶2.1 数量データと分類データ

① これまでは,ある被説明変数(たとえば生計費) X の変動を説明するために,職業区分と世帯人員区分を使ってきました.これらの変数(説明変数)によって対象世帯を区分し,区分間の差をみようという考え方によっていたのです.この考え方では,職業も世帯人員も,対象世帯を分類するための基礎データとして使っていたことになります.

職業の方はそれで問題ないにしても,世帯人員の方は,別の扱い方がありえます.

たとえば,「平均でみると世帯人員が2.8人,生計費が38であるが,世帯人員によって,1人あたり4.0増える形になっている」… こういう説明の仕方をする場合です.

表1.1.1のデータの場合は,世帯人員2人のときの平均値は36,3人のときの平均値は42,4人のときの平均値は45でしたから,2人から3人に増えた場合 +6,3人から4人に増えた場合 +3 ですが,傾向性をみるという観点で"1人あたり4程度の増加だ"という情報要約はありえます."1人増えたらいくら増える"という値そのものが世帯によって異なりますから,その平均をみるのだと考えればよいのです.

② このような考え方を展開するためには,生計費 X と世帯人員 U に関して,傾向線のタイプ,たとえば直線関係

$$X = a + bU$$

を想定し,その係数 a, b を定める … こういう方法を採用します.

その方法の数理は，次節以降で説明します．
簡単に考えるなら，グラフをかいて見当をつけることでもよいのです．
例示の場合，たとえば

$$X = 29 + 4 \times U$$

はどうでしょうか．

③ この節での提唱は，世帯人員を世帯の質的属性として扱う(前章の場合)のでなく，量的な変数として扱おうとすることです．

量的な扱いをするデータを「数量データ」，質的な扱いをするデータを「質的データ」とよびます．

職業は質的な扱いしかできませんが，世帯人員は，もとは同じ変数であっても，両方の扱いが可能です．どちらの扱いがよいかという問題も出てきますが，どちらの扱いも可能です．

◆注 被説明変数(生計費支出)の方は量的なデータです．

説明変数の方はどちらの場合もありえますが，結果的には，被説明変数の量的変化を説明するという"量的な扱い"につながることになります．たとえば，職業Aの世帯は平均より+5よけいにかかる…そういう傾向だという言い方になるのです．こうみると，結果的には，質的データについても数量的な見方を誘導していることになります．

質的データの分析方法としてよく使われる"数量化の方法"のひとつの例にあたります．

▶ 2.2 残差分散と決定係数

① 質的データ扱いをする場合にどう区分するかが問題となりますが，区分の仕方の良否が決定係数で評価されることを説明しました．

数量データ扱いをする場合にも，想定する関数関係について，想定の良否を評価する指標が必要です．

そうして，数量データ扱いをする場合については，数量として扱うのではなく，階級わけして質的区分におきかえて扱うこともできるわけですから，どちらが有効かをも判定できるような指標にすることが必要です．

そのためには，前章と同じく分散分析を適用します．ただし，分散の大きさを測るための基準はかえなければなりません．

② X と U の関係としてたとえば，$X = 29 + 4 \times U$ が提唱されているものとします(ここでは，この式が提唱された根拠は問わないこととします)．この式を使って説明することは，この式による計算値 X^* を基準とみることを意味しますから，偏差すなわち説明されずに残った変動を，

観察値－想定した関係式による計算値

として測ります．また，偏差の平均を表わす分散や標準偏差も，この偏差の2乗平均で評価します．すなわち分散の形を採用します．この場合の分散を残差分散とよびます．

$$\sigma_{X|U}{}^2 = \frac{1}{N}\sum(X_I - X_I{}^*)^2, \qquad X_I{}^* = 29 + 4 \times U_I$$

偏差を測る基準を平均値 $\overline{X}$ でなく，関係式による計算値 X^* とおきかえたものですから呼び名をかえますが，偏差の測度という意味では，前章の級内分散と同じです．

また，全分散に対する減少率すなわち決定係数，減少量すなわち級間分散（残差分散に対応して回帰分散とよばれる）も同じ意味で使われるのです．

$$R^2 = \frac{\sigma_X{}^2 - \sigma_{X|U}{}^2}{\sigma_X{}^2}$$

③ 次はこれらの分散のまとめです．

表 2.2.1 数量データと質的データの扱い

基礎データ	使い方	説明の仕方	有効性	有効性評価
質的データ	質的データ	各区分での平均値で説明	区分けの仕方が問題	級内分散の減少
数量データ	同上（階級区分）	同上	同上	同上
数量データ	数量データ	導出した関係式で説明	関係の型と強さが問題	残差分散の減少

④ これまで同様，表 1.1.1 のデータを使って例示しておきましょう．

X（＝生計費支出）を説明するのに，U（＝世帯人員数）を使うものとします．また，ここでは，X と U の関係として，$X = 29 + 4 \times U$ が得られているものとして扱います．

表 2.2.2 が残差分散の計算，図 2.2.3 が結果の図的要約です．U を分類データとして扱った場合の表 1.4.1，図 1.4.3 と形式を合わせてありますから，対比してください．

世帯人員を階級区分して扱った場合，級内分散が 6.90 になっていましたが，数量データとして扱った場合の残差分散は 7.50 です．

階級区分すなわち質的データとして扱う方が有効だという結果です．関係式 $X = 29 + 4 \times U$ の想定をかえればどうかという問題が残っていますが（後の節で説明します），どんなうまい想定をしても，

"関係式による説明の効率は，

区分けによる説明の効率を上まわることはない"

のです．この点で，データの区分けは，たいへん重要な手法です．ただし，関係式による説明も，数式表現としての便利さがありますから，効率に大差がなければ採用することはありえます．

表 2.2.2 は，この想定による計算値を基準とする残差分散の計算です．

また，図 2.2.3(a) は，この想定の有効性を評価するために分散の変化を図示したものです．

⑤ **数量化** ここでは質的データ $(2, 3, 4)$ に対して，$(37, 41, 45)$ をわりあてた結果となっています．これに対して前章の場合は $(36, 42, 45)$ をわりあてています．

表 2.2.2 残差分散の計算

データ番号	説明変数	観察値 X	想定値 X^*	偏差 DX
1	2	34	37.0	3.0
2	2	36	37.0	−1.0
3	2	35	37.0	−2.0
4	2	39	37.0	2.0
5	3	40	41.0	−1.0
6	3	39	41.0	−2.0
7	3	43	41.0	2.0
8	3	45	41.0	4.0
9	3	38	41.0	−3.0
10	3	42	41.0	1.0
11	3	45	41.0	4.0
12	3	44	41.0	3.0
13	4	45	45.0	0.0
14	4	42	45.0	−3.0
15	4	46	45.0	1.0
16	4	49	45.0	4.0
17	4	43	45.0	−2.0
18	4	41	45.0	−4.0
19	4	44	45.0	−1.0
20	4	50	45.0	5.0
全体 計		840		150.0
平均		42.00		7.50

想定値は, $X=29+4\times U$ による.

図 2.2.3 分散の比較

(a)
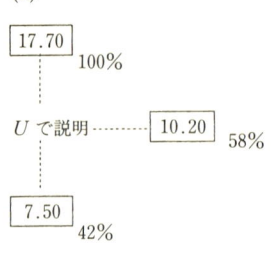

(b) 図 1.4.3 を組み合わせて表示
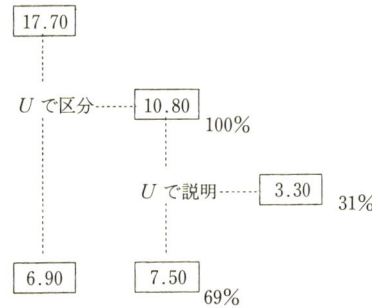

この章の扱いでは「2, 3, 4 に対して直線関係だという限定をおいている」ために,「そういう限定なしで扱う場合より決定係数が低くなる」のです.

⑥ 基礎データを代表する傾向線を求めることを
   a. 基礎データを各区分を代表する平均値 (系列) で代表させる.
   b. その平均値系列に近い直線を見出す.
と 2 つのステップの組み合わせだと解釈することもできます.

こう解釈すると, a にともなう分散の変化と b にともなう分散の変化を 1 つの図にまとめることができます. 図 2.2.3(b) です. いいかえると, 前章の図 1.4.3 と図 2.2.3(a) を 1 枚にまとめたのです.

このおきかえは, 後の節の説明に関係してくるのですが, ここでは,
    U で区分するということ,
    U で説明すること (X と U の関係を想定すること),
をわけて考えるのだと了解できます.

▷ 2.3 傾向線の導出 ── ひとつの考え方

① 傾向線による説明を採用するつもりなら，その前提下で，できる限り有効な式を見出すようにすべきです．たとえば，被説明変数 X，説明に使う変数 U に対して，直線関係

$$X = a + b \times U \tag{1}$$

を使うものとします．これをデータ (X_I, U_I) に適用した場合，この線から外れる部分がありますから，その外れを e_I とかくと

$$X_I = a + b \times U_I + e_I \tag{2}$$

となりますが，この e_I ができるだけ小さくなるように (e_I の分散が小さくなるように) a, b を定めることを考えるのです．これが"最小2乗法"です．こうして定めた関係式を使い，データの変動を説明しようとする手法が回帰分析です．その数理あるいは適用上の注意は，別のテキストでくわしく説明します．

② ここでは，そういう本格的な説明はぬきにして，「こう考えればわかりやすい」という説明形式を採用しましょう．

想定した関係式に関して，

U の値が平均値の場合，対応する X の値は X の平均値になる

すなわち

平均値 $(\bar{U}, \bar{X})$ の位置をとおる

ことを条件としましょう．

この条件から

$$\bar{X} = a + b \times \bar{U} \tag{3}$$

をみたすことになります．

すると，(2), (3) 式から

$$X_I - \bar{X} = b \times (U_I - \bar{U}) + e_I$$

です．

b の見積もりを出すのが目的ですが，そのために

$$b_I = \frac{X_I - \bar{X}}{U_I - \bar{U}}$$

に注目しましょう．

この b_I は，平均値の位置を原点とし，データの各点を結ぶ直線の傾斜を表わしています．e_I がついていますから，b_I と b は一致しませんが，どちらも，原点とデータ (観察値または傾向線上の値) とを結ぶ線の傾斜です．したがって，これら b_I の平均を「b の推定値」とするのが妥当と考えられます．

ただし，平均から離れた位置にある点ほど「傾斜を測る上では有効」です．$(U_I - \bar{U})$ が小さいと b_I の誤差が大きくなるため，すべての点を平等に扱うのでな

く，平均値からの距離 $(U_I-\bar{U})^2$ を重みとする加重平均を使うとよいでしょう．
すなわち
$$b=\frac{\sum W_I b_I}{\sum W_I}, \qquad W_I=(U_I-\bar{U})^2$$
とします．書き換えると
$$b=\frac{\sum(U_I-\bar{U})(X_I-\bar{X})}{\sum(U_I-\bar{U})^2} \tag{4}$$
です．

したがって，(3)式と(4)式によって a と b を定めることができます．すなわち，傾向線を定めることができます．

この結果は，最小2乗法による結果と一致します．

③ この計算は，表2.3.1によって進めます．

共分散についての説明は後の章でしますが，ここでは，分散と共分散について，それぞれの定義式が

　　分散では X または U の偏差の2乗和，
　　共分散では2種の偏差をかけて加えたもの

の平均になっていることに注目しておいてください．計算表の3番目のブロックの $DXDU$ の欄でこれらを計算しています．それぞれの計を N でわったものが分散，共分散です．

表の下部で，(3),(4)式による a,b の計算を行なっています．

表 2.3.1 分散・共分散，回帰係数，残差分散の計算

#	データ		偏差		偏差の2乗または積			傾向値	残差
	X	U	DX	DU	$DXDX$	$DXDU$	$DUDU$	X^*	DX^*
1	34	2	-8.0	-1.2	64.00	9.60	1.44	36.86	-2.86
2	36	2	-6.0	-1.2	36.00	7.20	1.44	36.86	-0.86
3	35	2	-7.0	-1.2	49.00	8.40	1.44	36.86	-1.86
4	39	2	-3.0	-1.2	9.00	3.60	1.44	36.86	2.14
5	40	3	-2.0	-0.2	4.00	0.40	0.04	41.14	-1.14
6	39	3	-3.0	-0.2	9.00	0.60	0.04	41.14	-2.14
7	43	3	1.0	-0.2	1.00	-0.20	0.04	41.14	1.86
8	45	3	3.0	-0.2	9.00	-0.60	0.04	41.14	3.86
	⋮		⋮		⋮			⋮	
20	50	4	8.0	0.8	64.00	6.40	0.64	45.43	4.57
計	840	64			354.00	48.00	11.20		148.29
平均	42.0	3.2			17.70	2.40	0.56		7.41

回帰式の計算　　$b=2.40/0.56=4.286$
　　　　　　　　$a=42.0-4.286\times 3.20=28.286$
　　　　　　　　$\sigma^2=17.70-4.286\times 2.40=7.416$
　　　　　　　　$R^2=(17.70-7.416)/17.70=58.10\%$
　　　　　　　　$X^*=28.286+4.286U$

2.3 傾向線の導出――ひとつの考え方

図 2.3.2 (5)式を採用した場合の分散の比較

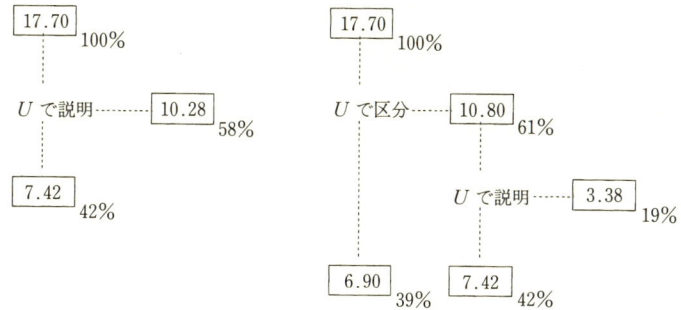

この図で，分散のかわりに偏差平方和を表示することもありえます．
全分散も残差分散も，偏差平方和を N でわったものですから，どちらを表示しても，「データの変動の変化」を示すという点では同等です．
ただし，本文の注2に述べた扱い方をする場合には両者がちがう結果になります．

$a=28.3$, $b=4.29$ が求められています．
傾向線
$$X = 28.3 + 4.29U \tag{5}$$
を採用すればよいということです．

この傾向線を使った場合の傾向値，それからの残差を4番目のブロックで計算しています．また，残差の2乗和を計算し，N でわって残差分散を求めています．これは，表 2.2.2 と同様です．

残差分散は，共分散 σ_{XU} を使って
$$\sigma_{X|U}^2 = \sigma_X^2 - b \times \sigma_{XU} \tag{6}$$
によって計算することもできます．表の下部で，この計算を行なっています．

◆**注1** どういう説明を試みても（後の節でもう少し工夫しますが，それにしても），傾向性として説明できるのは60%程度であり，40%程度は，個別性，すなわち個々の世帯の事情による変動だということです．

◆**注2** 表 2.3.1 では，分散は偏差平方和をデータ数でわるものとしていますが，テキストによっては（問題の扱い方によっては），全分散では $N-1$，残差分散では $N-K$ でわれと説明しています．この説明については本シリーズ第3巻『統計学の数理』を参照してください．

④ (5)式を採用した場合の残差分散は 7.42 となっています．すなわち，前項で採用した式の場合の 7.50 より小さくなっており，わずかですが，改善されています．

ただし，U を区分けに使った場合の級内分散 6.90 には及ばないことは，すでに注意したとおりです．

全分散　　17.7
U を区分けに使った場合の級内分散　　6.90　　減少率＝61.0%
X, U の関係を使った場合の残差分散　　7.42　　減少率＝58.1%

　もっとも，この例の場合は，全分散に対する減少率(決定係数)でみるように，61%まで減少させるか58%まで減少させるかのちがいですから，大差なしとみて，関数関係による説明を採用することが考えられます．
　図2.3.2は，以上の結果を，図2.2.3と同じ形式で図示したものです．

▷ 2.4　集計データを使う場合

　重要な注意　　この節は，順を追ってフォローしてください．最初の説明を後で変更することがありますから，わかった気になって途中で止めると危険です．
　①　これまでと同じく，「世帯の生計費と世帯人員の関係」を分析することを考えましょう．
　当然，分析に使う基礎データが必要です．また，基礎データの性格を把握することが必要です．この節では，こういう点を含めて考えることとしましょう．
　家計収支については「家計調査」が実施されており，さまざまな統計表が集計されています．たとえば「家計調査年報」をみるとよいでしょう．
　その中に，次のような表(表2.4.1)が集計されています．これは，付録に示す大きな表(付表C.4)の一部を抜き出したものです．対照して確認してください．
　図2.4.2は，これをグラフにしたものです．

表2.4.1　統計表の典型例(1)

世帯人員 U (人)	2	3	4	5	6	7
月平均消費支出額 X (千円)	241	271	288	310	313	345

(1984年勤労者世帯)

注：この表の場合，数字は，ひとつひとつの世帯(観察単位)の情報でなく，
　　いくつかの世帯の平均(集団区分に対応する情報)です．

　②　このデータから，X と U の関係を表わす傾向線を求めることができます．
　たとえば，グラフで見当をつけると
$$X = 210 + 20U$$
でしょうか．精密に扱いたければ，表2.3.1の計算を適用することを考えればよさそうです．
　③　しかし，それでよいでしょうか．
　これまでの節と比べて，扱うデータがちが

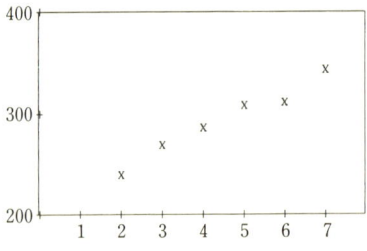

図2.4.2　表2.4.1のグラフ

います．したがって，これまでの節と同じ計算でよいかを考えましょう．

世帯人員による区分別にそれぞれ1つの数字が与えられています．たとえば，世帯人員2人の世帯はたくさんあり，その各世帯の数字が求められているはずですが，表2.4.1では，ひとつひとつの世帯の数字ではなく，それを集計した結果が表示されているのです．

統計調査の結果はこういう形で提供されるのが普通です．

　　　調査単位1つ
　　　1つの調査結果　$\Longrightarrow$　集計　$\Longrightarrow$　種々の区分の世帯についての集計データ

④　形式的にはそれらが「ある区分に対応する集計データ」であることを考慮外において，いいかえると，それぞれが「1つの観察単位の情報であるとみなして」，これまでの方法を適用できます．

そうしたのが，表2.4.3です．

表2.4.3の主要部分は，分散・共分散の計算です．すなわち，表2.3.1と同じ形式です．

その下部に，(3)式と(4)式を使って傾向線の係数 a, b を計算する部分と，(6)式を使って残差分散と決定係数を計算する部分が付加されています．

また，表の右の部分に，傾向線による X の計算値とそれからの残差を表示してあります．

⑤　傾向線は
$$X = 208.8 + 19.1U$$
となります．決定係数は96.7%です．

決定係数でみると，「変動の96.7%がこの式で説明できる」という結果ですが，こ

表2.4.3 統計表を使う場合の傾向線の計算例（後で変更する可能性があります）

データ番号	データ X	U	偏差 DX	DU	積和 $DXDX$	$DXDU$	$DUDU$	傾向値 X^*	残差 DX
1	241	2	-53.7	-2.5	2880.1	134.20	6.25	246.95	-5.95
2	271	3	-23.7	-1.5	560.1	35.50	2.25	266.04	4.96
3	288	4	-6.7	-0.5	44.4	3.30	0.25	285.12	2.88
4	310	5	15.3	0.5	235.1	7.70	0.25	304.21	5.79
5	313	6	18.3	1.5	336.1	27.50	2.25	323.30	-10.30
6	345	7	50.3	2.5	2533.4	125.80	6.25	342.38	2.62
計	1768	27			6589.3	334.00	17.50		214.70
平均	294.7	4.5			1098.2	55.70	2.917		35.78

$B = 55.70/2.917 = 19.086$
$A = 294.7 - 19.086 \times 4.5 = 208.78$
$\sigma^2 = 1098.2 - 19.086 \times 55.70 = 35.78$
$R^2 = (1098.2 - 35.78)/1098.2 = 96.74\%$
$X^* = 208.78 + 19.086U$

ういう言い方には注意を要します．

まずここで，これまでの節の場合とのちがい(④のかぎ括弧の箇所)に注意しましょう．以下の数項で，そのちがいの重要性を説明していきます．

前節で，傾向線の導出過程を

 a. 原データをいくつかの区分にわけ，各区分の平均値系列で表わす．
 b. 平均値系列に近い傾向線を求める．

と，2段階にわけて考えうることを説明しました．そのことと関連するのですが，問題は，そのことだけではありません．

⑥ X すなわち消費支出の世帯間格差が，この節で使ったデータでは，

  平均を計算することによって消されている

のです．

世帯人員と生計費との関係を見出そうという問題意識ですが，

  "個別性を考慮外においたときにみられる平均的な傾向性"

に問題をしぼるか，

  "個別性を考慮に入れるか"

をはっきり区別して考えることが必要です．

表2.4.3のデータを使って見出された傾向線は，個別性を無視したデータを使っていることに注意しましょう．

このように限定された範囲でみているために，決定係数が高くなるのです．したがって，97%だ，これまでの節の問題では60%だったのに比べて，たいへんよくあっている … と誤解してはいけません．個別変動を除いた部分を分母(全分散，次項で説明するように，級間分散にあたるもの)としているから大きくなるのです．

いいかえると，この節の分析では，次ページの図2.4.5(a)のうち「?」をつけた部分が計算されていないのです．

⑦ それなら，こういう誤解を避けるために，個別変動の大きさを測る全分散を計算しておけばよいわけです．

家計調査の場合は調査対象数が少ないため利用できませんが，5年ごとに対象数を増やして実施される「全国消費実態調査」の方では，次のように，世帯ベースの観察値の分布表が集計されています．

この表から標準偏差はほぼ100，分散は10000程度と見当がつきます．実際に計算すると分散は9793です．

表 2.4.4 消費支出総額の分布表

金額階級	0～100	100～150	150～200	200～250	250～300	300～350	350～400	400～450	450～500
世帯数	1413	8107	18788	23435	18028	11644	6905	4229	7451

(1984年全国消費実態調査)

2.4 集計データを使う場合

図 2.4.5 分散の比較

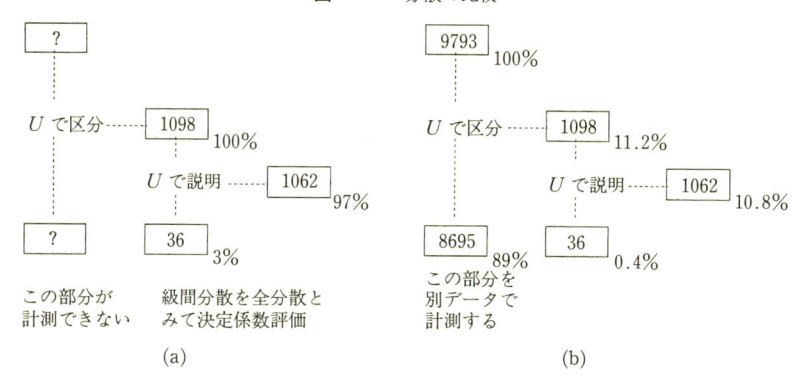

```
(a)                                    (b)
    ?                                    9793 —— 100%
    │                                      │
U で区分 ···· 1098 —— 100%            U で区分 ···· 1098 —— 11.2%
              │                                      │
         U で説明 ···· 1062 —— 97%              U で説明 ···· 1062 —— 10.8%
              │                                      │
    ?          36 —— 3%                 8695          36 —— 0.4%
                                        89%
この部分が    級間分散を全分散と         この部分を
計測できない  みて決定係数評価          別データで
                                        計測する
```

そうして，図 2.4.5(a) で欠落していた全分散の欄に 9793，残差分散の欄には 8695 を補うことができます．

したがって，世帯間格差を含めた全分散を分母にとれば，前掲の傾向線の決定係数は 11% 程度だということになります．

傾向線は原データの情報の 11% を代表するに過ぎないので，傾向線を論じる前に，89% の情報量をもつ世帯間格差を分析せよということです．

⑧ 表 2.4.1 にもどりましょう．この表における世帯人員数に対応するデータは，それぞれ異なる数の世帯の平均値です．この節の扱いでは，その世帯数のちがいを考慮外においています．

このことは必ずしも欠点とはいえません．世帯人員 2 の場合，3 の場合，… の関係をみるとき，各区分を対等に扱うべきだ … 一理ある考え方です．

    集計データを使う
      ⇒ 世帯間格差は考慮外におく
      ⇒ 平均値でみた傾向を探求する
      ⇒ それなら，各データを同じウエイトで扱う …

こういう考え方です．

世帯数のちがいを考慮に入れて計算しましょう．表 2.4.3 を表 2.4.6 のように改めるのです．

このように計算すると，傾向線は

    $X = 207.3 + 19.94 U$， 決定係数 $= 96.1\%$

となります．

⑨ 表 2.4.1 のような "平均でみた傾向" を表わすデータばかりを使っていると，90% 台の決定係数はあたりまえ … こういう感覚になるでしょうが，第 1 章にあげた表 1.1.1 のような個別変動を含むデータでは，60% … これは大きいという感触です．

実際の現象では大きい個別変動をもっています．それを考慮外において，平均値の

表 2.4.6 統計表を使う場合の傾向線の計算例(表 2.4.3 の改定)

データ番号	ウエイト W	データ X	U	偏差 DX	DU	積和 $DXDX$	$DXDU$	$DUDU$	傾向値 X^*	残差 DX
1	0.1538	241	2	−41.6	−1.8	1730.1	73.8	3.1	247.19	−6.19
2	0.2244	271	3	−11.6	−0.8	134.4	9.0	0.6	267.14	3.86
3	0.3920	288	4	5.4	0.2	29.2	1.2	0.1	287.10	0.90
4	0.1612	310	5	27.4	1.2	751.1	33.6	1.5	307.05	2.95
5	0.0510	313	6	30.4	2.2	924.5	67.7	5.0	327.00	−14.00
6	0.0146	345	7	62.4	3.2	3894.5	201.3	10.4	346.85	−1.96
計	0.9970	281.7	3.8			532.8	25.6	1.3		21.01
平均	1.0000	282.6	3.8			532.8	25.7	1.3		21.07

$B = 25.7/1.3 = 19.953$
$A = 282.8 - 19.953 \times 3.8 = 207.28$
$\sigma^2 = 534.4 - 19.953 \times 25.7 = 21.07$
$R^2 = (534.4 - 21.02)/544.4 = 96.14\%$
$X^* = 207.28 + 19.953U$

範囲に限ってみた決定係数を 1% 大きくすることを考える前に,個別変動の分析に力をそそぎましょう.傾向性をみるのが目的であっても,個別変動が大きい場合,それが傾向性に影響をもたらすことがありえます.傾向性をみるのだから,個別変動を消去するために平均値を計算したのだ,平均値の分析からスタートすればよい…そうはいえないのです.

⑩ **補足:クロスセクションデータで見出せる傾向,見出せない傾向**　時系列に対応するデータと,同一時点における対象区分別データ(クロスセクションデータとよびます)とで扱いをかえるべき場合があります.

たとえば,次のような表(付表 C.2 の一部)を扱う場合です.

表 2.4.7 扱い方に注意を要するデータ例

年収階級 (Z)	I	II	III	IV	…	X
世帯人員 (U)	3.19	3.57	3.68	3.80	…	4.07
消費支出 (X)	169	211	224	249	…	447

さて,問題です.

これを使って,X と U との関係を分析しましょう.できますか.

考えるのは後にして,表 2.4.1 の数字をこの表の数字とおきかえて計算すると

$$X = -735.0 + 268.7U$$

という結果が得られます.

この式による計算値は 122, 224, 254, 286, …, 359 となり,X の観察値の傾向を代表する結果になっているようですが,$U = 3$ とすると $X = 71$,$U = 2$ とすると $X =$

−178 となります．

　計算はまちがっていません．しかし，結果はおかしい …．

　問題は，データです．

　このデータは表2.4.1と異なったタイプです．
　　　表2.4.7は，年収 Z で区分した各区分での平均値
　　　表2.4.1は，世帯人員 U で区分した各区分での平均値
です．

　表2.4.1では，世帯人員 U で区分してあるがゆえに，X の情報が平均値であっても，U との関係をみることができます．

　年間収入 Z で区分されている場合の X の平均値では，U によるちがいが消去されている可能性があります (Z の区分間での U のちがいだけが残っている) から，このデータでは，X と U の関係を把握できないのです．できたようにみえても，適正な結果とはいえないのです．

⑪　この節にあげた注意は，ひとつひとつの観察値を利用できるときには起きないことです．したがって，そういうデータを使える問題ばかり扱っていると気づかないでしょう．しかし，統計調査の結果を利用する分野では，重要な注意点です．他にもいくつかの注意点がありますから，第6章で再論します．

問題について

(1) 問題の中には，UEDAのプログラムを使って，テキスト本文での説明を確認するための問題や，テキストで使った説明例をコンピュータ上で再現するものなどが含まれています．
　　したがって，UEDAのプログラムを使うことを想定しています．
(2) UEDAの使い方については，本シリーズの第9巻『統計ソフトUEDAの使い方』を参照してください．また，問題に関連した使い方を本書の問題文の中で補足している場合があります．
(3) 問題文中でプログラム○○という場合，UEDAのプログラムを指します．
　　問題で使うデータについて，付表○○という場合，本書の付録Bに掲載されている表を指します．
(4) 多くのデータは，UEDAのデータベース中に収録されています．そのファイル名は，それぞれの付表に付記されていますが，それをそのまま使うのでなく，いくつかのキイワードを付加したものを使うことがありますから，問題文中に示すファイル名を指定してください．
(5) プログラム中の説明文や処理手順の展開が，本文での説明といくぶんちがっていることがありますが，判断できる範囲のちがいです．
(6) コンピュータによる出力を画面に表示する場合，あるいは，テキストに引用する場合，計算結果の桁数を落としている場合があります．

● 問題 2 ●

【基本】

問 1 (1) UEDA のうち REG00 では「傾向線を求める問題」の概要を説明しています．まず，この説明をよみましょう．
(2) プログラム REG01E は，傾向線（回帰式）を定める基準と，その基準による計算手順の組み立て方を説明します．本文の説明を復習してください．
(3) プログラム REG02E は，説明変数を 2 つ (以上) 使う場合についての説明です．説明変数の数が増えたことによりかわる点，かわらない点を見わけてください．

問 2 (1) プログラム REG03 を使って，X（＝食費支出），U（＝世帯人員）に関して 25 ページの (5) 式に示す結果が得られることを確認せよ．
基礎データは，付表 A.1（ファイル XX02）に示してある．
(2) X と U の関係を $X = 29 + 4 \times U$ と想定して，残差分散を計算し，図 2.2.3 (a) と同様の図をかけ．
注：傾向線を想定し，それを基準とした場合の残差分散などを計算するには，プログラムで「特別オプション」を指定し，係数 A, B を入力します．

【説明変数の選択】

問 3 (1) 付表 B（ファイル DH10V）のうち食費支出のデータと世帯人員のデータを使って，表 2.3.1 の例示にならって，傾向線を定め，その効果を測る残差分散を計算せよ．また，図 2.2.3 (a) と同形式の図をかけ．
(2) 付表 B のうち食費支出のデータと実収入のデータを使った場合はどうか．
(3) 付表 B のうち食費支出のデータと消費支出のデータを使った場合はどうか．
(4) (1)～(3) の結果を比べると，X の変動をよりよく説明できるのはどの変数を使った場合か．
(5) (2) の場合よりも (3) の場合の方が有効だという結果になるはずである．その理由を考えよ．この問題は次の章で取り上げるので，ここでは思いつく点をあげることで十分である．

問 4 問 3 (1)～(3) では，U_1（＝世帯人員），U_2（＝実収入），U_3（＝消費支出総額）の 1 つを取り上げたが，それらを組み合わせて取り上げることが考えられる．3 変数の取り上げ方のすべての組み合わせについて，傾向線の計算を行なって結果

を次の表に書き込め.
　注：プログラム REG04 を使うと「指定した変数」のあらゆる組み合わせについての計算を自動的に進めることができる.

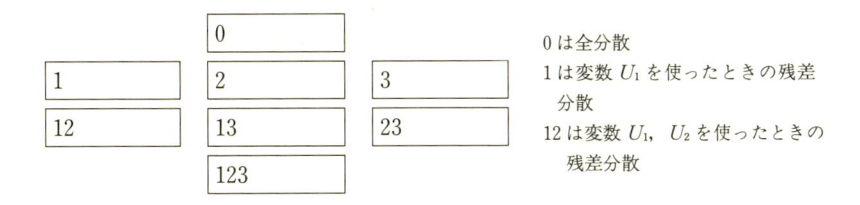

	0	
1	2	3
12	13	23
	123	

0 は全分散
1 は変数 U_1 を使ったときの残差分散
12 は変数 U_1, U_2 を使ったときの残差分散

【質的変数の扱い方】

問5 (1) 付表 B を使って，食費支出 Y の変動を世帯人員 X_2 および年間収入 X_1 で説明する回帰式 $Y=A+B_1\times X_1+B_2\times X_2$ を誘導せよ．データファイル DH10V を使うこと.

(2) 対象世帯を世帯人員によって区分した DH10VS を使って，各区分ごとに，食費支出の変動を年間収入で説明する回帰式 $Y=A+B_1\times X_1$ を誘導せよ.
　注：この場合，級内分散は「各区分ごとにその区分の世帯でみた適合度」を評価するものです．「データ全体でみた適合度」は，それらの加重平均（世帯数ウエイト）によって評価します.

(3) (2) の扱いでは，傾向線の係数は A も B も，区分ごとに異なる値になる．これに対して B はどの区分でも共通だという条件をつけて扱え.
　注：この扱いをするためには，
　　　　$Z_2=1$ for 世帯人員 2　　　$Z_2=0$ for その他の世帯
　　　　$Z_3=1$ for 世帯人員 3　　　$Z_3=0$ for その他の世帯
　　　　$Z_4=1$ for 世帯人員 4 以上　$Z_4=0$ for その他の世帯
と定義される変数を説明変数とする回帰式
$$Y=A+B_1\times X_1+B_2\times Z_2+B_3\times Z_3+B_4\times Z_4$$
について回帰分析を適用すればよい.
　こういう変数をダミー変数とよびます．ファイル DH10VD にはこういうダミー変数を用意してあります.

(4) (3) の結果を書き換えると，次の回帰式が得られることを確認せよ.
　　　　$Y=0.9225+0.0643X$　　for　世帯人員 2
　　　　$Y=1.4814+0.0643X$　　for　世帯人員 3
　　　　$Y=1.5756+0.0643X$　　for　世帯人員 4 以上

【アウトライヤー】

問6 (1) X(＝食費支出) と U(＝収入) の関係をプロットすると，番号 60 のデータは他と著しく離れているとみられる．これを除いて，問 3 (2) の計算を行なえ.
　この問題を扱うには，問 3 (2) の計算後，プログラム DATAEDIT を使って

(使い方は次項参照),「データ番号 60 を除く」よう指定するキイワードを付加した後, プログラム REG03 を使う.

(2) (1) の結果は, 問 3 (2) の結果と比べてどうかわるか.

【変数変換】

問7 (1) X (=食費支出) と U (=収入総額) の関係として, それぞれを対数変換した

$$\log X = A + B \log U$$

を想定して回帰分析を適用すると, $A=5.4451$, $B=0.6781$ が得られることを確認せよ.

この問題では, 基礎データ X, U を $\log X$, $\log U$ に変換したファイルを用意するため, プログラム VARCONV を使う. その使い方は, 35 ページを参照.

(2) (1) の結果は, 問 3 (2) の結果と比べてどうかわるか.

注:(1) の形を採用すると, 係数 B は,「U が 1% 変化すると X が B% 変化する」という形で X, U の関係を説明できることになります. この係数 B は弾力性係数とよばれます. この弾力性係数については, 7.3 節で取り上げます.

【集計データの利用】

問8 プログラム REG05 を使って, 表 2.4.3 あるいは表 2.4.6 と同じ結果が得られることを確認せよ. 基礎データはプログラム DATAIPT を使って入力せよ.

問9 世帯人員 U と食費支出額 X について, 付表 C.4 のような情報が集計されている. これについて表 2.4.3 あるいは表 2.4.6 と同様な計算を行ない, 傾向線 $X=a+bU$ を誘導せよ.

問10 消費支出金額について, 表 2.4.4 のような情報が報告書に掲載されている. これを使って必要な計算を行ない, 結果 (問 8 の結果とあわせて) を図 2.4.5 (b) の形式にまとめよ.

問11 年間収入 V と食費支出額 X について, 付表 C.1 のような情報が集計されている. これについて問 8 と同様な計算を行ない, 傾向線 $X=a+bU$ を誘導せよ.

問12 (1) 食費支出額 (X) と世帯人員 (U) および年間収入 (V) の関係を誘導するにはどんな集計表が必要か.

(2) また, そういう表が「家計調査年報」(家計調査の結果報告書) に掲載されているかどうかを調べよ.

DATAEDIT の使い方 (キイワードの挿入)

問 6 では, 今使っている作業用ファイル (WORK. DAT) について「番号 60 のデータを除け」と指定します. このような指定を行なうには, プログラム DATAEDIT を使います.

問　題　2

a. DATAEDIT では，まず，対象ファイルを指定する画面になりますが，この問題では，work.dat を指定します。

```
対象とするファイルは WORK.DAT で
すが以下のファイルも指定できます
 1  work. dat
 2  wwww. dat
    対象とする分の番号を入力
                              1
```

b. すると，そのファイルの内容が表示されます(右の例示では，一部を省略)．

データ数 68 (NOBS＝68) ですが，そのうち 60 番目を除いて分析したい．そのための指定文を挿入するのです．

c. 最初は 1 行目が緑になっています．その位置は，矢印のキイで移動します．

挿入したい位置で「Ins キイ」をおすとその行の前に空白行が挿入されます．この問題では図の位置が自然な場所です．

```
20000 ' * * * * * * * * * * *
20001 ' *      食費支出
20002 ' *      DH15. REI
20005 ' * * * * * * * * * * *
20010 data NOBS＝68
20020 data OBSID＝/424332
20030 data VAR＝食費支出
20040 data 0.98, 1.51, 1.81
20050 data 3.08, 2.95, 2.02
```

d. その行に，指定文を入力します．本体は「DROP＝/60/」ですが，文番号と文字 data も入力します．

キイワードの本体中の英字は大文字(半角の大文字)にします．

入力ミス訂正などのためには，矢印キイ，挿入キイ，削除キイも使えます．

入力を確認したら Esc キイをおします．これで挿入完了です．

注：1 か所におけばそのファイル中の他のデータにも適用されます．

```
         20010 data NOBS＝68
挿入  
         20020 data OBSID＝/424332
         20030 data VAR＝食費支出
         20040 DATA 0.98, 1.51, 1.81
```

e. 必要な指定文をすべて書き込んだら Esc キイをおすと，work.dat に，指定文を付加したデータファイルが出力されます．

```
         20010 data NOBS＝68
挿入   20015 data DROP＝/60/
         20020 data OBSID＝/424332
         20030 data VAR＝食費支出
         20040 data 0.98, 1.51, 1.81
```

f. UEDA のメニューにもどります．

そのデータを使うプログラム (この問題では REG03) を指定し，対象データとして WORK を指定します．

注：例示中の OBSID は観察単位に対応する記号ですが，60 番目を除いたことによる調整は，プログラムで行なわれます．

注：a では，データベース中のデータファイルを指定できます．

VARCONV の使い方 (変数変換)

データファイルに記録されているデータに対し変数変換を適用したいときには，プ

ログラム VARCONV を使います．
  a． VARCONV が呼び出されると，適用する機能(例示では変数変換 C ですから 3)と，対象ファイル(例示では DH10V)を指定します．

```
このプログラムでは，次の処理を行ないます
    A  データセットの形式変換
    B  変数や観察単位の加算
    C  変数変換
         A だけを適用するとき ………………………………… 1
         B だけまたは AB を適用するとき  …………………… 2
         C だけまたはそれ以外と併用するとき ……………… 3       3
対象ファイル名を指定
    作業用ファイル  WORK.DAT ………………………… W
    例示用サンプルデータ  ………………………………… R
    その他の場合ファイル名を入力 ……………………………         DH10V
処理指定文を用意してありますか ………………………… Y/N       N
```

  b． 指定したファイルの内容が画面に表示されますから，↓キイでスクロールさせつつ，使う変数「収入」が 2 番目，「食費」が 5 番目に記録されていることを確認します．

  最後までスクロールすると，データの最後を示す END の後ろに，「変換ルール」を指定するためのキイワード * USE，* DERIVE，* CONVERT が付加されています．

  この部分に，使う変数，誘導する変数，変換ルールを挿入します．

  イタリックの箇所が入力例です．指定文の入力要領は DATAEDIT の場合と同じです．

```
    ………                               データ本体の最後
    data END                         この後に変換指定文をおく
    * USE                            使う変数は 2 番目と 5 番目
        VAR.U2＝収入総額                    変数名は省略してもよいが
        VAR.U5＝食費支出                    誤りを防ぐために，つけましょう
    * DERIVE                         誘導する変数は 2 つ
        VAR.V1＝収入総額の対数変換値              変数名を指定する
        VAR.V2＝食費支出の対数変換値
    * CONVERT                        変換式を記述
        V1＝log f(U1)                      例示は対数変換，
        V2＝log f(U2)                      変換式は，後ろに f
    * END                            指定文の終わりを示す
```

指定文を用意したら Esc キイをおすと，次の処理へ進みます．
  c． 指定された変換を実行した後，記録形式に関して
    出力スタイル指定(例の場合は V を指定)
    出力桁数指定   (小数点の位置を調整できるが，ここでは変更不要)
を経て，work.dat に出力されます．
  d． メニューにもどるので，それを使うプログラムを指定します．

3 2変数の関係の表わし方

X が大きくなると Y が大きくなる傾向が認められる … こういう言い方がよくなされますが，2つの変数 X, Y の関係の見方は，このほかにも，いろいろあります．どんな見方があるかを体系的に把握しましょう．

▶ 3.1　2変数の関係をみる論理

① 実際の社会現象では，多くの変数が相互に関連しあっており，関連しあった結果が観察されることになります．それらのセットの1つを，他と切り離した形では観察できません．

また，観察されたようにみえても，それが，当該変数の値だと解釈できるとは限らず，適当な分析手順を適用して，たとえば

　　各変数の影響を分離する
　　共通な要因によって説明される変数を統合する
　　因果関係を説明する $X \Rightarrow Y$ の関係を見出す

などの措置を，場合に応じて，とらねばならないのです．

② いずれも別々のテキストを設けて説明すべきテーマですが，まず，このような種々の方向があることを知り，どの方向に分析を進めていくかを判断することが必要です．

したがって，基本的な見方を知るために，まず，上記3つの場面における「データをみる論理」を模式化しておきましょう．

　a. **成分分解**　X, Y を「1つの事象を2つの面でみた指標」とみなし，(X, Y) の変動を，

　　Y の変動を切り離してみたときの X の変動
　　X の変動を切り離してみたときの Y の変動

X, Y が同時に働いたときに現われる共変動(いわゆる相乗効果, 相殺効果) の3成分にわけてみる場合.

b. **総合化**　　X, Y が別々の変数として観察されているが, 上位の概念に対応する2つの成分とみられるので, データの上で大差ない変数を統合して, 1つの変数(いわば総合点)にまとめようとする場合.

c. **因果関係**　　X, Y の関連の仕方に関して, 方向 $X \to Y$ を想定し, Y の変動を X によって説明しようとする場合.

前章の説明は, X の値で区分けすることによって Y の変動を説明しようとするものですから, この場合に該当しますが, もっと一般化できます.

図 3.1.1　2変数の関係をみる論理

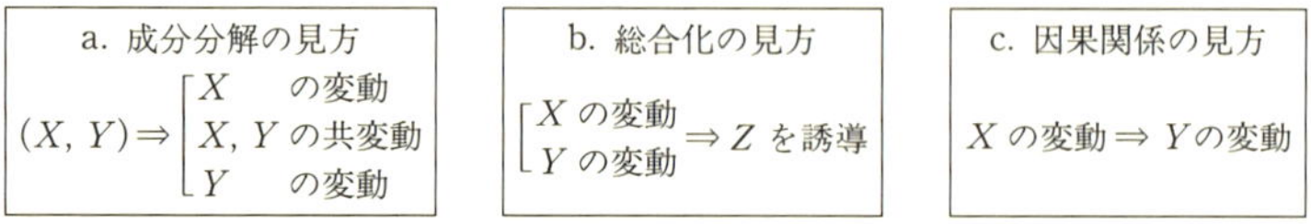

a. 成分分解の見方	b. 総合化の見方	c. 因果関係の見方
$(X, Y) \Rightarrow \begin{bmatrix} X \text{ の変動} \\ X, Y \text{ の共変動} \\ Y \text{ の変動} \end{bmatrix}$	$\begin{bmatrix} X \text{ の変動} \\ Y \text{ の変動} \end{bmatrix} \Rightarrow Z$ を誘導	X の変動 $\Rightarrow Y$ の変動

③　この章では, こういう方向へ進む第一歩として, 2つのデータ (X, Y) の分布をみる, そうして, 2つのデータ (X, Y) の関連の型をみることを考えます.

それにつづいて, その変動を説明するための分析に進むのですが, ②にあげたように, その方向にはさまざまなケースがありますから, まず, データの分布の様子をみて, どの方向に進むかを考える, あるいは, 想定している進め方の妥当性を確認するステップを経ることが必要なのです.

そのために, まず基礎データをありのまま観察するという趣旨の「統計的表現法」を説明するのが, この章です.

▷ 3.2　2次元散布図とその見方

①　3つの見方のどれを採用するにせよ, 考察の順序としては, まず
　　　2つのデータ (X, Y) をセットとして, その変動の様子を観察
しなければなりません. すなわち, 特定化された分析手法でなく,
　　　"データそのものから知見を得る"という探索的な視点
にたつ方法を適用すべきです. したがって, たとえば, データの全容をつかみやすい図をかいてみることからはじめます. つづいて, 1次元の場合に平均値, 標準偏差(あるいはそれらにかわる指標値)を求めたのと同様に, 分布図の型の特性を表わす指標を定義し, 計算することを考えるのですが, 図3.1.1で述べたように, 種々の見方がありますから, 1次元の場合は平均値, 標準偏差だった, 次は相関係数だ, と簡単に考えるわけにはいきません.

② X, Y を組み合わせて図示したのですから，そのことによって新しく見出されることは何かを考えねばなりません．まず，

X 軸上でみたデータの変動の大きさ
Y 軸上でみたデータの変動の大きさ

をみることから始めますが，これらは，X, Y を組み合わせてみなくても（それぞれを別々に扱って）わかることですから，それだけでは不十分です．だから，

X, Y 平面上でみたデータの変動の大きさと方向

と見方をひろげることになります．

その方向は，さまざまなケースがありえます．

X の変動の大きさと Y の変動の大きさとは一致しないでしょう．それだけでなく，両者が相互に関連しあっており，たとえば両者が共存することによる「相乗効果」や「相殺効果」（それらをどう定義するかは後のこととします）が考えられます．

また，X, Y の関係の型いかんによっては，変動の大小だけでなく，変動の方向性が問題に入ってきます．1次元の場合プラス方向への変動とマイナス方向への変動をわけて計測しましたが，2次元の場合は

平面上での方向に応じてかわるものとして計測する

ことになり，さらに，

その方向が直線でない場合も視点に入れる

ことが必要となります．

③ こういう点を次節以降で，場合をわけて説明していきますが，ここでは，実際のデータ（ある都市のサンプル68世帯について調べたもの，付表B）を使って，これから説明することとなる2次元散布図を例示しておきましょう．

次節以降の説明では，これらを引用します．

④ 図3.2.1の場合は，平面上のひとつの方向に沿って大きい変動を示していま

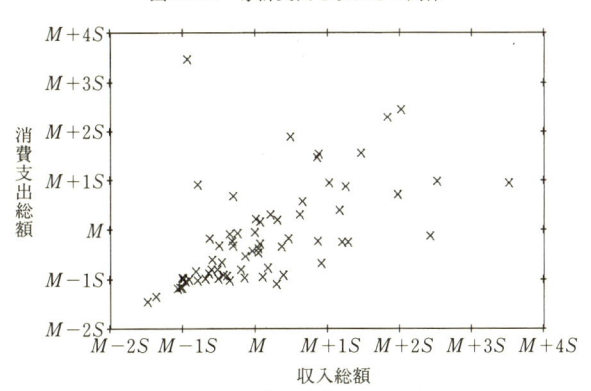

図3.2.1 家計支出と収入との関係

図のスケールは，平均値 M と標準偏差 S を使っています．以下の図でも同じです．

す.したがって,X, Yを結びつけて,その関係を考察する方向が示唆されます.

その方向は,さまざまなケースがありえます.この図についていえば,たとえば,家計における収入(横軸)と支出(縦軸)ですから,収入が「支出の枠」として働くために左下から右上にほぼ一線上に散布する結果となるでしょうから,この傾向を,1つの線で表わすことも考えられます.

それにしても,左上方向にとびはなれたデータがあります.他の世帯と異なる事情があるのでしょう.どんなデータをみるときにもこういう例外的なケースが含まれているものですが,例外だと判定する手順を用意しておくことが必要です.

⑤ 図3.2.2の場合も,変動の方向性が認められますが,図3.2.1の場合と比べると,上下方向へのバラツキが大きく,それを1つの線で代表させることは,難しいようです.したがって,方向性を表わす線にひろがり幅をつける扱いが考えられます.

また,この例では

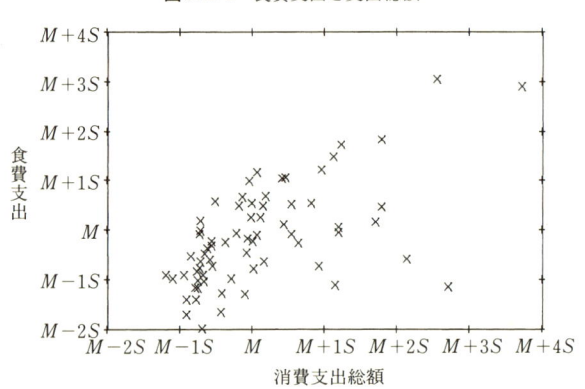

図3.2.2 食費支出と支出総額

図3.2.3 雑費支出と食費支出

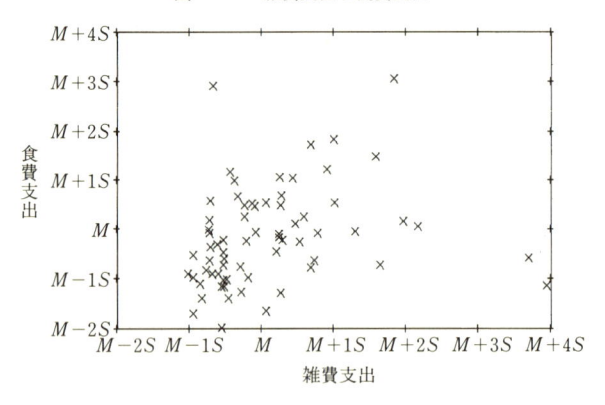

X が種々の費目別支出の計

Y がそのうちの食費支出額

ですから，個々の世帯の生活意識によって配分の仕方が異なることが考えられます．また，世帯人員数などの条件が異なっています．これらのことを考慮に入れた分析を試みるべきです．

また，傾向線をひくにしても，たとえば「X が大きい部分では Y の増加があたまうちになっている」と説明できるようですから，そういう説明どおりになっていることを示す線を書き込むことを考えます．

⑥ 図3.2.3 では，Y (＝食費支出) と X (＝雑費) を取り上げています．点の分布模様は，図3.2.2 とほぼ同じパターンになっていますが，図の読み方はちがいます．すなわち，変数 X, Y と抽象化して考えるのでなく，それぞれ食費支出，雑費支出であることを考慮に入れると，$X \to Y$ あるいは $Y \to X$ という方向性をもった因果関係の見方 (図3.2.2の場合) でなく，たとえば「収入を (X, Y) にどう配分するか」といった見方が考えられます．したがって，X, Y の関係を線で表わすのでなく，

(X, Y) を対等に扱って，平面上での散布範囲を示す

扱いを採用すべきでしょう．

⑦ 2つの変数の関係の見方として図3.1.1 にあげた a～c のどれを採用するかは，データの上でみられる関係と，データの意味の両面を考えて決めるべきです．

例示のように，図の上でしぼりこむことのできる場合もあれば，取り上げたデータの意味を考えてはじめて決定できる場合もあるのです．

このような考察を進める場合のデータの扱い方について，次の2つの進め方を区別しましょう．

データ解析において区別すべき接近法

データ主導型 ── 先見を入れずに，もっぱらデータから見出されることを拾い上げていく接近法

仮説主導型 ── 予想される説明の枠組みを検証することを目的として計画的にデータ分析を進めていく接近法

どちらもありうるということですが，まず，「データ主導型」で現実を観察し，次に，説明の仕方を考え，それを「仮説主導型」の手法で確認するという運びをとるのが普通です．

いずれにせよ，例示のような図をかくことが，どの見方を採用するかを判断する手がかりを与えます．また，分析に先立って，どんなことを，どの程度まで精密にいえるか，あらかじめ見当をつける … そういう効用も期待できます．

図をかくことは，このような意味で，分析の重要な手段です．ただし，2つの変数の関係をみることすなわち傾向線を求めることだとショートカットせず，まず例示した種々の見方のどれによるかを考えることが必要です．先見にとらわれず，種々の可

図 3.2.4 図 3.2.1 をよむために補助線を書き込んだ図

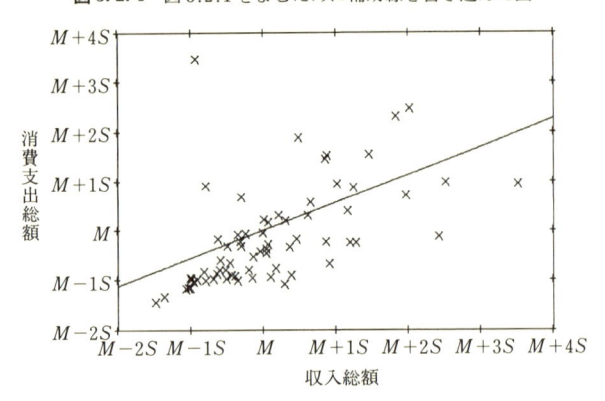

図 3.2.5 図 3.2.2 をよむために補助線を書き込んだ図

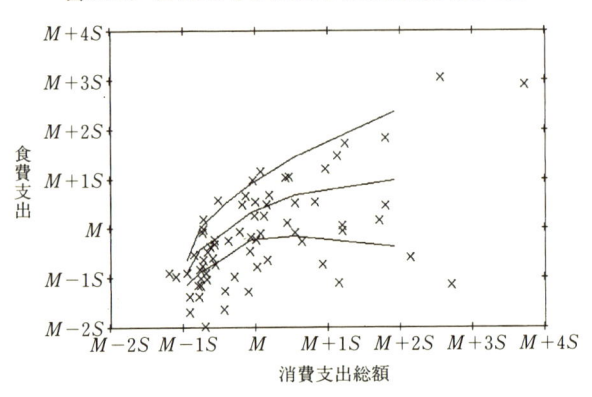

図 3.2.6 図 3.2.3 をよむために補助線を書き込んだ図

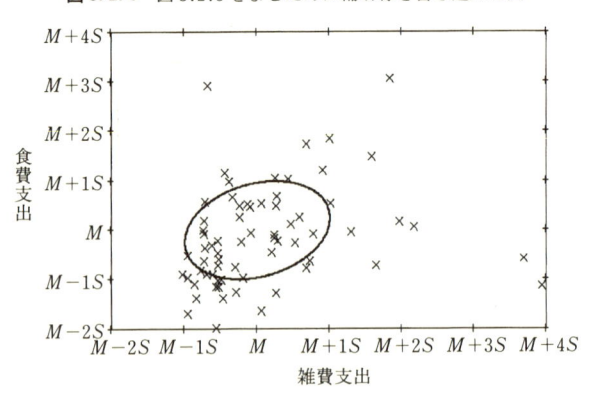

能性を探索せよということです．

⑧ **2次元の散布図 ── データをよむための補助線**

(X, Y) をセットにしてみるのですから，

X を横軸，Y を縦軸として平面上にデータをプロット

してみます．

どんな見方，どんな説明の仕方をするにしても，まず，これまで例示したような散布図をかきます．

その上で，見方や説明の仕方に応じて，それぞれの場合に適した「補助線など」を書き込むのです．また，傾向から外れたデータについては，データ番号などを書き込んでおくとよいでしょう．

散布図をかくプログラムには，こういう補助機能が必要です．

これまであげた例については，…順を追ってみていきましょう．

図 3.2.1 の場合は，図 3.2.4 のように傾向線を書き込むのが自然です．また，左上に離れたデータについては，たとえばデータ番号を書き込んでおくとよいでしょう．傾向とちがうので事情を探れという意図を示しておくのです．

図 3.2.2 の場合は，そこで指摘したように上下へのバラツキが大きく，傾向を1つの線で表わしにくいこと，また，直線とはみなしにくいことから，図 3.2.5 のように，3本の折れ線を書き込むことが考えられます．これについては 5.5 節で説明します．

図 3.2.3 の場合は，(X, Y) の散布範囲を示すという趣旨で，図 3.2.6 のような楕円を書き込んでおくことが考えられます．これについては 4.3 節で説明します．

ここでは，章末の問題にあげたいくつかの例について，データの見方を想定して，その想定に応じて，どの補助線を使うかを考えておいてください．

プログラム XYPLOT1 を使えば，散布図をかくとともに，こういう補助線をかくことができます．

▶ 3.3 分散・共分散と相関係数

① この節では，まず2次元データ (X, Y) の変動の大小を測る指標について考えます．

X 軸方向についてみたデータの変動，すなわち，図の各点から X 軸に垂線をおろしたときの足の位置の変動を測るものが，X の分散です．

したがって (X, Y) の変動のうち X 方向の成分を測るものになっているのです．

Y の分散は，同様に，(X, Y) の変動のうち Y 方向の成分を測るものです．

図 3.3.1 (b) でも，X の変動幅，Y の変動幅を太線で示していますが，この例では，左上から右下への方向性をもっています．しかし，変動幅だけでは，図 3.3.1 (a) の場合とのちがいがよみとれないことに注意しましょう．

図 3.3.1　データ (X, Y) の変動

(a) X, Y の変域は左下 ↔ 右上

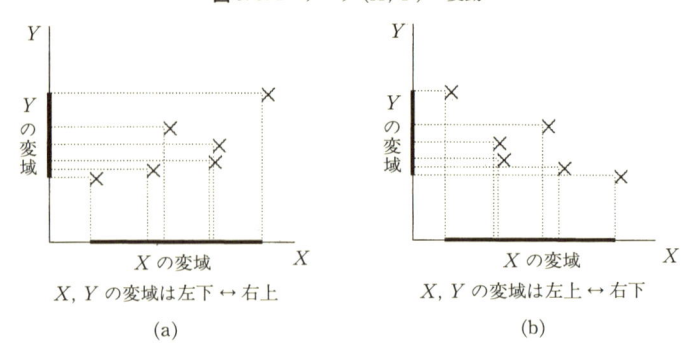

(b) X, Y の変域は左上 ↔ 右下

図 3.3.1(b) と比較して，このことを確認してください．

これらの例のように，X, Y 平面上でみた変動には，

　　　X 方向の変動，Y 方向の変動として説明される部分のほかに，

　　　X, Y が共存することによって生じるプラス α の部分

が重なっていますから，さらに，その部分の大きさを評価するための指標が必要です．

この指標は，X の分散，Y の分散と合わせて使うことになりますから，定義も，それと一貫性をもたせるべきです．だから，偏差平方和および分散の定義式

$$S_{XX} = \sum(X_I - \bar{X})^2, \qquad \sigma_X^2 = \frac{S_{XX}}{N}$$

$$S_{YY} = \sum(Y_I - \bar{Y})^2, \qquad \sigma_Y^2 = \frac{S_{YY}}{N}$$

の2乗和を積和とおきかえた

$$S_{XY} = \sum(X_I - \bar{X})(Y_I - \bar{Y}), \qquad \sigma_{XY} = \frac{S_{XY}}{N}$$

を使います．この σ_{XY} は，"X, Y の共分散"とよばれます．

$S_{XX} \geq 0$, $S_{YY} \geq 0$ が成り立つのに対し，S_{XY} は正，負いずれの場合もありえます．(X, Y) の共存がプラスに働くかマイナスに働くかは，当然区別されるべきことですから，共分散の定義にもこの符号が反映しているのです．いわゆる相乗効果，相殺効果だと理解するとよいでしょう．

"ただし…"という条件がつくのですが，それは，後のことにしましょう．

② 　分散，共分散の計算例をあげておきましょう．

2変数の場合の計算フォーム（表2.3.1）と比べてください．変数の数が多くなることにともなって変更された箇所がありますが，実質は同じです．

$X(=$支出総額$)$，$Y(=$食費$)$，$Z(=$雑費$)$ を想定した例です（表3.3.2）．X と Y，X と Z，Y と Z の3組の共分散を計算する形になっています．

計算例の左3列の3段を上から順にイロハ，右3列の4段を上から順にニホヘトと

表わすと，それぞれの部分で計算されているのが

　　イ．基礎データ　　X_1, Y_1, Z_1　　　ニ．平均値からの偏差　DX_1, DY_1, DZ_1
　　ロ．データの計　　$\sum X_1$ など　　　ホ．偏差の積和　　　　$\sum DX_1DY_1$ など
　　ハ．平均値　　　　$\overline{X}, \overline{Y}, \overline{Z}$　　　　ヘ．分散・共分散　　　σ_{XY} など
　　　　　　　　　　　　　　　　　　　　　　ト．相関係数　　　　　R_{XY} など

だとわかるでしょう．

③　計算例の2段目の見出し"計"は，X, Y, Z についてはそれぞれの計を表わしますが，偏差 DX, DY, DZ についてはそれらの積の計，すなわち，積和です．たとえば DX^2 の計は 18864.90，$DXDY$ の計は -1779.88 です．

3ブロック目の見出し"平均"は，平均をとる，すなわちデータ数 N でわることを意味します．したがって，X, Y, Z の欄の値は平均値，DX, DY, DZ の欄の値は分散・共分散です．

④　共分散 σ_{XY} については，X の変動幅を表わす σ_X，Y の変動幅を表わす σ_Y の影響を除去してみるという趣旨で

$$R_{XY} = \frac{\sigma_{XY}}{\sigma_X \sigma_Y}$$

を使うことが考えられます．これが，相関係数です．単位をもたない値になり，その値について

$$0 \leq |R_{XY}| \leq 1$$

が成り立ちます．

表3.3.2　分散・共分散と相関係数の計算例

#	X	Y	Z	DX	DY	DZ
1	62.00	53.00	20.00	-70.13	10.13	-8.00
2	136.00	38.00	25.00	3.88	-4.88	-3.00
3	116.00	41.00	23.00	-16.13	-1.88	-5.00
4	160.00	30.00	31.00	27.88	-12.88	3.00
5	240.00	36.00	42.00	107.88	-6.88	14.00
6	122.00	58.00	33.00	-10.13	15.13	5.00
7	100.00	34.00	23.00	-32.13	-8.88	-5.00
8	121.00	53.00	27.00	-11.13	10.13	-1.00
計	1057.00	343.00	224.00	18864.90	-1779.88	2345.00
					752.88	-82.00
						354.00
平均	123.13	42.88	28.00	2358.11	-222.48	293.13
					94.11	-10.25
						44.25
相関係数				1.00	-0.47	0.91
					1.00	-0.16
						1.00

相関係数は2つの見方で使われる指標	
関連が強い　　関連が弱い　　関連が強い	R^2 でみる
＋————————＋————————＋	
-1　　　　　　　　0　　　　　　　　$+1$	
マイナスの形　関係の形が　　プラスの形	R でみる
の関係がある　はっきりしない　の関係がある	

⑤ R_{XY}^2 については $0 \leq R_{XY}^2 \leq 1$ が成り立ちます．それだけの理由ではありませんが(4.1 および 5.2 節で説明)，R_{XY} よりも R_{XY}^2 を使う方がよい場合があります．

たとえば，図 3.3.3 の (a) のように X, Y のデータが直線の近くに集まっている場合は R_{XY}^2 が 1 に近くなり，(c) のように X, Y の間に特別の関連を認められないパターンを示すときには R_{XY}^2 が 0 に近くなりますから，

　　　　X, Y の関連の強さの指標

と解釈されるものになっています．

図 3.3.3　2 変数の相関図のタイプ

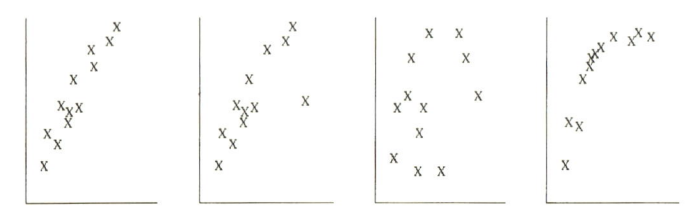

(a) R が大きい例　(b) 外れ値がある例　(c) R が小さい例　(d) 非直線関係の例

⑥ ただし，いつも上のように解釈できるとは限りません．たとえば，(d) の場合 X, Y の値が一線にのっていますから，関連の強さという意味では高い評価値を与えるべきですが，上の定義では，低い値になります．関連の形が直線でないために，値が低く出ます．

このように，

　　　　相関係数は，"関連の形が直線である"ことを前提にして，
　　　　　　X と Y の関連の強さを測るもの

です．前提が成立しない場合の関連の強さの評価は，問題の扱い方に応じてかわりますから，後にします．

⑦ 2 変数の関係の強弱は相関係数をみればわかるというのは誤りです．

まず，相関図をかいて，相関係数を使える状態か否かを確認しましょう．相関係数を使うのは，それを使ってよいことを確認した後のことです．

◆注　次節の問題に関連して，相関係数が意味をもたない場合があります．

▷ 3.4　第三の変数を考慮に入れる

①　**2つの変数の関連をみる**　実態を説明するには，これでは単純化しすぎているといえるでしょう．3つ以上の変数を関連づけてみる方向へ進まねばならないのですが，まず，

　　　3番目の変数をどんな観点でつけ足すか

をはっきりさせるべきです．それなしに"2 → 多"と機械的に進めると，計算結果が出たとしても，何とも解釈できないことが多いのです．

2つの要因 (X, Y) の関連を把握するには，それらの変数だけでなく，それらに影響をもたらす第三の要因を組み合わせてみることが必要です．また，第三の要因にあたるものが多数共存していることもありえますから，分析手段としても

　　　3番目以下の変数をどんな手順で取り入れるか

を考えねばならないのです．

以下順を追って説明を進めていきます．

②　"Y の大小と X の大小とが対応しているようにみえても，Z を考慮に入れると，その対応関係がかわってくる"可能性があります．X, Y の関係はこうあるはずだと予想されているのに，データでみるとそうなっていない … 別の変数 Z が X, Y の本来の関係をディスターブして，そうなる可能性があるのです．

③　図3.4.1は，"Y の大小と X の大小が関連していない"ようにみえていたものが，別の要因 Z でわけてみると，"Z のそれぞれの部分では Y の大小と X の大小とが関連していた"と判明する例です．

図3.4.2は，"Y の大小を X で説明できる"ようにみえていたものが，別の要因 Z でわけてみると，Y と X の関連の仕方の見方が粗かったと判明する例です．

④　これらの例における変数 Z を混同要因とよびます．2つの変数 X と Y の関係をみる問題において，変数 Z の影響が重なっており，観察されるのは Z の影響が"混同されたもの"だから，その Z の影響，すなわち，"混同効果"を補正しないと，X, Y の関連を適正に評価できないのです．

⑤　混同効果は，どんな問題においても，多かれ少なかれ関与しているとみなければなりません．それを補正する手法はさまざまありますが，まずは，これらの図で例示したように，

　　　2次元散布図を，混同要因でわけてみる

のが，基本的な対処策です．

混同要因として効く可能性のあるものについて，こういう図をかいてみましょう．

⑥　また，混同要因だと陽にはわからなくても，観察単位の名称（あるいは，それにかわる記号）を表示することによってヒントを得ることもできます．

全データを同じ記号でかくよりも，注目すべきデータについてのみ記号におきかえ

図 3.4.1 X, Y の関係がかくされている例

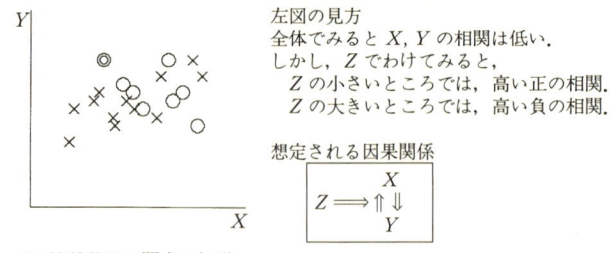

左図の見方
全体でみると X, Y の相関は低い．
しかし，Z でわけてみると，
　Z の小さいところでは，高い正の相関．
　Z の大きいところでは，高い負の相関．

想定される因果関係
$$Z \Longrightarrow \begin{matrix} X \\ \Updownarrow \Downarrow \\ Y \end{matrix}$$

Y：統計数理に関する知識
X：統計データに関する知識
Z：統計業務の経験年数（短 → ×，長 → ○）

図 3.4.2 $X \to Y$ の影響評価が適正でない例

左図の見方
全体でみると X, Y の相関は高く，右上がり．
しかし，
　Z でわけてみると，
　　右上がりの度は大きくない．
　Z を考慮しないと
　　$X \Longrightarrow Y$ の影響が過大評価になる．

想定される因果関係
$$\begin{matrix} X \Longrightarrow Y \\ \Uparrow \\ Z \end{matrix}$$

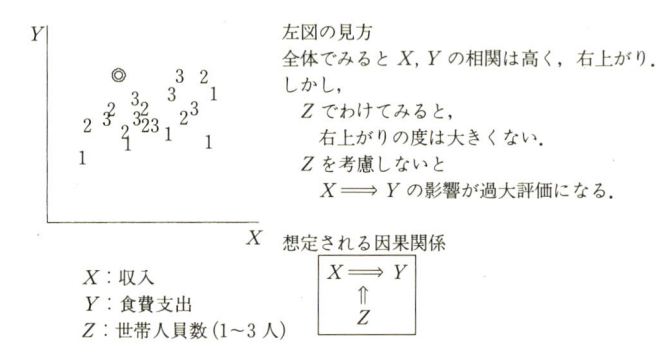

X：収入
Y：食費支出
Z：世帯人員数（1～3 人）

るなど，いろいろ試していると効果的な表現法がみつかるでしょう．

データ解析においては，こういう試行錯誤が必要です．また，それを簡単に実行できるのが，コンピュータの効用です．

⑦ 混同要因が存在する場合，3.3 節で説明した相関係数では X, Y の関係を適正に評価できません．

図 3.4.1 の場合 0.366 ですが，Z が ○ のものと × のものをわけてそれぞれの範囲で計算すると，0.720，−0.554 となります．このように，符号の異なる相関関係をもつ部分を 1 つにまとめて計算した 0.366 は誤読を招く（図をみればわかりますが）数字になっているのです．

なお ◎ のデータを除くと，結論がちがってくるかもしれません．

図 3.4.2 の場合データ全体でみると 0.366 ですが，
　　◎ のデータを除くと　　0.491

となります．このように，アウトライヤー，すなわち傾向から外れた値の影響にも注意しましょう．

また，Z によって区分すると

$Z=1$ の場合は 0.725
$Z=2$ の場合は 0.644
$Z=3$ の場合は 0.481

となっています．これらを区別せずに扱っているため，0.491 と低く評価され，さらに，アウトライヤーが混在しているために 0.366 と，もう一段低く評価された … こういうことです．

---

dirty data の cleaning

X と Y の関係を把握するためには，その関係に影響をもたらす他の条件を一定にたもって観察することを考えます．「実験する」ときの基本的な考え方です．しかし，そのように「条件を制御して観察する」ことのできない問題分野では，観察値に，条件のちがいが混同されることになります．

そういう観察値を dirty なデータとよびます．X, Y の関係を把握するためには，ダーティな状態をクリーニングするための手順を適用しなければならないのです．その手順を経ずに，クリーンなデータを想定している手法を適用すると，きれいにみえる結果が得られたとしても，条件のちがい，すなわち，よごれがかくされてしまい，誤読におちいるのです．

● 問題 3 ●

【2変数の関係の見方】

問1 (1) 図 3.1.1 に示す「2変数の関係」のうち，b の見方をする問題例をあげよ．
(2) 図 3.1.1 に示す「2変数の関係」のうち，c の見方をする問題例をあげよ．

問2 (1) UEDA のうち XYPLOT1 を使って，図 3.2.1 をかけ．基礎データは例示用としてセットされている．図 3.2.1 と合わせるためには，スケールの位置をかえるよう指定すること．
(2) 図 3.2.2 をかけ．
(3) 図 3.2.3 をかけ．
(4) 図 3.2.1 における X, Y の関係の見方として想定されるのは a, b, c のどれか．図 3.2.2 についてはどうか．また，図 3.2.3 についてはどうか．

問3 (1) プログラム XYPLOT1 には図示された X, Y の関係をみるための補助線として，傾向線(直線と仮定したもの)，平均値トレース(X の値域に対応する Y の平均値をつらねた折れ線)，集中楕円(X, Y の散布範囲を楕円でかこんで示すもの)を書き込めるようになっている．

図 3.2.1 の見方を助けるために適当とみられる補助線を書き込め．
(2) 図 3.2.2 について，3とおりの補助線を書き込んだ図をつくり，図 3.2.2 の見方として，どの図が適当かを説明せよ．
(3) 図 3.2.3 についてはどうか．

【2変数の相関の強さを測る相関係数】

問4 (1) 付表 B のうち Y (＝食費支出総額) と X (＝収入総額) について，図 3.2.2 と同様の図をかけ．
(2) (1)の図は図 3.2.2 における「消費支出総額」のかわりに「収入総額」を使うことになっているが，このおきかえによって，Y と X の関係がどう変化しているか (Y の関係が強い形になるか，それとも弱い形になるかを答えること)．
(3) プログラム XYPLOT1 では X, Y の関係の強さを測る相関係数が出力される．その値をみて，(2)の判断が裏づけられることを確認せよ．
(4) Y (＝雑費支出) と X (＝食費支出) の関係について，相関係数を求めよ．(3)の場合も相関係数を求めたが，その場合とこの問いの場合を比べると相関係数を使うことの意義は同じとみられるか．

問 5 (1) 付表 A.3 (データファイル XX02) は, 図 3.3.3 に示した 4 つの図の基礎データである. それぞれの図について相関係数を計算せよ. ただし, 計算する前に, 相関係数がおよそどの程度の値になるかを予想すること.

【変数変換】

問 6 (1) 図 3.3.3 (d) について, Y を Y^2 とおきかえて, それと X との相関係数を計算するとどうなるか.
注：データファイルに収録されているデータに変数変換を適用して新しい変数を求めるためには, プログラム VARCONV を使います. その使い方は, 第 2 章の問 7(1) について説明してあるので, 35 ページを参照すること.

(2) 図 3.3.3 (d) について, X, Y をそれぞれ大きさの順におきかえたものを U, V と表わす. U, V の関係を示す図をかき, その相関係数を計算せよ.
注：この問題についても, X を U に, Y を V に変換するために VARCONV を使います. この場合の変換ルールは, RANKF (ランクにおきかえる関数) として引用できるように用意されています.
注：順位に注目して計算した相関係数を「順位相関係数」とよびます.

【アウトライヤー】

問 7 (1) 図 3.2.1 において左上に離れた点の番号を調べよ. そのためには, XYPLOT1 に用意されているマーク方式 3 を適用すればよい.
(2) 番号 60 のデータを除外して図 3.2.1 をかけ.
(3) このことにより, X, Y の関係を表わす回帰線はどうかわるか. また, 相関係数はどうかわるか.

問 8 (1) 図 3.2.2 において右下に離れた位置にある 4 点のデータ番号を調べよ. プログラム XYPLOT1 に用意してある「マーク方式 5」を使って範囲を指定すると, その範囲のデータの番号が表示される.
注：マーク方式 5 を指定すると, + の形のカーソルが図に現れます. その位置を矢印のキイを使って動かすことができます. 「矢印のキイで動かし, Enter キイにより位置を特定する」という操作により 4 点を指定すると, その 4 点でかこまれる四辺形の範囲のデータの番号が表示されます.

(2) こうして調べた番号のデータを除外して, 図 3.2.2 をかけ.
(3) このことにより, X, Y の関係を表わす回帰線はどうかわるか. また, 相関係数はどうかわるか.

【第三の変数の影響をみるために】

問 9 (1) Y (＝食費支出) と X (＝消費支出総額) の関係を示す図を (各点を同じマークで示すかわりに), 世帯人員区分別に対応するマークを使ってかけ.
注：プログラム XYZPLOT を使うと, 世帯人員区分を指定するとともに (ここでは 2～3 人, 4 人, 5 人以上と 3 区分にする), それぞれの区分に対応するマークを指定することができます.
注：この問いのためにプログラム XYPLOT1 を使うこともできますが, そのため

には，あらかじめ各データに対応するマークを指定しておくことが必要です．
XYPLOT1用のサンプルデータにはそのためのキイワード「OBSID=」が付加されているので，「あらかじめ用意してあるマークを使う」と指定してください．
(2) 図3.2.2における世帯人員区分のかわりに，収入総額によって3階級区分を定め，その区分番号をデータの位置に表示せよ．区分の仕方は，何とおりかを試みて適当とみられる区切り方を採用せよ．

注：これらの図において，各区分に対応する図を1枚に重ねることも，別々にわけることもできます．試してみてください．

(3) これらの図に，Y, X の関係をよみとるための補助線を書き込め．

Z の区分ごとにわけてみようとする図だから，補助線も Z の区分ごとにわけてかくべきである．

補助線の種類として，傾向線（直線）を指定してみよ．
(4) Y, X の分布範囲を表わす図（集中楕円）を指定してみよ．
(5) (3)によって，X, Y, Z の関係についてどんなことがよみとれるかを説明せよ．
(6) (4)によって，X, Y, Z の関係についてどんなことがよみとれるかを説明せよ．

問10 (1) 付表A.2のX, Y, Z1は，図3.4.1の基礎データである．これについて，全体で X, Y の関係をみたときの相関係数，○の区分だけでみたときの相関係数，×の区分だけでみたときの相関係数を計算せよ．

(2) 付表A.2のX, Y, Z2は，図3.4.2の基礎データである．これについて，全体で X, Y の関係をみたときの相関係数，Z の区分別にわけてみたときの相関係数を計算せよ．

(3) 17番目のデータを除外して，(1), (2)の計算を行なってみよ．

ラウンド

統計表に掲載された数字は，たいていある桁数で四捨五入した数字です．このため，たとえば，「報告書に掲載されている変化率」と「報告書に掲載されている数値を使って計算された変化率」とが一致しないことがあるのです．また，計が100になるべき「構成比の合計」が100にならないことがありえます．

こういうことが起こらないように，「もっと桁数を増やした数値を表示せよ」というコメントが出るかもしれませんが，社会事象の計測値としては適当な「有効数字をこえる数字を出す」ことは「過度に細かい差まで気にする結果を招く」という問題もあります．

どのくらいの桁数までの答えを出すかを考えましょう．

4 主成分(総合指標)の見方

たとえば2種のテストの結果がある,その総合評点を出す … よくある問題です.足して2でわるという扱いでよい,とはいえません.
また,1つの指標にまとめてよいかどうかが問題です.
まず,こういう問題の考え方を概説し(4.1),その求め方を示した後(4.2),それが基礎データの同時分布の範囲を示す集中楕円の主成分であることを説明します(4.3).
また,一般化するために,集中楕円の表わし方に関するいくつかの代案を示します(4.4および4.5).

▶ 4.1 主成分(総合化)

① 前章では,2変数 (X, Y) の関係をみるために散布図をかいてみること,また,ひろがりの大きさ(方向,関係の強さを含む)をみるために,分散・共分散を使うことを述べました.これらの量が,2変数の関係を計量するための基本的な指標です.

データ解析では,これらの指標,または,これらから誘導される指標を,見方に応じて使いわけます.たとえば,2変数の関係の強さを測るには,「相関係数の2乗」を使います.

では,ひろがりの方向は,どうみるのでしょうか … それが,この節の問題です.

② 変数 (X, Y) を使って議論するにしても,相互の関係が強い場合は,それらに共通する"ある変動要因"が存在すると考えることができるでしょう.

その場合,その共通要因は,
　　X, Y の関連図において,
　　　点の分布のひろがりの大きい方向に作用している
とみることができます.

また,図3.1.1にあげたbすなわち総合化の見方にたって,相関が高いなら,

X, Y を 1 つの指標 (たとえば総合評点) Z にまとめて

それを使うことにする

扱いが考えられます．X, Y は，指標 Z を見出す手がかりとして使ったことになるのです．

③　このような場面で，

2 つのデータ X, Y を 1 つの指標に集約する場合，

X, Y の分布が最もひろがっている方向 (主軸とよぶ) を見出し，

その軸上での位置を測ればよい

と考えることができます (図 4.1.1)．

これを，主成分とよびます．

この問題は 3 つ以上の場合にひろげて考えることが必要ですが，ここでは 2 変数の場合に限って，基本の考え方のみを説明します．数理を展開することは避けますが，たとえば「複数の試験の結果をまとめて総合評点を求める」といった日常使う場面に対応できる範囲で説明しましょう．

◇**注**　図 4.1.1 右図では，軸 OZ の原点を平均値の位置にうつしています．
点 P の座標 (X, Y) のかわりに，(Z, E) で表わしたことになります．

④　主軸の方向を θ (X 軸に対してなす角) とすると，主成分値は，
$$Z_1 = \alpha X + \beta Y$$
と表わされます．この式の係数は
$$\alpha = \cos\theta, \qquad \beta = \sin\theta$$
として計算されます．また，主成分値の分散，すなわち，主軸の方向でみたデータのひろがりは，平均値 $(\bar{X}, \bar{Y})$ の位置をとおるように決めるものとして
$$\sigma_1^2 = \alpha^2 \sigma_X^2 + 2\alpha\beta\sigma_{XY} + \beta^2 \sigma_Y^2$$
として計算されます．この値について
$$R^2 = \frac{\sigma_1^2}{\sigma_X^2 + \sigma_Y^2}$$

図 4.1.1　主軸と主成分

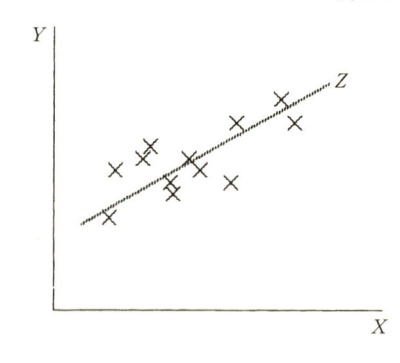

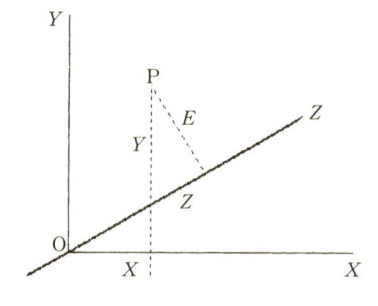

としたものを，主成分の寄与度とよびます．

⑤　これは，
　　　1つの総合指標 Z_1 で，もとの情報 X, Y の何％を代表するか
を測るものです．これが1に近いときはよいのですが，0に近いときには1つの指標で代表できるとはいえませんから，もう1ステップ考察を進めることが必要です．

いわゆる総合評点を求める問題ですが，はじめから1つの総合評点を使うと決めているわけではありません．

R^2 が小さいときには，1つの指標で代表しようという扱いをやめるか，1つで代表できないならもう1つ加えて2つで代表させる方向へ進むか … を考えることになります．

⑥　後者の扱いに進む場合には，第一の主軸で説明されていない側面に注目するのが普通でしょう．したがって，第二の主軸を第一の主軸に直交する方向にひき，その方向でみた第二の主成分値を使います．これは，
$$Z_2 = \beta X - \alpha Y$$
として計算され，その分散は，
$$\sigma_2^2 = \beta^2 \sigma_X^2 - 2\alpha\beta \sigma_{XY} + \alpha^2 \sigma_Y^2$$
となります．

基礎データが2変数の場合は，
$$\sigma_1^2 + \sigma_2^2 = \sigma_X^2 + \sigma_Y^2$$
が成り立っていることがわかります．いいかえると，2つの主成分を使うと，すべての情報を2つの主成分に組みかえたことになります．

ただし，Z_2 の値は計算できてもその寄与度が小さいときには，必ずしも第二の主成分だと解釈できるとは限らず，誤差と解釈するのが妥当 … そういう場合がありますから，Z_2 を使うかどうかは，問題ごとに判断しなければなりません．

基礎データが3変数の場合には，2つの主成分を使ってもまだ残っている情報がありえますから
$$R^2 = \frac{\sigma_1^2 + \sigma_2^2}{\sigma_X^2 + \sigma_Y^2 + \sigma_Z^2}$$
によって，2つを使ったときそれらで説明された量を測ることができます．

さらに4変数の場合 … と増やしていくことができますが，細かいところまで説明しつくせるとは限りませんから，ある程度のところで打ち切るという考え方も有用です．

⑦　主軸および主成分値を求めるためには，主軸の方向 θ を定めることが問題として残っていますが，これは，以上の原理から
　　　θ は，σ_1^2 が最大になる方向，すなわち，
　　　寄与度 R^2 を最大にする方向として定めること
として数理の計算にのせることができます．すなわち

条件　$\dfrac{\partial R^2}{\partial \theta} = 0$

から，θ および R^2 の算式を誘導できます．

⑧　この問題を扱うのは，主成分分析という手法です．大きい問題分野ですから，専門のテキスト，たとえば本シリーズ第8巻『主成分分析』を参照してください．

ここでは次節で，2変数の場合に限って，具体的な定め方を示しておきましょう．

▷ 4.2　2変数の場合の主成分

①　2つのテストの得点 X, Y をもとにして

総合評点　　$Z = \alpha X + \beta Y$ 　　　　　　　　　　　(1)

を誘導する問題を例として説明しましょう．

②　この総合評点は，前節で説明したとおり，それぞれの得点 X, Y の分散と共分散に対応して決まります．

すなわち
$$\sigma_Z{}^2 = \alpha^2 \sigma_X{}^2 + 2\alpha\beta\sigma_{XY} + \beta^2 \sigma_Y{}^2 \quad (\alpha = \cos\theta,\ \beta = \sin\theta) \tag{2}$$

$$R^2 = \dfrac{\sigma_Z{}^2}{\sigma_X{}^2 + \sigma_Y{}^2} \tag{3}$$

から，R^2 を最大にする θ を求め，それに対応する α, β, R^2 を求めればよいのです．ややめんどうな計算になります．③で説明しておきますが，結果だけなら，④に示す計算図表を使うことができます．

③　R^2 の分母は一定ですから，分子 $\sigma_Z{}^2$ に注目して，これと θ との関係をみればよいことになります．したがって，$\sigma_Z{}^2$ を θ で微分して 0 とおくことで解が得られます．すなわち

$$\begin{aligned}
\dfrac{\partial \sigma_Z{}^2}{\partial \theta} &= 2(\alpha\sigma_X{}^2 + \beta\sigma_{XY})\dfrac{\partial \alpha}{\partial \theta} + 2(\alpha\sigma_{XY} + \beta\sigma_Y{}^2)\dfrac{\partial \beta}{\partial \theta}\\
&= -2\beta(\alpha\sigma_X{}^2 + \beta\sigma_{XY}) + 2\alpha(\alpha\sigma_{XY} + \beta\sigma_Y{}^2)\\
&= -2\alpha\beta(\sigma_X{}^2 - \sigma_Y{}^2) + 2(\alpha^2 - \beta^2)\sigma_{XY}\\
&= -\sin(2\theta)(\sigma_X{}^2 - \sigma_Y{}^2) + 2\cos(2\theta)\sigma_{XY}
\end{aligned}$$

これを 0 とおき，$C = \sigma_X/\sigma_Y$ と相関係数を使って，θ を計算する式

$$\tan(2\theta) = \dfrac{2\sigma_{XY}}{\sigma_X{}^2 - \sigma_Y{}^2} = \dfrac{2\rho}{C - 1/C} \tag{4}$$

が得られます．

以下，(2), (3) 式によって，$\alpha, \beta, \sigma_Z{}^2, R^2$ が順に計算できます．

R^2 の計算式は，次のように書き換えることができます．

$$R^2 = \dfrac{1}{2}\left[1 + \dfrac{\rho^2 + (C + 1/C)^2}{C + 1/C}\right] \tag{5}$$

また，(1) 式によって，総合評点 Z を計算できます．

④ 図4.2.1は，③に示した計算にかわる「計算図表」です．
これによって
$\quad C = \sigma_X/\sigma_Y$ および ρ に対応して
$\quad$ 主成分を計算するための係数 a, β … 左の図から
$\quad$ 主成分の寄与度 R^2 $\qquad$ … 右の図から
を求めることができます．

図は，$\sigma_X > \sigma_Y$ の場合を想定しています．$\sigma_X < \sigma_Y$ の場合は，X を Y，Y を X とおきかえて使います．

くわしくは，図の注記をみてください．

⑤ **基本的な関係** これによって $(\sigma_X, \sigma_Y, \rho)$ と (a, β, R^2) の関係，すなわち，2つのテストの得点を総合評点にまとめるときの基本になる考え方をつかむことができます．次が，その要点です．

$\quad$ a. 2つのテストの得点間の相関 R^2 が大きいときには，
$\qquad$ 各テストの得点のシグマ いかん にかかわらず，
$\qquad$ 1つの主成分で情報を代表できます．

図4.2.1 主成分を算出するための係数および第一主成分の寄与度
(この図は，プログラム TABLE2 で出力できます．)

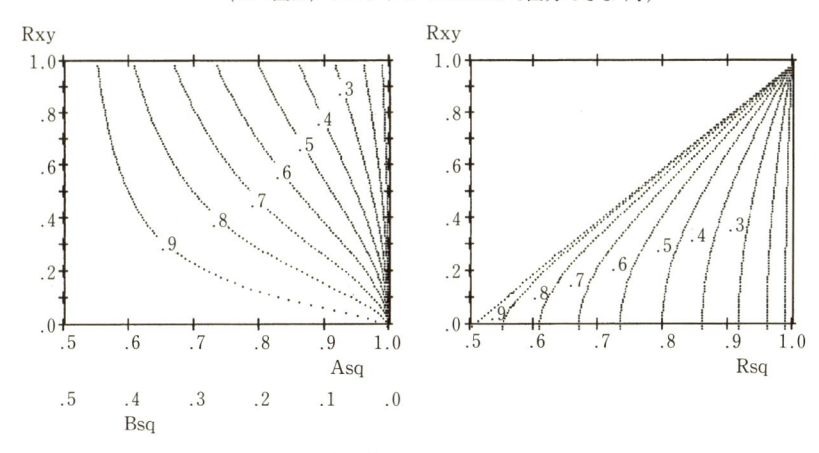

図の見方： 図は，相関係数 R_{XY}(縦軸)と，分散の比 C(図中にえがかれた曲線)に対応して，主成分値を計算するための係数 A, B(左の図の横軸，ただし，図では A^2, B^2 をよむようになっている)および主成分の寄与度 R^2(右の図の横軸)をよむための図です．

たとえば，2つのテストの評点 X, Y について，σ_Y と σ_X の比 C が 0.8 であり相関係数 R_{XY} が 0.4 だとすると，図から $A^2 = 0.75$，$B^2 = 0.25$，$R^2 = 0.72$ です．よって，両テストの総合評点は，$A = \sqrt{0.75} = 0.866$，$B = \sqrt{0.25} = 0.500$ をウエイトとし，$Z_1 = 0.866 X + 0.500 Y$ として算出します．

この総合評点は，2つのテストの結果(情報)の72%を代表します．残りの28%を代表する第二主成分も使いたいなら，$Z_2 = 0.500 X - 0.866 Y$ とします．

b. ただし，シグマの相対比に応じて，
適当なウエイトを採用することが必要です．
c. 一般に，シグマが大きい方のテストに大きいウエイトをつけるべきです．
d. また，シグマの差が少ないときには，
ほぼ等しいウエイトを採用してよいことになります．

上記のうちcについては，⑦で補足します．
こうして求めた総合指標 Z は

$$\text{平均} = \alpha X + \beta Y$$
$$\text{分散} = (\sigma_X^2 + \sigma_Y^2) \times R^2$$

となっていますが，相対尺度値（単位をもたない値）ですから，たとえば，平均0，標準偏差1に換算しておきます．平均50，標準偏差10でもかまいません．

⑥ 例示しましょう．統計学に関して2回のテストを行ない，次の結果が得られているものとします．

表4.2.2 総合評点の基礎データ

テスト1	50	40	70	80	40	60	20	40	40	50	70	50	30	30	80	60	50
テスト2	42	69	49	78	49	78	60	75	60	63	63	66	72	49	84	84	75
テスト1	60	60	30	80	40	70	70	80	80	30	60	70	10	40	70	50	80
テスト2	60	75	42	78	72	72	84	69	66	49	69	78	28	66	78	60	81

表4.2.3 総合評点(1)…主成分

| 総合点 Z | 64 | 69 | 85 | 108 | 59 | 91 | 48 | 72 | 65 | 75 | 92 | 76 | 62 | 51 | 111 | 94 | 81 |
| | 82 | 90 | 47 | 108 | 71 | 97 | 103 | 104 | 102 | 51 | 87 | 100 | 23 | 68 | 100 | 73 | 110 |

これについて，2回のテスト結果を総合した評価を，主成分の考え方によって求めることを考えます．

まず，これから，それぞれのテストの得点について平均値と分散および相関係数を計算すると

$\mu_1 = 54.1, \quad \mu_2 = 66.0$
$\sigma_1 = 19.11, \quad \sigma_2 = 13.51, \quad \rho = 0.628$

が得られます．分散が大きいテスト1の方を X，テスト2の方を Y とみなして，以下の計算を進めます．

$C = \sigma_Y/\sigma_X = 0.707$ ですから，図4.2.1の縦軸に $\rho = 0.63$ をとって水平線をひき，図中の $C = 0.707$ に対応する点を求め，その点から下に垂線をおろして，横軸の値をよみとります．

左の図を使って $\alpha^2 = 0.73, \beta^2 = 0.27$ が求められ，右の図を使って $R^2 = 0.84$ が求め

られます.
よって,
$$\alpha=\sqrt{0.73}=0.85, \qquad \beta=\sqrt{0.27}=0.52$$
です.

したがって，2つのテスト結果 X, Y の総合評点を主成分の考え方によって求めるためには
$$Z=0.85X+0.52Y$$
とすればよいことがわかります．表 4.2.3 がこうして計算した総合評点です．

この総合評点の平均値は 80.01，標準偏差は 21.45 です．

標準偏差は，図でよんだ R^2 を使って
$$\sigma_Z=\sqrt{(\sigma_X{}^2+\sigma_Y{}^2)\times R^2}=\sqrt{(19.02^2+13.52^2)\times 0.84}=21.42$$
と求めることもできます．

テストの結果も，総合評点も，相対尺度値ですから
$$\frac{Z-80.01}{21.45}$$
によって標準化しておくのが普通です．

⑦ **補足：主成分と異なる原理による総合評点**　⑤で説明した総合評点の導出原理のうち，c に関して補足します．

2つのテストの結果をそれぞれ標準化 (平均値 0, 標準偏差 1 に換算) して，平均 (足して 2 でわる) すればよい … よく採用される方法ですが，これは，ここで説明した主成分とは異なる原理によっているものです．

2つのテストが大きい意味では同一概念に対応しているが，その下位概念としては異なる側面を計測したもの … こう解釈できるものとします．

その場合，2つのテストは「対等に扱うべきもの」とされるでしょう．それなら，それぞれのテストで計測された X, Y について

　「X, Y が対等に寄与するように総合評点を定めよ」

ということになります．

したがって，そうなるように，たとえば得点のバラツキ度がそろうように問題をつくるのですが，結果的に，標準偏差がそろうとは限りませんから，それぞれのテスト結果を標準化して (標準偏差がそろうように換算して)，平均するのです．

2つのテストで計測された「個人差を最大限反映するように定める」主成分と異なる原理を採用しているのです．当然，結果もちがいます．

> ・主成分の観点で総合評点を求める場合
> ・各成分指標を対等に扱って総合評点を求める場合
> 　を区別すること

「標準偏差の大きい方に大きいウエイトをつけよ」とされるのは，主成分の場合で

表 4.2.4　総合評点 (2)…⑦ の扱い方

総合点 Z	63	79	80	110	63	98	61	84	72	80	92	83	76	57	115	103	90
	84	96	52	110	82	99	109	103	100	57	91	104	29	77	104	78	110

平均=85.1, 標準偏差=19.9

表 4.2.5　総合評点 (3)…⑧ の扱い方

総合点 Z	65	77	84	112	63	98	57	81	71	80	94	82	72	56	116	102	88
	85	95	51	112	79	100	109	105	53	56	91	105	27	75	105	78	114

平均=84.9, 標準偏差=20.9

す．これに対して，対等に扱う場合には，標準偏差に差があったら，「標準偏差の大きい方に小さいウエイトをつけよ」とされるのです．

相反する説ですが，基本の考え方のちがいからくることです．

⑧　比較のために，同じデータ (表 4.2.2) について，「対等に扱う」ことを意図して総合評点を求めてみましょう．

標準偏差が X については 19.1 であり，Y については 13.5 ですから，

$$Z = \frac{X - 54.1}{19.1} + \frac{Y - 66.0}{13.5}$$

とします．「標準偏差の逆数」すなわち，$\alpha = 1/19.1$, $\beta = 1/13.5$ をウエイトとした加重平均を使うことになります．

相対尺度値であり，単位をかえてもかまいませんから，ここでは，表 4.2.3 と比べるために $\alpha/\sqrt{\alpha^2+\beta^2}$, $\beta/\sqrt{\alpha^2+\beta^2}$ を使って計算した $Z = \alpha X + \beta Y$ を表 4.2.4 に示しておきます．

また，標準偏差のちがいを考慮に入れずに，$\alpha = \beta = 1/\sqrt{2}$ を使った場合の結果を表 4.2.5 に示しておきます．

⑨　この例では，わずかなちがいですが，導出原理のちがいに注意しましょう．

導出された総合評点の標準偏差も付記してありますが，主成分として求めた総合評点が最も大きい分散 (分散が大きいから個人差をよりよく識別できる) をもつことがわかります．

いいかえると，「分散の大きいテストを重視する」形の加重平均を使う … これが，主成分分析の考え方です．ただし各テストの相関関係が問題に関与してきますから，くわしくは本シリーズ第 8 巻『主成分分析』を参照してください．

▶ 4.3　分布のひろがりと方向の表示 —— 集中楕円

①　前節の方法で示した主成分は，データの分布を
　　"ひろがりの大きさ" と "ひろがりの方向"

に注目して,表現しなおしたものと解釈できます.すなわち,座標変換で相互に対応づけできるという意味で,$(\sigma_X^2, \sigma_Y^2, \rho)$ による表現は $(\sigma_1^2, \sigma_2^2, \theta)$ による表現と同等(平均値=0に規格化してあるものとして)ですから,

　　データの見方として自然なのはどちらか,

　　あるいは,変動を説明しやすいのはどちらかを考えて,

　　(X, Y) による表現をとるか,(Z, θ) による表現をとるかを決める

ことになります.

また,Z を θ の関数とみると,

　　"θ が主軸の方向になったとき,Z が主成分にあたる"

ことから,主成分の方向を探る見方だと解釈することもできます.

②　こういう見方を採用する場合,データの散布範囲を図4.3.1のように,楕円で図示することが考えられます.

1変数の場合に,データの散布範囲を

　　(平均値±標準偏差)の幅

で示したのと同じことで,2次元になったから

　　平均値を中心として

　　主軸1の方向に幅 σ_1,主軸2の方向に幅 σ_2 をもつ楕円

で示すのです.

この楕円を表わす式は,(X, Y) でかくと

$$\frac{X^2}{\sigma_X^2} + 2\frac{\rho XY}{\sigma_X \sigma_Y} + \frac{Y^2}{\sigma_Y^2} = 1$$

図4.3.1 集中楕円

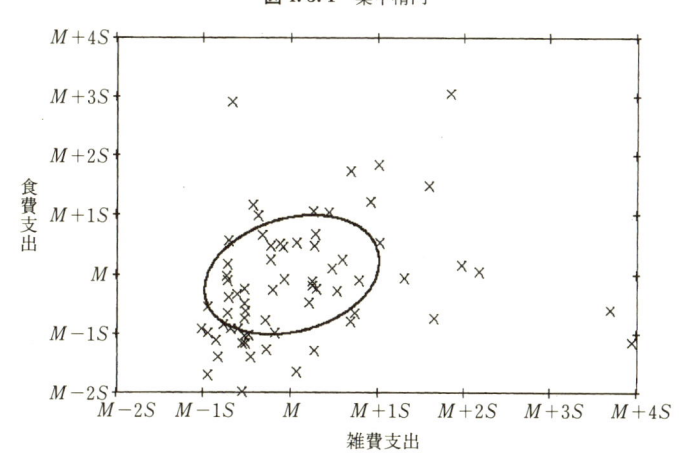

「楕円の長軸の方向」すなわち,データのひろがりの方向をみようという趣旨です.この例の場合,右上方向へのひろがりと,水平方向へのひろがりとが共存しているようにみえます.

であり，主成分 (Z_1, Z_2) でかくと

$$\frac{Z_1^2}{\sigma_1^2} + \frac{Z_2^2}{\sigma_2^2} = 1$$

です．

これを，"集中楕円"または2点トレースとよぶことにしましょう．

1変数の場合に，「平均値 ± 標準偏差」によってデータが集中している範囲を示した2点表示(注)と同等な発想であり，それを平面でみるのだから，方向を表わす角度 θ の関数の形になったのだ…2点トレースは，そういう意味を含めた呼称ですが，数理統計学の方で「集中楕円」とよんでいますから，両方の呼称を併記しておきます．

◆注　データの散布度を標準偏差で表わした場合，図4.3.2のように散布範囲を図示できます．±$C\sigma$ としたのは，データの1/2を含むように調整するためです．$C=0.674$ です．これを2点表示とよびましょう．一般には2数要約とよばれていますが，ここでは2点トレースと対比するために2点表示とよんでおきます．

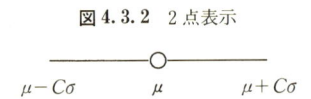

図 4.3.2　2点表示

$\mu - C\sigma$　　　μ　　　$\mu + C\sigma$

これに対して，「大きい方への偏差と小さい方への偏差を区別して考える」という観点で，第1四分位値，中位値，第3四分位値 (Q_1, Q_2, Q_3) を求めて，次の図4.3.3のように図示することができます．これを3点表示(または3数要約)とよびます．

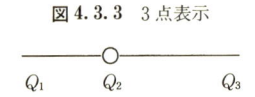

図 4.3.3　3点表示

Q_1　　　Q_2　　　Q_3

この集中楕円は，ある仮定(分布が2次元の正規分布で表わされる)のもとで，"データの60%を包含する"ことが計算されます．"データの1/2をカバーする範囲を示す"ようにするには，楕円の軸 σ_1, σ_2 を 1.177 倍(注)にすればよいのですが，それほど大きいちがいではないので，この補正はしていません．

◆注　2次元正規分布を仮定して計算すると $\sqrt{2\log 2}$ です．

③　主成分を「2次元の平面上で，座標変換して表現しなおしたものだ」という説明をしましたが，N 種のデータを使った場合は「N 次元の空間において座標変換して表現しなおしたものだ」とみることができます．

ただし，主成分が，寄与の大きい順に求められることに注意しましょう．

2次元の場合，第二の主成分の寄与が小さいなら，楕円は細長い形になり，小さい変動を考慮外におくことによって1次元の情報とみなして扱うことができます．

N 次元の場合も同様に，その情報を K 次元 ($K<N$) の情報として扱うことができます．いいかえると，主成分を
「情報を縮約する」手段
として使うことができるのです．

この意味で，多次元データ解析において慣用される基本手法のひとつと位置づけられています．

▷ 4.4 集中多角形

① 前節で，主成分を使って
データの散布域を示す
という問題に対してひとつの方法を示すことができましたが，現実のデータに適用しようとすると，あまりにきれいすぎるという問題があります．

たとえば図 4.3.1 に注記したように，データのひろがり方向が 1 つと想定しにくいとき，前節の楕円による表現では，そのことをかくしてしまいます．

また，1 つの軸方向でみるにしても，プラス方向とマイナス方向のひろがりが異なることが表現できません．

「きれいなのはよいこと」とはいえません．現実に扱うデータは dirty だから，たとえばアウトライヤーが混在している，そのために，データの分布域は必ずしも楕円状にならず，主軸とちがう方向にとびだした点がある … こういう状態を「ありのまま」示すという方針での図示法がほしくなることがあるのです．この節と次節はこれへの対応策です．

② 1 変数の場合に，標準偏差の大きさが方向によってちがうことから，3 点表示を考え，アウトライヤー検出のためにボックスプロットを考えたのと同じ方向です．

たとえば，集中楕円による表現では，θ 方向でみた軸の長さ $Z(\theta)$ に対して $Z(\theta)=Z(\theta+\pi)$ が成り立っています．

また，Z の主軸方向に対応する θ を θ_0 とすると，$Z(\theta_0+\delta)=Z(\theta_0-\delta)$ が成り立っています．2 次元正規分布を仮定すればこういう対称性をもつのですが，実際のデータでは，こういう対称性が成り立っているとは限りません．したがって，
データの示す変動を要約し，表示するという立場では，
こういう仮定をはじめから採用してしまうことは不当
です．

③ したがって，こういう仮定をおかず "ひろがりの大きさと方向の関連" を表現するために，図 4.4.1 のような "集中多角形" を使うことが考えられます．

データの多数部分は左下から右上方向，すなわち，主成分の方向に散布しています．一方，右下部分に "アウトライヤー" らしいデータがありますが，点の数が多いので，左下/右上の方向とは別の傾向をもつ一群のデータがあるのかもしれません．

図 4.4.1 集中多角形

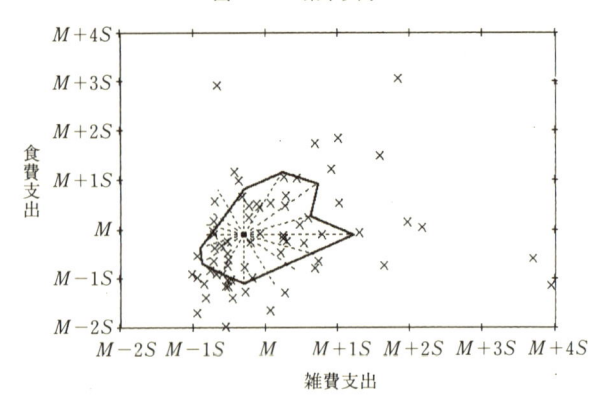

（食費支出 vs 雑費支出の散布図、軸目盛：$M-2S, M-1S, M, M+1S, M+2S, M+3S, M+4S$）

図 4.4.2 集中多角形の表現原理

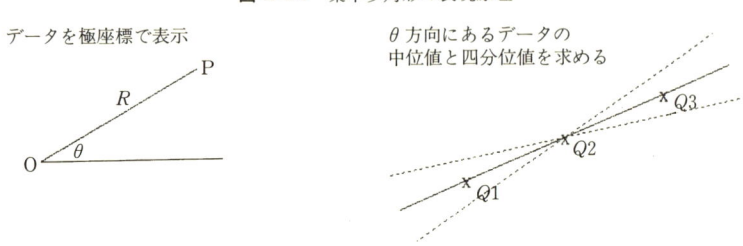

データを極座標で表示：点 P, 線分 R, 角 θ, 原点 O

θ 方向にあるデータの中位値と四分位値を求める：Q_1, Q_2, Q_3

　こういう状態は，X の分布だけ，あるいは Y の分布だけをみた場合には検出できません．集中多角形は，ここを補うひとつの方法です．

　④　この集中多角形は，1次元の場合の3点表示（62ページの注を参照）に相当するものだとみることができます．

　データ (X_I, Y_I) を極座標で表わしたものを (R_I, θ_I) とします．それを θ 方向にスプリットして，θ 方向のデータの第1四分位値 Q_1，中位値 Q_2，第3四分位値 Q_3 を求め，四分位値をつなぐ折れ線（閉じた多角形になる）で散布範囲を表わそうとするものです．

　くわしくは補注を参照してください．

補注　集中多角形の導出

①　4.4節で導入した集中多角形は，次のようにして求めたものです．

　a. (X_I) の中位値を X_0，(Y_I) の中位値を Y_0 とする．以下は (X_0, Y_0) に原点をうつして考えます．

　b. 点 $\mathrm{O}(X_0, Y_0)$ を頂点とし，X 軸と角度 $K\pi/8$（$K=1\sim16$）をなす半直線 OZ_K をひ

4.4 集中多角形

く．
　　16本です．
c. 軸 OZ_{K-1} と軸 OZ_{K+1} ではさまれる扇形を S_K とする．
d. 扇形 S_K 内の各点について軸 OZ_K への射影値 Z_{KI} を求める．
e. Z_{KI} の中位値 Z_K を求める．その位置を P_K とする．
f. (P_K) をつなぐ多角形を集中多角形とする．

このように定義したことについては，若干の補足が必要でしょう．②以下の一連の補足説明を参照してください．

② c の定義では軸の間隔が $\pi/8$，扇形の頂角が $2\pi/8$ となっていますから，各点はすべて2つの扇形に含まれることになります．頂角を $\pi/8$ とすれば，どの点もどれかの扇形に1対1に対応しますが，そうしなかったのは，データ数が少ない場合，多角形が過度な凹凸を示すことを避けるためです．

すなわち，一種のスムージングを適用しているのです．

扇形内のデータ数が少ないときにはその方向の P_K を求めず，多角形も，その方向をとばしたものにしています．

③ 3点表示との対応
　　P_K：軸 OZ_K 方向のデータの中位値 ≒ $Z_K OZ_{K+8}$ 方向の第1四分位値
　　O：データ全体でみた中位値 ≒ $Z_K OZ_{K+8}$ 方向の第2四分位値
　　P_{K+8}：軸 OZ_{K+8} 方向のデータの中位値 ≒ $Z_K OZ_{K+8}$ 方向の第3四分位値

です．これらをセットにすると，軸 $Z_K OZ_{K+8}$ 方向のデータの
　　第1四分位値，中位値，第3四分位値
にあたるとみなすことができます．

3つの指標がそれぞれ別の範囲のデータを使って求めたものだから，正確にそうだとはい

図4.4.3　集中多角形の導出原理 a

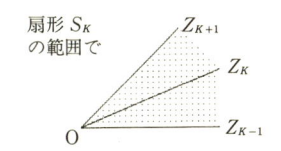

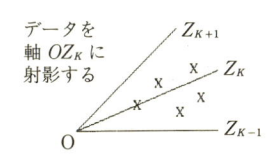

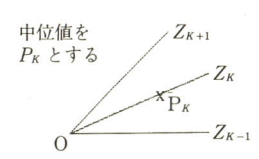

扇形 S_K の範囲で　　　データを軸 OZ_K に射影する　　　中位値を P_K とする

図4.4.4　集中多角形の導出原理 b

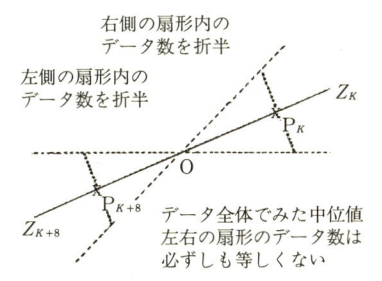

右側の扇形内のデータ数を折半
左側の扇形内のデータ数を折半
データ全体でみた中位値
左右の扇形のデータ数は必ずしも等しくない

えませんが，これらの指標を求める考え方から，そうみなせるという主張です．
そうみなすと，(P_K, O, P_{K+8}) を
　　　軸 $Z_K OZ_{K+8}$ 方向でみた3点要約
だと解釈できます．

また，時系列データの場合の3点トレース(5.5節で説明)とも一貫性をもっていることがわかります．

④ $P_K OP_{K+8}$ が左右の扇形内のデータについてみた中位値，四分位値になるように定めることは可能ですが，手順の最初に定めた O が，軸 OX 方向でみた中位値と OY 方向でみた中位値であり，結果として決まった軸 OZ 方向でみた中位値と一致するとは限りませんから，このことに対する調整(たとえば逐次近似計算)が必要です．

⑤ ①のeで，Z_{Ki} の最大値を求め，それをつなぐ多角形をえがくことも考えられますが，アウトライヤーの影響が大きいので，見やすいものにはならないでしょう．

◆注1　③の理由で，この図を3点トレースとよぶことができるでしょう．
　また，62ページで述べた仮定をおくと，集中楕円になりますから，それを，2点トレースとよぶことも考えられます．

◆注2　5.5節で示す「3点トレース」とのちがいは，直交座標を使うか，極座標を使うかのちがいですから，同じ呼称としています．

▷ 4.5 等頻度原理による集中範囲の表示

① 4.3節では，集中楕円を「観察値のひろがりと方向を示す図」だと説明しましたが，この節では，これを「観察値のひろがり」を示すという観点で再考しましょう．

ひろがり幅を楕円で示すことについては，「観察値 X, Y の分布形として正規分布」を想定すれば根拠づけできますが，そういう想定をおける場合に限ることは不適当です．そこで，4.4節では，その分布形の対称性(中心点でみた点対称性)をみたさない場合に対応するために，中位値と四分位値を使った表現法として，集中多角形が考えられることを説明しました．

いいかえると，集中多角形は，ひろがり幅の示し方の拡張だとみることができるのですが，その「ひろがり幅を方向を表わすパラメータに対応する関数」としていることから，「ひろがりの方向をみる」という使い方が考えられるものになっています．

② もとへもどって，集中楕円の説明で使った「ひろがり幅」という点について，考えなおしてみましょう．

ひろがり幅という言葉を使うと，「ある連続した領域」をイメージする結果になりますが，「ひろがり幅」すなわち「観察値が集中している範囲」とおきかえると，その「範囲が1つの連続した領域」と想定してしまうことに対する疑問がうかんでくるでしょう．

観察値が「同じ条件下で観察されたもの」だとすれば，ある1つの点を中心とする連続領域を想定できるでしょうが，実際のデータではたとえば条件のちがうものが混

4.5 等頻度原理による集中範囲の表示

図 4.5.1 集中楕円による表現

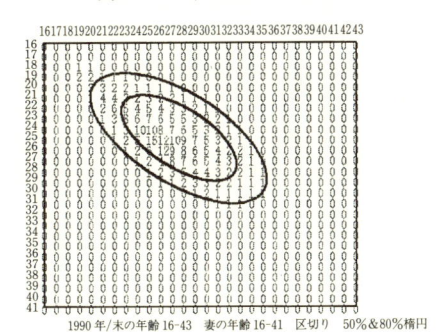

1990年/末の年齢 16-43　妻の年齢 16-41　区切り　50%&80%楕円

図 4.5.2 等高線による表現

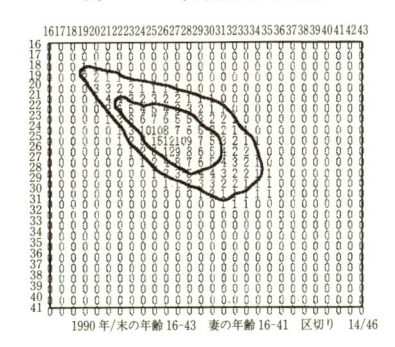

1990年/末の年齢 16-43　妻の年齢 16-41　区切り　14/46

在しているなどの理由で,「条件の異なる連続領域がいくつか重なっている」ことが考えられます.

③ そういう場合も含めて, 観察値を「あるがままに表示する」という観点では, 次のような表現法を使うことが考えられます.

> 等頻度原理による集中域表示
> 頻度の高い値域区分から順に拾い上げていき,
> 頻度の累計が 50%(あるいは 90%)にあたる範囲を
> 50%集中域(あるいは 90%集中域)とよぶ.

④ この領域の境界線は, 頻度が等しいところを結ぶ線になっていることに注意しましょう. いいかえると, 地形図における「等高線」に相当するものになっているのです. よって,「等頻度原理による集中域」とよぶことにしましょう.

これまでの各節での境界線のように,「中心位置を表わす指標」と「ひろがり幅を表わす指標」を使っていないのです.

したがって, 基本的に「ちがう原理に立脚した定義」になっているのです.

また, この原理を採用すると, 結果的に 2 つ以上の領域になる可能性があることに注意しましょう. 1 つの領域になる場合についても, 形や方向に関する前提条件をおいていませんから, 一般性のある情報表現になっているのです.

⑤ 図 4.5.1 と図 4.5.2 は, 新婚夫婦の結婚年齢の分布について,「集中楕円」と「等頻度原理による集中範囲」を図示したものです.

◆注　統計学の手法では, 変数 X の観察値に対してある確率分布 $f(X)$ が適合すると想定し, 標準とみられる値 X_0 とのへだたりについて $P(X-X_0)$ を計算する形で確率を考慮に入れます. ただし, これ以外の考え方もあります. 標準値 X_0 やそれからの距離 $X-X_0$ を介在させずに, $P(X)$ の大きさを考慮に入れる…こういう考え方を採用した統計学を「ベイジアン統計学」とよびます. 図 4.5.2 の表現は, この考え方によっていると解釈できますが, ここでは, 集中範囲を扱う場面に限定していますから,「等頻度原理」とよんでおきます.

68　　　　　　　　　　　　　　4．主成分（総合指標）の見方

　　　　図4.5.3　ボックスプロット　　　　　　　　図4.5.4　等頻度プロット

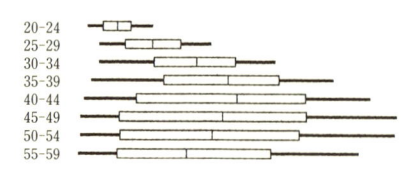

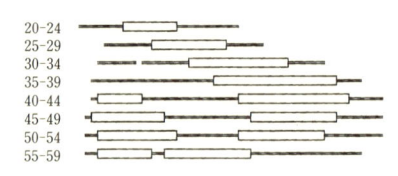

20-24
25-29
30-34
35-39
40-44
45-49
50-54
55-59

20-24
25-29
30-34
35-39
40-44
45-49
50-54
55-59

　図4.5.2は1つの領域になっていますが，図4.5.1と比べて，夫婦の年齢差に関する非対称性がよみとれること，学校を卒業し社会人になったことに対応する年齢における増加がよみとれることなどに注目してください．

　⑥　**まず，原データを観察する**　この段階での情報表現法として，この節で述べた表現を使う，その結果「単峰性を想定してよい」と判断できれば，「中心位置を表わす指標」と「ひろがり幅を表わす指標」を使った4.4節の表現法を使う，さらに中心位置に関する点対称性を仮定できれば4.3節の表現法を使う … こういう位置づけでしょう．

　⑦　1次元の場合についても同様に50％集中域（あるいは90％集中域）を定義できます．

　図4.5.3，4.5.4は，いずれも賃金の分布について，その集中範囲を示した図ですが，定義の仕方がちがいます．

　図4.5.3は，中位値と四分位値による「5数要約図」です．

　図4.5.4は，等頻度原理を採用して，「50％集中域と90％集中域」を図示したものです．

　例示の場合，分布はピークを2つもつようです．「ピークは1つ」という前提をおく図4.5.3では，そのことを検出できません．

補注　観察値の分布の表現

　①　4.5節は，「観察値の分布の表し方」だと了解することもできます．ただし，多くのテキストでの「数学的な説明」とややちがっています．本シリーズの第1巻『統計学の基礎』を参照してください．ここでは4.5節の説明とのちがいについて，補足しておきます．

　②　図4.5.5は1変数の場合における観察値の分布の表現法を説明するための図です．また，図4.5.6は，2変数の場合について，1変数の場合に対応づけた説明図です．

　　以下に，若干の説明をおいていますが，まず図をみてください．

　③　1次元の場合
　　　　図a　観察値（基礎データ）の位置の図示
　　　　図b　値域を区切って各区切りのデータ数をカウント
　　　　図c　データの密度を棒の高さで表現
という経過をたどることによって，観察値の分布の様子を視覚的に把握できる図として「分

4.5 等頻度原理による集中範囲の表示

図 4.5.5 1 変数の分布の表現

a. 1 次元の場合の分布図
基礎データは 1 線上の点の位置

図 4.5.6 2 変数の分布の表現

a. 2 次元の場合の分布図
基礎データは平面上の点の位置

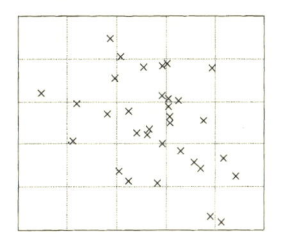

b. 適当な区切りを設けてカウントし，各区切りに属するデータ数で表現

   1   6 14 9 3

b. 適当な区切りを設けてカウントし，各区切りに属するデータ数で表現

0	1	1	0	0
1	2	5	2	0
0	2	6	3	0
0	1	2	3	2
0	0	0	1	1

c. 点の密度を棒の高さで表現

c. 2 次元の場合は棒を平面上に配列

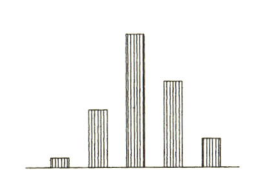

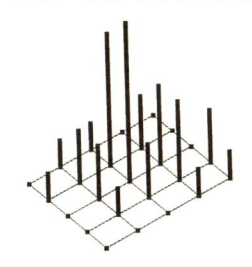

注：2 次元の場合も，点の密度を棒の高さで表現した右のような「立体図」をかけますが，よみやすいとはいえません．

c*. 点の密度を模様の濃淡で表現

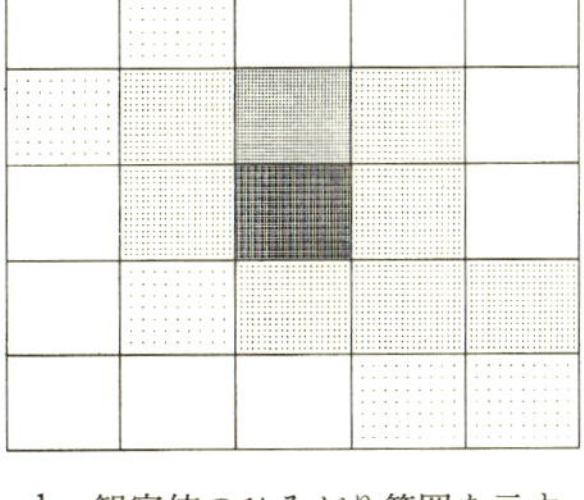

d. 観察値のひろがり幅を示す
   図 4.5.3 参照
e. 分布密度の高い範囲を示す
   図 4.5.4 参照

d. 観察値のひろがり範囲を示す
   図 4.5.1 参照
e. 分布密度の高い範囲を示す
   図 4.5.2 参照

布図」が使われることを示しています．

④ 2次元の場合についても，同じ経過をたどって，cのような分布図(立体図)をえがくことができますが，「視覚的に把握しやすくする」表現という意味では，よみにくい図になります．たとえば「Xが大きくなったらYがどうかわるか」をよめません．したがって，bのような表形式にとどめておくか，図示するなら，c^*のように「棒の高さ」を「模様の密度」で表現します．

⑤ cあるいはc^*が，観察値の分布模様で示すという意味では一般性のある表現ですが，「分布形の特性を示す」という意図では，これらの図における

　　　　ひろがり幅を示す

あるいは

　　　　頻度の多いところを示す

ことを考えます．

⑥ 1変数の場合にはひろがり幅を箱で示し，2次元の場合はひろがり範囲を楕円で示します(d)が，これらの表現では，分布の型に関して「単峰形」であることおよび「ある種の対称性をもつ」ことを想定しています．

⑦ 4.5節では，こういう前提をおくことなく，観察値の存在範囲を示すためには

　　　　頻度の高いところから順に集約を進める

という「頻度原理」にしたがって，図4.5.2あるいは図4.5.6のような表現法が考えられることを説明しました．

これらの表現は

　　　　「観察値がどのあたりに集中しているか」

という問題意識に対して，分布が非対称の場合あるいは2つの領域にわかれている場合を含めて，「ありのまま表現する」という「基本的な見方」に対応する図示になっているのです．

⑧ 「中心点」あるいは「それからのへだたり」という見方を採用できる場合にはd，そういう見方を採用しにくいときはeと了解すればよいでしょう．

● 問題 4 ●

【2変数の総合指標】

問1 (1) 付表A.6（表4.2.2）に示す X, Y について，X, Y の情報を1つの指標に総合するために，4.2節で説明した主成分の考え方を適用せよ．本文の図4.2.1によってウエイトを定めて加重平均を求めればよい．ただし，その手順をまとめたプログラムW_MEANと例示用ファイルを使うことができる．ほぼ表4.2.3と同じ結果が得られる．

　　注：X は一般教育科目，Y は専門教育科目について，各科目の成績を，0, 1, 2, 3, 4, とおきかえた上で平均したものである．

(2) X, Y をそれぞれ偏差値（平均0，標準偏差1）におきかえたものの平均値として総合評点を求めよ．これは，本文で述べたように $\alpha=1/\sigma_X$, $\beta=1/\sigma_Y$ をウエイトとした加重平均 $(\alpha X+\beta Y)/\sqrt{\alpha^2+\beta^2}$ として計算すればよい．この問いもW_MEANによって計算できる．表4.2.4が得られる．

(3) X, Y の平均値として総合評点を求めよ．ただし，他の方法で求めた総合評点と比べるために $(X+Y)/\sqrt{2}$ として計算せよ．これもW_MEANで計算できる．表4.2.5が得られる．

(4) (1)〜(3)の結果を比べるために，各総合点で上位から10番までに入った学生番号を比較してメンバーの入れかわりを調べよ．

　　また，上位から20番までの範囲での入れかわりを調べよ．

【2変数の関係をみるための集中楕円】

問2 (1) 付表Bのうち $Y(=$ 食費支出$)$ と $X(=$ 消費支出総額$)$ について，Y, X の分布範囲を表わす図をかき，集中楕円を書き込め．

　　注：問2(1)，問3(1)についてはプログラムXYPLOT1，問2(2)，問3(2)についてはプログラムXYZPLOTを使うことができる．

(2) (1)と同じ図を $Z(=$ 世帯人員$)$ による4区分（2人，3人，4人，5人以上）にわけてかけ．

(3) これによって Y, X, Z の関係についてどんなことがよみとれるか．

問3 (1) 付表Bのうち $Y(=$ 雑費支出$)$ と $X(=$ 食費支出$)$ について，Y, X の分布範囲を表わす図をかき，集中楕円を書き込め．

(2) (1)と同じ図を $Z(=$ 世帯人員$)$ による4区分（2人，3人，4人，5人以上）にわけてかけ．

(3) これによって Y, X, Z の関係についてどんなことがよみとれるか.

問 4 (1) 本文に例示した結婚年齢の分布図(図 4.5.1)の基礎データは，付表 E.1 (1990 年のデータ)である．1960 年のデータについて同じ図をかけ．

これについては，プログラム PXYPLOT を使え．データは例示用(DF50)として用意されている．

(2) 1960 年と 1990 年の間に，結婚年齢の分布がどうかわったかを説明せよ．

(3) $X(=$夫の年齢$), Y(=$妻の年齢$)$ の分布(図 4.5.2)について，主成分を求めよ．これについては，プログラム W_MEAN とデータファイル DF52 を使うことができる．

(4) 1960 年分についても同じ計算を行なえ．

(5) 2 つの年次分の第一主成分，第二主成分を比較することによって，結婚年齢に関してどんなちがいがみられるかを説明せよ．

(6) 2 つの主成分を使うかわりに，$U=X+Y, V=X-Y$ を使って，(5)とほぼ同じように説明できることを確認せよ．

注：一般には $U=W_1 X+W_2 Y$ の形の主成分を使う方がよいが，この例では，夫婦の平均年齢と年齢差を使って同じ説明ができる … それなら，ウエイトをつけない指標の方がわかりやすいということである．

【等頻度原理による集中域表示】

問 5 (1) 本文に例示した結婚年齢の分布図(図 4.5.2)の基礎データは，付表 E.1 (1990 年のデータ)である．1960 年のデータについて同じ図をかけ．

これについては，プログラム PXYPLOT を使え．

(2) 1960 年と 1990 年の間に，結婚年齢の分布がどうかわったかを説明せよ．

(3) 問 4 (2)で採用した集中楕円と，(2)で採用した集中域とを比べ，データの分布を説明するための補助線としての利点，欠点をあげよ．

問 6 (1) 付表 L.1 に示す日本人成人の身長と体重の関係について，分布の様子を表わす集中楕円をかけ．また，等頻度線による集中域をかけ．このデータも例示用ファイル(DI41)に入っている．

(2) 女についてのデータがファイルも同じファイルに記録されている．これについて，(1)と同じ図をかき，男の場合とのちがいを説明せよ．

(3) (1), (2)の図に，
    標準体重＝22×身長(メートルで表わしたもの)の 2 乗
を表わす線を書き込め．

(4) この図によって，たとえば「私は太りすぎだ」といった判断をすることは妥当か．統計的な見方として考えること．

5 傾向性と個別性

> この章では，2つの変数の関係について，「X が変化したらそれに応じて Y がどう変化するか」をみる場合を扱います．
> この場合に慣用される回帰分析は多くのテキストで説明されていますが，ここでは，それに限定せず，分析の進め方を考える上での注意点と，代案として視点に入れるべき種々のオプションや別法について説明します．

▶5.1　2変数の関係をみる（因果関係の見方）

① この節では，3.1節にあげた3つの見方（図3.1.1）のうち「因果関係の見方」を取り上げます．すなわち，

"変数 Y の変動を別の変数 X によって説明する"

問題です．

この扱いでは

　　被説明変数：　事態を表現するために注目する変数
　　説明変数　：　被説明変数の大小を説明するために採用した変数

とよびます．この扱いでも，まず，X と Y の関係を図示してみます．

図5.1.1のように種々の場合がありえます．図の下に書き込んだポイントを考慮に入れて，扱い方を区別することになります．括弧書きした節で，順次説明していきます．

② 基礎データ X, Y（×印で表示）に対して，X, Y の関係を説明する傾向線を求めることを考えているのです．求め方は後のこととしますが，図5.1.1(a)あるいは(d)については，図に書き込んだように1本の傾向線を誘導できるでしょう．

もちろん，直線以外の傾向線でも，それが妥当とみられるなら採用してよいので

図 5.1.1 2変数の関係を説明する補助線

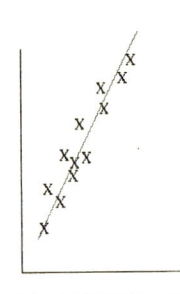

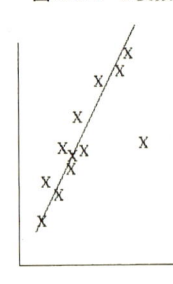

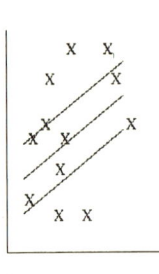

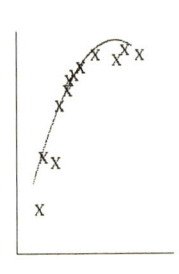

(a) 標準的な扱いが必要なケース　(b) アウトライヤーが混在 (5.4)　(c) ひろがり幅への考慮 (5.5) が必要　(d) 非線形な関係が示唆される (5.5)

す．ただし，どんなタイプの傾向線を選ぶかという問題が発生してきます．
　"データをみてそれに合致するものを選ぶ"というだけでなく，現象の説明とつながるように考えて選びましょう．
　③　また，扱うデータをまず概観し，図 5.1.1(b) のように，多数部分の傾向と異なる"アウトライヤー"の存在に注意しましょう．
　この場合も，アウトライヤーを除けば，その他の多数部分については傾向線で説明できますが，「アウトライヤーか否かをどう判断するか」という問題がからんでくるので，扱いが面倒になります．
　④　図 5.1.1(c) のようにひろがり幅の広い場合は，傾向性すなわち1本の線，というステロタイプな見方では扱えませんから，"傾向をみる"というコトバの解釈をひろげましょう．
　傾向をみるという見方は，必ずしも，"1つの傾向線で代表させる"という場合だけではありません．たとえば，"例外はあるものの，X が大きいものほど Y の値が大きくなる"といった，"データ全体としてみたときの傾向"を問題にする場合も含めるべきです．
　いいかえると，傾向線は，ひとつひとつのデータについてみれば外れていても，
　　　"データ全体としてみたときの傾向"
を説明できるならばそれでよしとするのです．
　図 5.1.1(c) の場合は，上下に大きくひろがっていますから，傾向線を使うにしても，それが
　　　"変動のどの程度まで代表するか"を評価する
ことが必要です．
　その上で
　　　傾向線を使う (傾向線からの外れを議論の外におく) か，
　　　個別値の変動の方に議論をしぼるか，
分析の方針を決めるのです．もちろん両方を考える場合もありえます．また，傾向を

1本の線でなく，幅で表わすという扱い方も考えられます．
⑤ 5.2節でこれらの場合に共通する注意点を説明した後，以上のような点について，節をわけて説明していきましょう．

▶5.2 決定係数

① どの場合にも共通に必要なのは，観察値のもつ傾向性の大きさ，逆にいうと，個別性の大きさを測る指標です．
　そこで用いられるのが「決定係数」です．すでにいくつかの節で説明してありますが，ここでは，総括する説明を与えましょう．
② いずれにせよ，基礎データを表わす点と，傾向線とのへだたりを測ることが必要ですが，この節の問題意識では，$X \rightarrow Y$ という方向性をもった見方を採用します．すなわち，

　　　　X をおさえ，その X に対応する Y をみる

見方をとりますから，観察値と傾向線とのへだたりは，図5.2.1のように測ります．
③ 傾向線の導出には，いくつかの方法があります(後述)が，よく知られているのは，傾向線からのへだたりを，②で述べた距離の分散(残差分散)で計測して，それができるだけ小さくなるように決める方法です．
　ただし，データ自体の変動が大きい場合と小さい場合がありますから，データ全体でみた(X を考慮に入れないでみた)偏差について計算した分散(全分散)に対する比でみます．
　これを決定係数とよびます．

　　　　データの変動の何％が傾向線で説明できたかを示す指標

だと理解すればよいものです．
　「データを区分けして説明すること」の有効性を測るために使った決定係数と同じです．ちがいは，偏差を測る基準の選び方だけです．

$$決定係数 = 1 - \frac{傾向線からの偏差の大きさを表わす分散}{全体での平均値からの偏差を表わす分散}$$

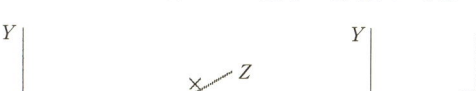

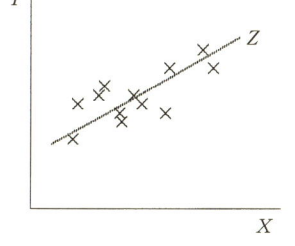

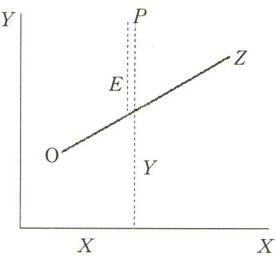

図 5.2.1　観察値と傾向線との距離

図 5.2.2 傾向線の有効性の計測原理

X を考慮外においた見方

平均値を基準とした偏差の分散
$\sigma_Y^2 = 42.0$

X との関係を考慮に入れた見方

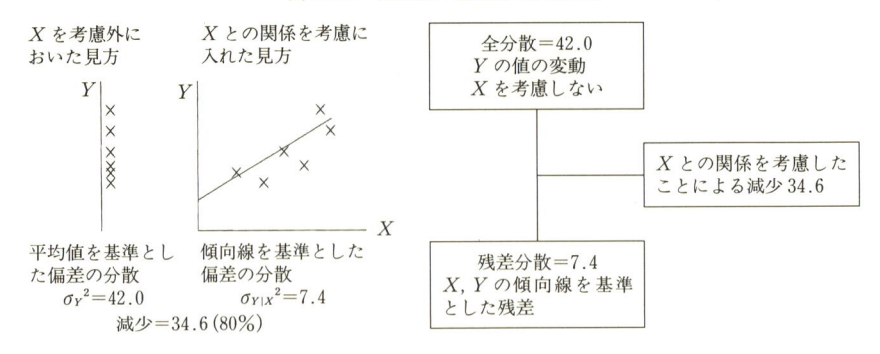

傾向線を基準とした偏差の分散
$\sigma_{Y|X}^2 = 7.4$
減少＝34.6 (80%)

全分散＝42.0
Y の値の変動
X を考慮しない

X との関係を考慮したことによる減少 34.6

残差分散＝7.4
X, Y の傾向線を基準とした残差

図 5.2.2 は，この決定係数によって「傾向線の有効性を測ること」の意義を説明したものです．

図中に書き込んだ数字は，第 2 章の説明で取り上げた計算例の分です．世帯の支出総額 Y を世帯人員数 X で説明する問題です．

④ この決定係数の分母は，「傾向線によって説明できない世帯間格差」を含めた分散です．

したがって，「あてはまりのよさ」を測る指標だという解釈は，あたりません．

決定係数の分子の意味を考えればそう説明したくなるのですが，分母の方を考えると問題があるのです．

「あてはまりのよさ」⟺「想定された傾向線のよさ」⟺「想定の仕方の良否」を測る指標と説明の仕方をかえていくと，

　　D：「想定された傾向線によって説明された部分」
　　C：「想定の仕方によっては説明できるのに，
　　　　想定の仕方が不適当だったために説明されなかった部分」

がありうるから，

$$\frac{D}{C+D}$$

でそれを評価せよということになるでしょう．

しかし，決定係数の分母は

　　B：「個々の観察単位間格差」ですから，どう工夫しても説明できない
　　　　「個別性」を含んでいる

のです．したがって，

$$\frac{D}{B+C+D}$$

になっているのです．

次の表で，これまでの説明を確認してください．C+D を A と表わしています．

5.3 残差プロット

データ自体のもつ2側面	傾向線で計測されるもの
A．傾向性	D．想定された傾向線で計測された傾向性
	C．Aのうち計測されずに残った部分
B．個別性	計測されずに残った部分にはこれも含んでいる

A/(A+B)は　　　　　　D/(C+D)は　　　　　　D/(B+C+D)が
　傾向性の大小　　　　　傾向線の有効性評価　　　決定係数

⑤ では，D/(C+D)で測るように，定義を改めよという説が出てきそうですが，その説を採用するには，AとBをわけうることが前提となります．
AとBをわけるには … 1.4節で説明した級内分散と級間分散です．すなわち
　　Xの値域をいくつかに区切って，
　　「各区分での平均値を基準とした分散」でBを測り
　　「各区分での平均値の差」でAを測る
ものとせよ … こう定義した級内分散と級間分散です．
したがって，この定義を採用してAとBをわけて計測してあれば，D/(A+B)を使うかわりにD/Aを使うことができます．

⑥ 慣用にしたがって，D/(A+B)を使った場合には，その値の大小に，「分母に含まれる個別性の大小が関係する」ことに注意しましょう．
このため，ごく特殊の場合（完全に個性をもたないように制御して観察された場合）を除いて，
　　「どう工夫しても100%にならないこと」
に注意しましょう．
また，
　　個体差の大きい問題分野では50%でもよしとされ，
　　個体差の小さい問題分野では90%でも不十分とされる
… そういうことがありうるのです．

⑦ 集計データを使う場合にはこのことが大きい問題になります．第6章で実例を取り上げて，さらにくわしく説明します．

◆注　基礎データが個々の観察単位の情報である場合と，複数の観察単位に対応する集団区分の情報である場合とを区別せずに統計手法を適用すると種々の問題が発生します．こういう基本的な注意点を解説したテキストは少ないようです．

▷5.3 残差プロット

① 前節で，「観察値と傾向線とのへだたりを残差分散あるいは決定係数で計測すること」を説明してきましたが，これらの指標は，

ひとつひとつの観察単位の値についてみた残差ではない

ことに注意しましょう．

計測されるのは

1セットの観察単位でみた残差全体でみた「平均的な評価値」

です．したがって，各観察単位の観察値が同一条件下で求められた値だと仮定できるならともかく，

1セットとはみなしにくい観察値が混在している可能性を考慮して

そういうものがあれば検出できるようにする

ことが必要です．そのために，分散の計算過程で個々の残差を記録せよとしたのであり，以下に説明する残差プロットをかいてみることが必要となるのです．

② **XY プロット**　被説明変数 Y と説明変数 X の関係をプロットした図を XY プロットとよぶことにします．これに Y と X の関係を表わす傾向線を書き込んでおけば，傾向値と残差(傾向値からの外れ)をよみとることができます．したがって，残差プロットの1つです．また，これらの図では，横軸に説明変数 X の値をとっていますから，傾向線が「説明変数 X の大小にかかわらず」適合しているか否かをみることができます．その意味では，残差をみるために最も有効な手段です．

図5.3.1，5.3.2がその一例です．

図5.3.1は，各世帯の食費支出額 Y と収入総額 X の関係について，その関係を表わす傾向線を書き込んだものです．

このプロットによって，X の大小にかかわらずほぼ「一様に適合しているか否か」を確認できます．図5.3.1では「大勢はそうなっている」とみなしてよいでしょうが，「大勢とちがって，図の範囲外に落ちた」データがみられます(→ または ↑ で表示)．これらについて，事情を調べてみましょう．

そうして，他とちがう事情が効いているとわかれば，それを除外して再計算するこ

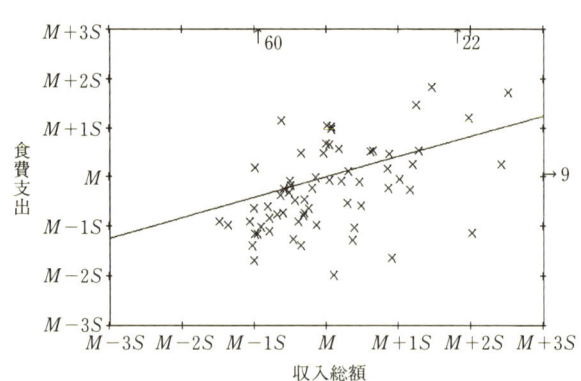

図5.3.1　枠外に落ちたデータがある

枠外に落ちた場合は図の枠の位置に矢印をおいています．

5.3 残差プロット

図 5.3.2 傾向線として直線を想定できるか

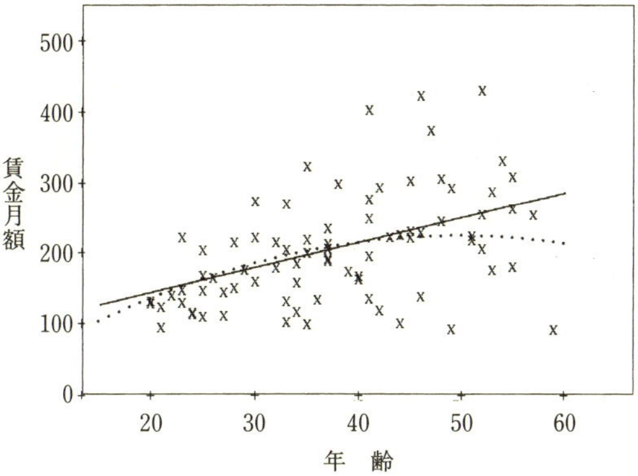

[図: 年齢(横軸 20〜60)と賃金月額(縦軸 0〜500)の散布図に2本の傾向線(直線と点線)が描かれている]

この図では2とおりの傾向線を書き込んであります．

とが考えられます．

賃金月額と年齢の関係について，同様にプロットした図5.3.2では，「Xが大きくなるにつれて残差(の絶対値)も大きくなっている」ようです．いいかえれば，「年齢によっては説明できない要因」が存在することを示唆しているのです．こういう場合には，そのことを考慮に入れた扱い方を考えることが必要です．

傾向線を求めるにしても，直線と想定してよいかどうかが問題となります．また，変数 Y, X の性格によっては，たとえば $\log Y$ と変換したものを使うことも考えられます．

しかし，それに先立ってまず考えるべきことは，次の③ です．

③ 第三の要因の関与を判断する手がかり 被説明変数 Y に対して2つ以上の説明変数 $X_1, X_2, \cdots$ が関与しているときには，それぞれの説明変数ごとに同様な図をかきます．それらによって，各説明変数と Y の関係をみることができるのですが，厳密にいうと問題が残っています．

2つ以上の説明変数が Y に影響するときには，その1つである X_1 を取り上げた Y 対説明変数プロットでは，図に示した変数 X_1 以外の説明変数(それを X_2 とします)の影響によって，「Y 対 X_1 の関係」がゆがめられている可能性がありますから，X_2 も一緒に取り上げて求めた傾向線

$$Y = A + B_1 X_1 + B_2 X_2$$

について，$X_2 = \bar{X}_2$ を代入した

$$Y = A + B_1 X_1 + B_2 \bar{X}_2$$

をあわせて図示しておくとよいでしょう．

これは，

X_2 の影響を一定とした場合の傾向線

図5.3.3 食費支出に対する消費支出総額と収入総額の効果

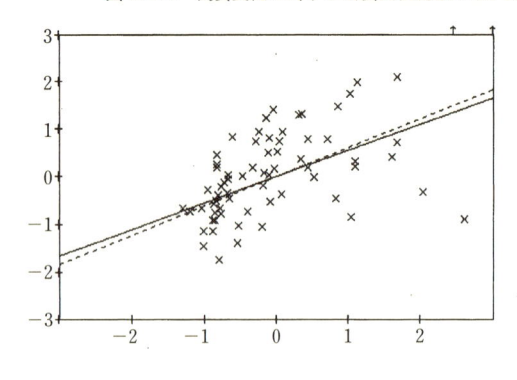

$Y=$食費支出
$X_1=$消費支出総額
$X_2=$収入総額

図5.3.4 食費支出に対する消費支出総額と世帯人員の効果

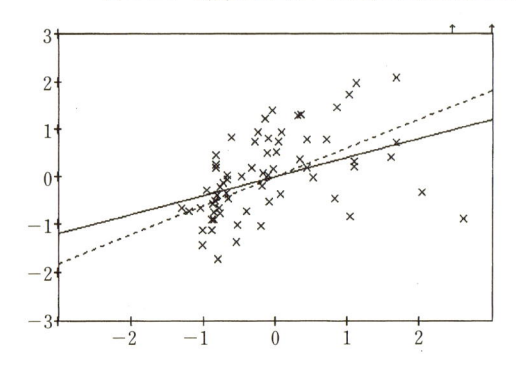

$Y=$食費支出
$X_1=$消費支出総額
$X_2=$世帯人員

ですから，X_1, X_2 の影響が重なった傾向線との差をみることによって X_2 を考慮に入れることの要否を判断できます．

図5.3.3, 5.3.4は，Y（＝食費支出）と X_1（＝消費支出総額）の関係を示す図5.3.1に対し，Y と X_1 の関係を示す傾向線（X_2 を考慮しないもの，実線）とともに，X_2 として収入総額あるいは世帯人員を考慮に入れた傾向線（それにおいて X_2 にその平均値を代入したもの，点線）を書き込んであります．

図5.3.3については，Y に対する X_1 の効果は X_2 の影響を補正してもしなくてもわずかしか変わらないことがわかります．

よって，X_2 をつけ加える必要はないと判断できます．しかし，X_1 と X_2 の差が預貯金あるいはローンの増減を表わすことを考えて，説明を展開するためにつけ加えたい…そう考えるなら，取り入れましょう．

図5.3.4では，X_1 の効果と X_2 の効果が重なっていること（いわゆる相乗効果があること）を示唆しています．したがって，たとえば Y と X_1 だけを取り上げて傾向線を求めた場合の残差は，「取り上げていない X_2 の効果が混在するために大きくなっ

5.3 残差プロット

ている」ことがありうるので,適合度を的確に判定できないのです.したがって,当然,両方を取り入れるべきです.

④ **残差対推定値プロット** これまでの図は,残差 e_I と説明変数 X の関係をみるものになっていましたが,被説明変数 Y との関係をみることも必要です.横軸に被説明変数 Y_I,縦軸に残差 e_I をプロットしたものを「残差対推定値プロット」とよびましょう.

図 5.3.5,5.3.6 がその一例です.

これらの図は,それぞれ図 5.3.1,5.3.2 と同じデータを扱っていますが,傾向線からの外れが Y の大小に関係するか否かを判定するために使います.

図 5.3.5 のように上下へのへだたりが,Y の大小にかかわらずほぼ同じであれば,それを「傾向線」として受け入れてよいでしょう.

これに対して,図 5.3.6 の場合は,「Y と X の関係が直線だと想定した図 5.3.2 の実線を使ったこと」が問題となりそうです.図 5.3.2 の点線を基準とした残差を使う方がよいようです.

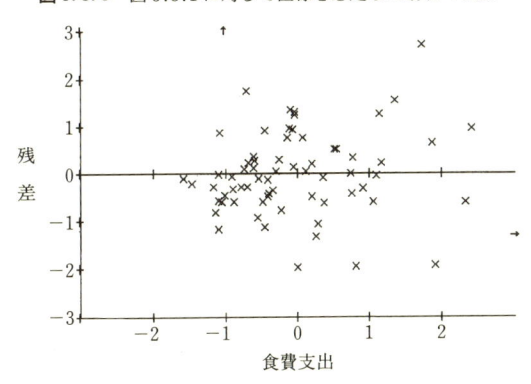

図 5.3.5 図 5.3.1 に対して直線を想定した場合の残差

図 5.3.6 図 5.3.2 に対して直線を想定した場合の残差

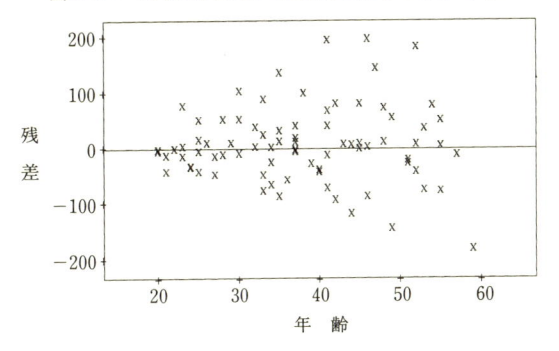

図 5.3.7 地域データの場合の残差プロットの例

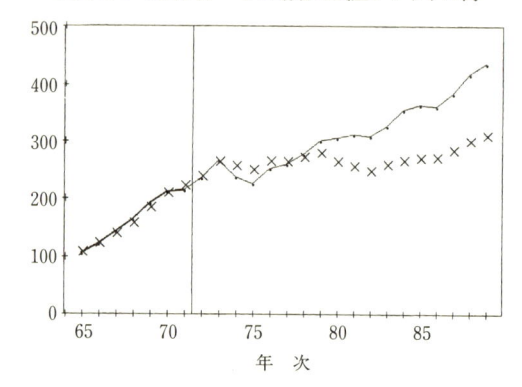

図 5.3.8 時系列データの場合の残差プロットの例

⑤ **残差対データ番号プロット** 残差をデータ番号順にプロットしたものを「残差対データ番号プロット」とよぶことにしましょう．

「残差の大きい観察値がどれか」はこれまでの残差プロットでもよみとれますが，このプロットでは，データ番号がある意味をもつ場合，たとえば年次区分や地域区分に対応する場合に有効です．

図 5.3.7 が地域区分の場合であり，図 5.3.8 が年次区分の場合です．

図 5.3.7 では各県の「人口あたり病院数」と高齢者比率との関係をみたものですが，データが県番号順（東北から西南への地理的な順になっている）にプロットされているので，「地理的な傾向が説明されずに残っている」ことがわかります．この例では，中央部で高く，東北および南西部で低いという一般的傾向とともに，東京周辺および大阪周辺で他より低くなっているという局所的な特徴がよみとれます．

図 5.3.8 では，GNP とエネルギー消費の関係について，観察値と傾向値（時間的推移）を重ねて図示しています．

5.3 残差プロット

図 5.3.9 図 5.3.7における残差に関するボックスプロット

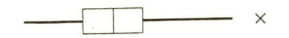

図 5.3.10 図 5.3.8における残差に関するボックスプロット

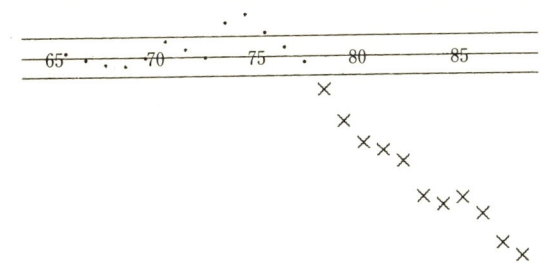

図5.3.10の場合は，図5.3.8の場合と同様に，まず1971年までのデータの範囲でボックスプロットをかき，それに「1972年以降のデータを書き足す」という扱いを採用しています．このため，LFをこえるデータが，多数，図示される結果となっています．

図5.3.8の場合は，問題設定において「オイルショックを契機として省エネルギーが達成された状況をみる」ことを意図していますから，1971年までのデータで傾向線を求め，それ以降はその傾向がそのままつづくと仮定した線（予測値）と，その予測値からの残差を求めているのです．これによって，省エネルギーが達成されたことが確認できます．

これらの例のように，すべての地域あるいはすべての年次に同一の傾向線を想定できるとは限りませんから，プロットを参照して，

　　　傾向線の適合範囲を調べる

あるいは

　　　予想される外れの度を計測する

といった使い方をするのです．

> 傾向性と個別性を識別することを考えて適用する．
> 傾向線が適合しなかったことから，
> 　「現象の変化」を把握できる可能性がある．

⑥　こういう意味では，残差について，本シリーズ第1巻『統計学の基礎』で説明したボックスプロットをかくのが，有効な代案です．

図5.3.7, 5.3.8における残差をボックスプロットにしたものが，図5.3.9と図5.3.10です．

▶ 5.4 アウトライヤーへの考慮

① 傾向線の型を想定できること，そうして，観察値とのへだたりを分散で測ることを前提とすれば，

　　　「残差分散を最小にする」

という基準(最小2乗法)ですべてが計算できます．そうして，この場合については，きれいに体系づけられた手法で分析を進めることができます．

　しかし，実際の問題を扱うときには，手法だけでなく，データにも注意することが必要です．

　たとえば1セットのデータの中に「他と同一枠では論じえないもの」(アウトライヤー)がまじっているかもしれません．それがわかれば，それを除いて分析すればよいでしょう．

　たとえば，図5.4.1で左上に離れたデータを除くと，傾向線は，実線から点線のように，大きくかわります．アウトライヤーの扱いを考えることが重要であることを示しています．

② アウトライヤーがこれほどはっきりしているとは限りません．アウトライヤーらしいがそう断定しにくい場合への対応策が必要です．

　しかし，アウトライヤーでなくても大きい偏差をもつデータがありえますから，そういうものまで除くと，起こりうる変動を小さくみてしまうことになる可能性があります．傾向線を求める方法を適用するにあたって注意を要する重要な点です．

　この節では，まず「アウトライヤーに対する対応」について考えていきましょう．

③ **LAR法** (least absolute residual 法)　このような問題に対応するために，

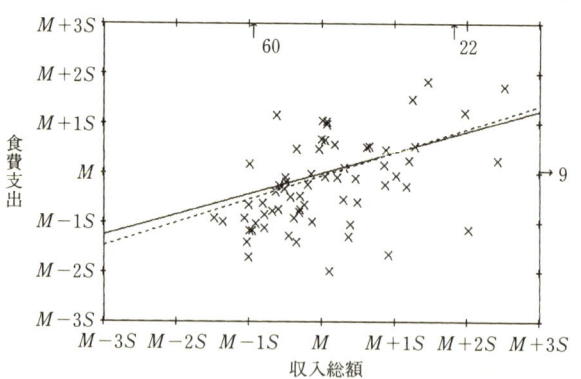

図 5.4.1　回帰線(アウトライヤーを除いて再計算した場合の変化)

実線は，データ全体を使って求めた傾向線．点線は，データ番号60を除いて求めた傾向線．

5.4 アウトライヤーへの考慮

いくつかの方法が提唱されていますが、基本になるのは、LAR 法です。

たとえば基礎データに他と同一には扱えないアウトライヤーがまじっているとき、最小2乗法を適用すると、偏差の2乗をとるためその影響が大きくひびきすぎる … 2乗を使うのをやめ、偏差の絶対値を使うことにしようと考えるのです。

すなわち、"基準値からの偏差の2乗の平均値"を最小化することを、
　　　　"基準値からの偏差の絶対値の平均値"を最小化すること
におきかえるのです。

この原理にしたがって傾向線を求める方法が、least absolute residual 法 (略称 LAR 法) とよばれていますが、この条件をみたす傾向線の計算手順について、いくつかの方法が提唱されています。

まず、それらの代表的なものを、説明しやすい順にひとつひとつ説明していき、この節の最後に各方法の位置づけをあたえます。

④ **Tukey 線**　　LAR 法の適用を考える場面では「傾向線の型」を仮定しにくいことが多いので、傾向線の型を、「必要以上に細かくしない」という意味で、直線と限って扱うことで十分だとしてよいでしょう。そう考えれば、LAR 法の原理による計算について簡便法を使うことができます。その1つが、Tukey 線です。

Tukey 線は
　　傾向線を直線と想定する
　　"偏差の中位値"が0に近くなるように定める
ものです。

そのための手順は逐次近似計算によります。

まず説明変数 X の大きさの順にデータを三分し、各部分での X, Y の中位値 $(X_1, Y_1), (X_2, Y_2), (X_3, Y_3)$ を求め

$$B = \frac{Y_3 - Y_1}{X_3 - X_1}$$

$$A_K = Y_K - BX_K$$

$$A = \frac{A_1 + A_2 + A_3}{3}$$

とします。この A, B を使った傾向線を第一近似とし、それからの残差を求めます。その残差と X との関係について同様の計算を行なって A, B の補正値を求めます。この過程をくりかえし、A, B の変化がなくなったとき、補正計算を終了します。

LAR 法を変形して適用していますが、LAR 法による解に近い傾向線を得ることができます。

⑤　図 5.4.2 (a) と図 5.4.2 (b) は、同じデータを使って、最小2乗法による回帰線と Tukey 線を求めた結果です。

まず標準的な方法による傾向線をあてはめた図 5.4.2 (a) をみましょう。

「あてはまりがあまりよくない」という印象ですが、個人差の大きい問題ですから、

図 5.4.2(a) 標準的な傾向線

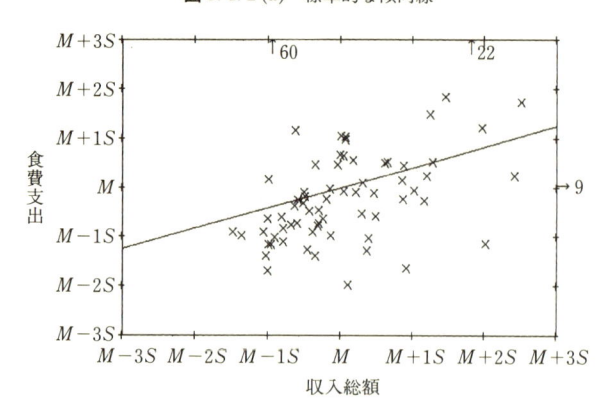

図 5.4.2(b) Tukey 線

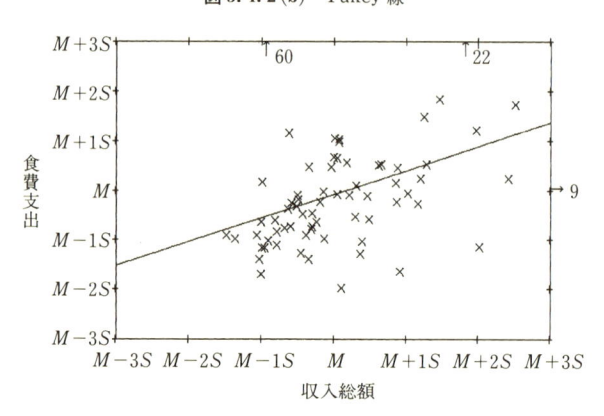

そのことは「それが実態だ」と受け入れてよいでしょう．しかし，この回帰線の場合，右下あるいは左上方向に離れたアウトライヤーらしいデータが気になります．それらの影響を受けて傾向線の傾斜がゆるくなっているのではないか…こういう疑念がもたれます．

したがって，アウトライヤーの影響を受けにくい Tukey 線は，右上がりの度が大きくなると予想されます．図 5.4.2(b) にみるとおり，そうなっています．

アウトライヤーの存在に対する敏感性，頑健性が論じられていますが，Tukey 線は頑健性のある手法の典型です．

Tukey 線は，"アウトライヤーの影響に対して抵抗性がある"という意味をこめて resistant line とよばれていますが，抵抗性がある傾向線は他にもありますから，ここでは，提唱者の名をとって Tukey 線とよんでおきます．

⑥ **加重回帰**　アウトライヤーと断定できれば，それを除いて分析すればよいのですが，

　　a. "そうも断定できない，だから，含めて分析せよ"

という説と，

　　b. "そうらしいものは除いて分析する方がよい"

という説が対立することになります．

これに対し，除く，除かぬと，二者択一的に考えるかわりに，

　　c. "全体としての傾向から外れている程度"

を考慮に入れる扱いが考えられます．

cのタイプに属する有効な方法として，「加重回帰」(または，ロバスト回帰)とよばれる一群の方法があります．

回帰分析における回帰係数推定の基準は，

$$V(e) = \frac{\sum e_n^2}{N} \to \text{MIN}, \qquad e_n = (Y_n - \sum B_l X_{ln})$$

すなわち，偏差を"その2乗で評価する"形の基準ですが，この評価式に，ウエイト W をつけ加えた

$$V(e) = \frac{\sum W_n e_n^2}{N} \to \text{MIN}$$

を基準とします．ウエイトを基準の中に入れたことにより，選択の幅がひろがります．偏差 $|e_n|$ が大きいデータほどウエイトを小さくすることが自然な考え方でしょう．

また，そうすれば，アウトライヤーの影響をおさえることができるはず…こういう発想です．

⑦　ウエイトの与え方について，いくつもの案が提唱されています．主なものを紹介しましょう．くわしくは，本シリーズ第3巻『統計学の数理』で説明しています．

以下では，回帰式による計算値からの偏差をシグマでわった e_n，すなわち，

$$e_n = \frac{Y_n - \sum b_l \times X_{ln}}{\sigma}$$

を使って説明します．

たとえばウエイトとして

$$W_n = \frac{1}{|e_n|} \qquad\qquad\qquad 基準1$$

を使うと

$$V(e) = \frac{\sum W_n e_n^2}{N} = \frac{\sum |e_n|}{N}$$

を最小にすることとなります．したがって，結果的には，"偏差の絶対値の平均"を最小化する LAR 法と同じになります．

また，

$$W_n = \begin{cases} 1 & \text{if} \quad |e_n| \leq c \\ 0 & \text{if} \quad |e_n| > c \end{cases} \qquad \text{基準2}$$

とする案も考えられます．これは，偏差がシグマの c 倍以上（たとえば2倍以上）のデータを除外し，残りについて通常の最小2乗法を適用する案にあたります．

したがって，"アウトライヤーを除く基準を最小2乗法に付加した基準"にあたります．ここでは，「triming を考慮に入れる手法」とよんでおきます．

その他にも種々の提唱がありますが，ここでは省略します．

⑧　図 5.4.2 (a) と同じデータに対して上の2つの加重回帰を適用した結果を示しておきましょう．図 5.4.3 と図 5.4.4 です．

図 5.4.3 は，図 5.4.2 (b) とよく一致しています．すなわち，この例に関しては，Tukey 線が LAR 基準とほぼ一致した結果を与えたことがわかります．ただし，いつもそうだとは限りません．

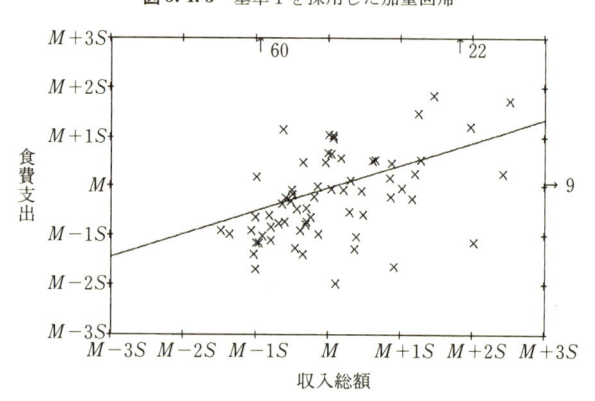

図 5.4.3　基準1を採用した加重回帰

図 5.4.4　基準2を採用した加重回帰

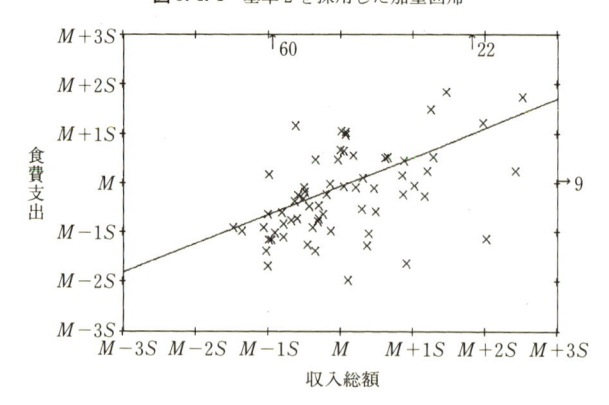

5.4 アウトライヤーへの考慮

図5.4.4では，打ち切り基準をこえたためアウトライヤーと判定された点が図の枠上に表示されています．左上の2点，右下の1点です．それらを除いて求められた傾向線は，LAR法で求めた傾向線あるいはTukey線と近い結果になっています．それぞれ原理の細部はちがいますが，アウトライヤーの影響を考慮に入れることによって，通常採用されているLSQ法（最小2乗法）とかなりちがった結果になっています．

それぞれの基準で求められた傾向線を示しておきましょう．

LSQ法	$Y=149.55+0.0882\,X$	図5.4.2(a)
Tukey線	$Y=132.57+0.1025\,X$	図5.4.2(b)
LAR法	$Y=137.51+0.0992\,X$	図5.4.3
TRIM	$Y=115.85+0.1244\,X$	図5.4.4

この例によって，各方法のおよその特徴をつかむことができます．アウトライヤーの影響を受けやすいのはLSQ基準，受けにくいのはLAR基準，他はその中間とみておけばよいでしょう．もちろん，一般的にそういえるとは限りませんから，問題ごとに検討することが必要です．

◆注 決定係数の大きさは比較できません．想定したウエイトを使って計算された値になっているからです．傾向線の誘導ではウエイトをつけた計算，決定係数の評価ではウエイトをつけない計算とすることが考えられます．

⑨ **running trace** これまでの方法では，傾向線のタイプ（たとえば直線など）を想定していましたが，特定の想定をおかず，データが示す傾向線をありのままうかびあがらせることを重視する方法もありえます．

たとえば
 a. X の値域をいくつかに区切る．
 b. 各区間に属する点について，X の中位値 X_K, Y の中位値 Y_K を求める．
 c. これらをつなぐ折れ線をひく．

これを running trace とよびます．

この場合，区切りの数をいくつにするかが問題となります．少なすぎると細かい動きが表現されず，多すぎると各区分のデータ数が少ないことから偶然的な変化が入ってきます．そこで，いくぶん多めにとっておき，
 d. 折れ線をスムージングする．

ステップをつけ加えることが考えられます．たとえば，

点 (X_K, Y_K) の Y_K をその前後の1点ずつを含めた
3点の平均 $(Y_{K-1}+Y_K+Y_{K+1})/3$ とおきかえる

のです．3点移動平均とよばれる方法です．

この方法は時系列データでよく採用されますが，それ以外の場合にも広く使えます．また，この方法を，Y の中位値と上下2つの四分位値に適用する案が Hartwig

図 5.4.5　区分別中位値の trace line

基礎データ　　　　trace line　　　　3点移動平均

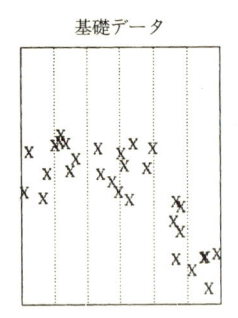

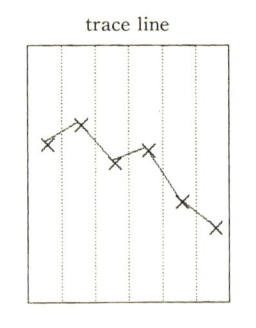

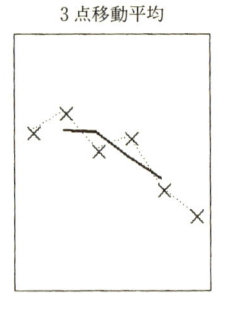

図 5.4.6　各方法の位置づけ

傾向線のタイプを想定し その範囲で特定する		傾向線のタイプを 想定しない扱い
最小2乗法 偏差の2乗和を 最小にする	**LAR法** 偏差の絶対値の和を 最小にする	**running trace** データの動きを ありのまま再表現
加重回帰 偏差の大きさに応じてウエイトづけした 一般化最小2乗法		**smoothing を適用** たとえば 3点移動平均

によって提唱されています（次節）．

⑩　図5.4.6は，この節にあげた方法の位置づけを対比した「まとめの表」です．

　これらの方法の選択については，「分散の大きさ」という数理的な基準だけでは判断できません．LAR法のように分散以外の基準を採用している場合もあれば，分散を使うにしても加重回帰のようにウエイトづけを考慮に入れよとされる場合もあるからです．

　また，モデルを特定せずに扱う場合，「分散」のような1つの基準値で測るのでなく，ひとつひとつの観察値のレベルで適合度をみよということになります．

▷5.5　ひろがり幅を示す

①　5.1節の④で
　　1本の傾向線でデータを代表することが
　　「現実に存在する個人差」の情報を無視することになるが，
　　　それでよいのか
という問題をあげておきました．

この節ではこの問題への対応を考えましょう．

② 1本の線をひくことで終わりにせず，その上下に幅をつけよう … こう考えればよいのです．

よって，ひろがり幅すなわち標準偏差だとして，X の値域ごとに平均値 μ_K と標準偏差 σ_K を求め，μ_K を結ぶ線，$\mu_K+\sigma_K$ を結ぶ線および $\mu_K-\sigma_K$ を結ぶ線をセットとして使う案が考えられます．ただし，標準偏差を使うことは，必ずしも妥当ではありません．

ここで考えているひろがりは，現実のデータがもつひろがりです．したがって，大きい方へのひろがり，小さい方へのひろがりを同一値で表現することとなる標準偏差は採用しにくいのです．

③ そこで，62ページで注記した3点表示を使うことが考えられます．すなわち

平均値－標準偏差 ⟹ 第1四分位値
平均値 ⟹ 中位値
平均値－標準偏差 ⟹ 第3四分位値

とおきかえようということです．

④ **3点トレース**　X に関していくつかの区切りをおき，
　　各値域ごとに Y の中位値と2つの四分位値を求めて，
　　それぞれをつらねる折れ線3本で X, Y の関係を図示
したものを，3点トレースとよぶことにしましょう．

図5.5.1がその例です．

図示の手順としては，まず 図5.5.2のように各値域区分ごとにボックスプロットをかきます．次に，中位値をつなぐ折れ線と，上端をつなぐ折れ線，下端をつなぐ折れ線をえがきます．これらにスムージングを適用することも考えられます．

図 5.5.1　running trace

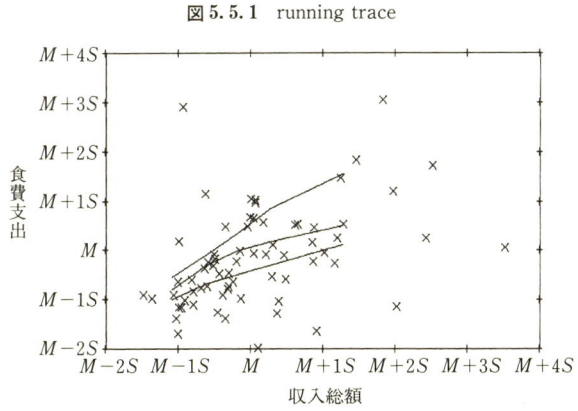

図3.2.5でも3本の線でひろがり幅を示しましたが線の決め方がちがいます．
62ページの2点表示と3点表示のちがいに対応することを確認してください．

図 5.5.2 並行ボックスプロット

（図：横軸 収入総額（$M-2S$ から $M+4S$）、縦軸 食費支出（$M-2S$ から $M+4S$）の散布図と並行ボックスプロット）

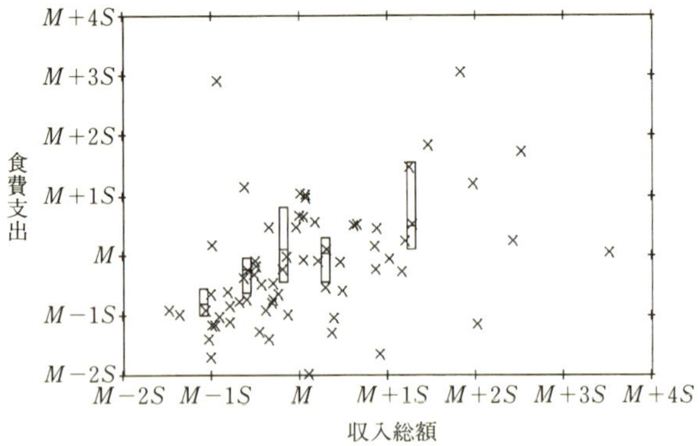

図のボックスは 62 ページの 3 点表示です．
2 点表示を使って同様な図をかくこと，また，それによって図 5.5.1 と同様な図をかくことが考えられます．

こうして，図 5.5.1 がえがかれます．
　この章では一貫して同じデータを使っていますから，図 5.4.1～5.4.4 などと比べてください．
　個別変動の情報を要約表示していること，一般化した言い方をすれば

　　　　基礎情報の再表現

という観点で，有効な表現です．
　傾向性をみる場合についていえば，X, Y の関係を表わす傾向線のタイプを特定していないこと，そうして，傾向線の上下へのひろがり方に関する傾向性もよみとれることに注意しましょう．
　線をえがく手順は Tukey 法と似ていますが，傾向性を 3 本の線で表現するという点に基本的なちがいがあります．
　この方法は，提唱者の名をとって Hartwig の方法とよばれています．
⑤　この方法を意識していたかどうかはわかりませんが，統計調査の結果表現ではかなり前から採用されていました．
　たとえば家計調査や賃金センサスにおいて，分布の特性値として，中位値と 2 つの四分位値が集計されています．
　たとえば，貯蓄現在高と年収の関係をみようとするとき，年収の区分のそれぞれについて貯蓄現在高の分布表を求めても両者の関係を簡単にはよみとれませんから，分布の情報を 3 点表示（Q_1, Q_2, Q_3）におきかえ，Q_1, Q_2, Q_3 が年収によってどう動くかをみよう… こうして，自然発生的に生まれ，使われてきたものです．
　一例として，世帯の支出総額と食費支出の関係，世帯の支出総額と雑費支出の関係を示す図（図 5.5.3，5.5.4）をあげておきましょう．

図 5.5.3 支出総額と食費支出の関係

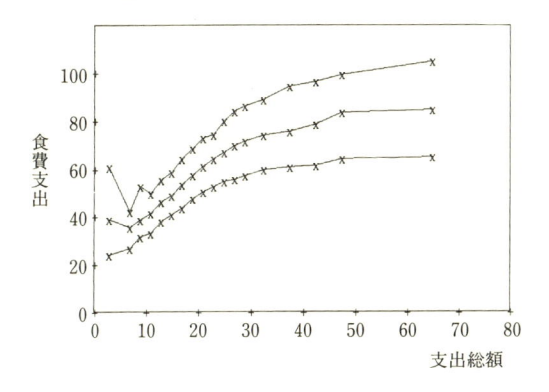

図 5.5.4 支出総額と雑費支出の関係

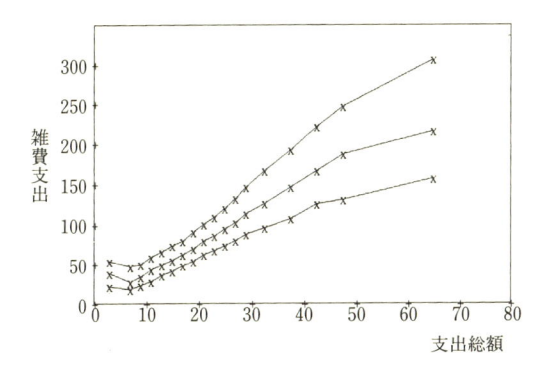

傾向線が直線だと仮定をおいていないため，食費では次第に傾斜が小さくなり，雑費では次第に大きくなるといった傾向がよみとれることに注目しましょう．

集計データではひとつひとつの観察単位の情報は利用できませんから，これらの図では，値の分布を示す点を図示できませんが，その欠点を3本の線を使うことによりカバーしているのです．

▶5.6 第三の変数を考慮に入れる

① **2つの変数の関連をみる** 実態を説明するには，これでは単純化しすぎているといえるでしょう．3つ以上の変数を関連づけてみる方向へ進まねばならないのですが，まず，

　　　　3番目の変数をどんな観点でつけ足すか

をはっきりさせるべきです．それなしに"2→多"と機械的に進めると，計算結果が

出たとしても，何とも解釈できないことが多いのです．
　また，2つの要因の関係をみることが目的だから3番目を考える必要はないと思える場合でも，第三の変数の影響がまじりこんでおり，
　　　　2つの変数の関係を正しくよむために3番目を考慮せざるをえない
…そういう場合もあります．
　3.4節でこういう問題を指摘しておきました．

　② **Zの値をXYプロットに書き込む**　図5.6.1は，食費支出(Y)と世帯収入(X)との関係をプロットしたものですが，基礎データ(X, Y)の位置に，世帯人員数Zを(マーク×のかわりに)表示しています．ただし，6人以上は少ないので5としています．

　Zの扱いをどうするかを考えるためには，まず，こういう図をかきましょう．
　図5.6.2のように，世帯人員区分ごとにそのデータの散布範囲を集中楕円によって示せば，X, Yの関係がZによってどうかわるかをよみとれますが，この節では，この章の主題である「傾向線を見出す場面」における対応を考えましょう．

　③ **Zを考慮に入れない粗傾向線**　図5.6.3は，図5.6.1にY, Xの関係を表わす傾向線を書き込んだものです．

　傾向線は
$$Y = 149.55 + 0.0882\,X, \qquad R^2 = 17.3\% \tag{1}$$
だと求められています．これから，所得が1万円増加すると食費支出は882円増加する傾向だといってよいでしょうか．

　こういう言い方は粗いということを指摘しておきました．Zを考慮に入れていないからです．
　この例についていえば，
　　　　世帯人員の大小が所得の大小に重なっている

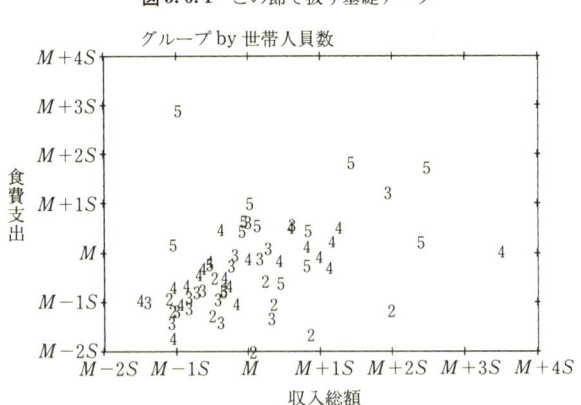

図5.6.1　この節で扱う基礎データ

5.6 第三の変数を考慮に入れる

図 5.6.2 各区分のデータの散布範囲を示す

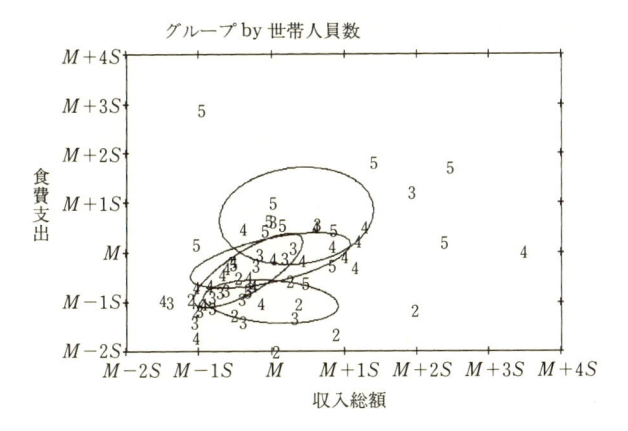

グループ by 世帯人員数

図 5.6.3 図 5.6.1 に書き込んだ粗回帰線

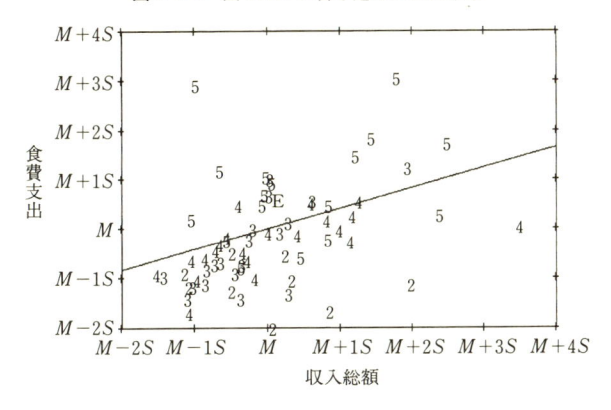

ため，所得が増えたことによって，図でみる傾斜に沿って動くとは限らないのです．図の左から右にみると，収入に関して低⇒高とかわっていると同時に，世帯人員に関して少⇒多とかわっている可能性があります．線に沿った動きでは，この2つの可能性を識別できません．だから粗いのです．

④ **Z によって区分ごとに傾向線を求める**　論より証拠です．図 5.6.3 の傾向線を世帯人員別にわけてみましょう．

図 5.6.1 あるいは図 5.6.2 から予想されるとおり，各世帯人員区分でみた傾向線はかなりちがったものになります．

傾向線の傾斜は次のとおり，どの区分でも図 5.6.2 で求めた値より小さく，0.06前後の値になっています．

$$Y = 127.20 - 0.0675\,X \quad \text{for} \quad Z = 2 \text{ or } 3, \quad R^2 = 13.2\%\,(N=27)$$

$$Y = 159.58 + 0.0618\,X \quad \text{for} \quad Z=4, \quad R^2=34.4\% \, (N=22)$$
$$Y = 250.83 + 0.0503\,X \quad \text{for} \quad Z=5\text{ or }6, \quad R^2=57.0\% \, (N=19)$$

所得の高い世帯ほど世帯人員数が多い傾向がありますから，世帯人員を考慮外において求めた評価値882円は，収入が増えたことによる効果に，高収入層での平均世帯人員のちがいによる効果が重なって，大きい値になっていたのです．それが，このモデルによって補正されたのです．

世帯人員2の場合と3の場合をわけて計算しなおしてみましょう．

次の結果が得られます．

$$Y = 160.51 - 0.0211\,X \quad \text{for} \quad Z=2, \quad R^2= 4.1\% \, (N=9)$$
$$Y = 90.21 + 0.1635\,X \quad \text{for} \quad Z=3, \quad R^2=60.4\% \, (N=18)$$
$$Y = 159.58 + 0.0618\,X \quad \text{for} \quad Z=4, \quad R^2=34.4\% \, (N=22) \qquad (2)$$
$$Y = 259.02 + 0.0209\,X \quad \text{for} \quad Z=5, \quad R^2=57.0\% \, (N=19)$$

これを図示したのが，図5.6.4です．

世帯人員2の場合は右下がり，世帯人員3の場合は他より大きい傾斜だという結果になります．

2人世帯については

若い世帯(所得が低い)，高齢者の世帯(所得が高い)

よって，右下がりになる

3人以上の世帯については

若い世帯と子供1人 ⇒ 子供の成長 ⇒ 食べざかり

よって，右上がりの度が大きくなる

と解釈できそうです．

2人世帯と3人世帯を一括して計算した場合にXの係数がほぼそろっていることから，きれいな結果だという感じを与えますが，このように考えると，そろって

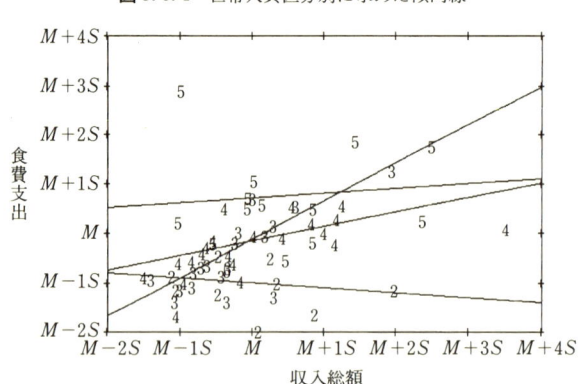

図5.6.4 世帯人員区分別に求めた傾向線

ことはおかしい…，結果の解釈を考えて，計算結果のうちどれを採用すべきかを決めましょう．

⑤ **Y, X の関係に Z の影響が混在している**　その場合に，Z を考慮外において求めた回帰係数を粗回帰係数とよび，Z を考慮に入れて求めた回帰係数を Z の効果を補正した回帰係数とよびます．

⑥ **Z を数量データとして扱う**　以上では第三の変数 Z の効果を補正するために観察単位を区分してそれぞれの区分ごとに関係式 $Y=A+B\times X$ を求める形で扱いました．

これに対して，Z を数量データとして扱ってはどうか…こういう指摘があるかもしれません．「Z すなわち世帯人員が1増えたら Y はいくら増えるか」…それを計測しようという問題意識です．

そのためには，Z を説明変数に追加して
$$Y=A+B\times X+C\times Z$$
の形で傾向線を求める…こうすればよいでしょう．

ただし，そうする方がよいと即断せず，試してみましょう．

次の結果が得られます．

$$Y=12.97+0.0588X+41.61Z, \qquad R^2=55.7\% \tag{3}$$

所得の増加1万円あたり588円，世帯人員の増加1人あたり4.16万円の増加だと，2つの変数の効果を分離して計測できました．

「これでよし」としてよいでしょうか．いいかえると，世帯人員の効果をモデル(3)式によって評価してよいでしょうか．決定係数が(2)式の場合より小さくなっていることにも注意しましょう．

上掲のような傾向線を想定した場合，Y, X, Z の関係は図5.6.5のように「平行で等間隔に並んだ直線群」になります．

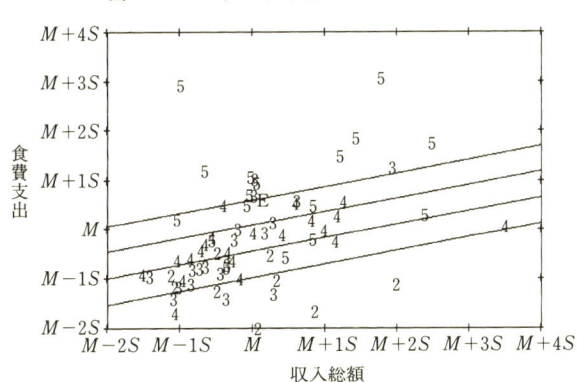

図5.6.5　世帯人員を変数として扱った場合

いいかえると，

X, Y の関係式が平行でない場合や平行であっても等間隔でない場合

を排除することになります．

「データが示す事実をまずよみとる」ためには，できるだけ，こういう限定的な仮定をおかないようにしましょう．

したがって，前提をゆるめたいくとおりかの計算を行なって，結果を比べてみるのです．

⑦ **Z の効果に関するモデルを想定して計算**　　たとえば，Z の効果が X, Y の関係式を平行にシフトさせると想定するが（この点は (3) 式と同じ），シフト幅に関する想定はおかずに傾向線を求めると，次のようになります．

$$Y = 92.25 + 0.0643X \quad \text{for} \quad Z=2$$
$$Y = 148.14 + 0.0643X \quad \text{for} \quad Z=3$$
$$Y = 157.56 + 0.0643X \quad \text{for} \quad Z=4 \quad R^2 = 53.1\% \quad \quad (4)$$
$$Y = 237.77 + 0.0643X \quad \text{for} \quad Z>4$$

X の係数は平行線を想定していますから，同じ値です．(3) 式の結果ともほぼ一致しています．Z の効果については，(3) 式とちがい，次のように精密な見方に対応する結果になっています．

すなわち，2人から3人への増加に対応して 56 ($=148-92$)，3人から4人への増加に対応して 10，4人から5人以上への増加に対応して 80（1人あたりに換算すると 61）と，異なった値が得られています．

◆ **注**　ここでは，5つの区分に対してモデル $Y = A + B \times X$ を想定していますが，係数 B はどの区分でも同じとしています．いいかえると，そういう条件つきで傾向線を求めたことになっているのです．こういう場合の計算には，ダミー変数を使います．章末の補注3および補注4を参照してください．

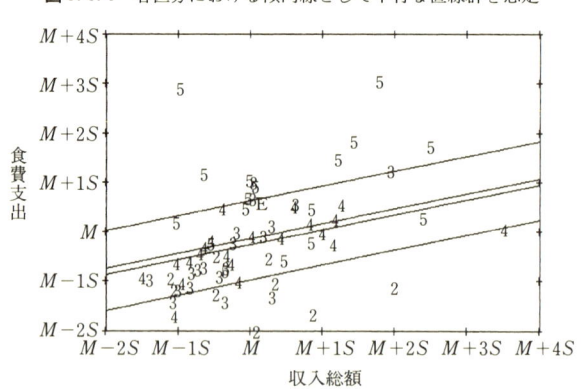

図 5.6.6　各区分における傾向線として平行な直線群を想定

世帯人員が1人増えたらどうかわるか…こういう問題へのひとつの回答方法になっています.

2人から3人にかわったときの増加,3人から4人にかわったときの増加,…がちがう可能性がありますから,2人世帯の場合,3人世帯の場合…とわけて傾向線を求め,その結果を比べる方がよい,すなわち,(3)式よりも(4)式の扱いの方がよいといえます.

ただし,大人が1人増えた場合と,子供が生まれて増えた場合とをわけて考える方がよいでしょう.

ただ,基礎データが大人も子供も区別せず1人と勘定していますから,その範囲で考えざるをえません.

⑧ さらに $X \to Y$ の関係が平行だという仮定も外したらどうでしょう.

この仮定も外すと,世帯人員による区分相互に共通する仮定はなくなります.

したがって,世帯人員による区分ごとにわけ,それぞれのデータでそれぞれの傾向線を求めればよいことになります.

この場合については,すでに計算してあります.(2)式です.

⑨ これまで計算した種々のモデルの決定係数をみると,次のようになっています.

最も一般性のあるモデル(2)式で	58.3%
X の係数を一定と想定したモデル(4)式で	53.1%
Z を数量データ扱いしたモデル(3)式で	55.7%

これによって,「モデルを限定するほど説明力が落ちている」ことが確認できます.

2人世帯と3人世帯を一括して計算したモデルの場合については,95ページに示してあります.区分を粗くしたことにともなって,決定係数は低くなります.

補注1　各部分でみた決定係数から全体でみた決定係数を計算

区分別に傾向線を求めた場合,「それぞれの区分での傾向線の説明力」を評価する決定係数が計算されますが,それらをセットとして使う場合には,「全体としての説明力」を計算しておきましょう.この場合,

表 5.6.7 決定係数…96ページのモデル(2)の場合

区分	データ数	全分散	級内分散	決定係数
全体	68	6100	5041	17.3%
$Z=2$	9	1238	1186	4.1%
$Z=3$	18	3352	1329	60.4%
$Z=4$	22	1800	1180	34.4%
$Z=5$	19	6271	5914	5.7%
平均			2543	58.3%

データ全体でみた偏差平方和 $=\sum N_I \times \sigma^2_{X|AI}$

を求めてデータ数 N でわったものが，残差分散となります．いいかえると，各区分でのデータ数をウエイトとする加重平均です．

表5.6.7は，96ページのモデル(2)式の場合についての計算例です．

補注 2　各部分でみた決定係数を個別に計算

ダミー変数を用いると，データ全体に対する説明式の決定係数が計算されますが，説明式を「各部分での説明式」に書き換えた場合，それぞれの部分でみた決定係数を計算しておきましょう．そのためには，各部分のデータを入力し，傾向線として，

　　ダミー変数を使って求めた式

を指定して，残差分散および決定係数を計算します．

この場合，各区分での説明式は，その範囲のデータについて最小2乗法を適用したものではないため，残差分散が全分散より大きくなることがありえます．

次は，98ページのモデル(4)式の場合についての計算例です．

表5.6.8　決定係数…98ページのモデル(4)の場合

区分	データ数	全分散	級内分散	決定係数
全体	68	6100	5041	17.3%
$Z=2$	9	1238	2027	
$Z=3$	18	3352	2074	
$Z=4$	22	1800	1181	
$Z>4$	19	6272	5942	
平均			2860	53.1%

補注 3　ダミー変数

98ページ(4)式では4つの区分ごとにモデル $Y=A+BX$ を適用しましたが，係数 B については，どの区分でも同じと想定しています．

こういう条件がついている場合，次のダミー変数を使って，4つの式を形式上1つの式に表わして，回帰分析を適用します．

　　モデル　　$Y = C_1 Z_1 + C_2 Z_2 + C_3 Z_3 + C_4 Z_4 + BX$ 　　　　　(5)

$$Z_1 = \begin{cases} 1 & \text{for 区分1} \\ 0 & \text{for 区分1以外} \end{cases}$$

$$Z_2 = \begin{cases} 1 & \text{for 区分2} \\ 0 & \text{for 区分2以外} \end{cases}$$

$$Z_3 = \begin{cases} 1 & \text{for 区分3} \\ 0 & \text{for 区分3以外} \end{cases}$$

$$Z_4 = \begin{cases} 1 & \text{for 区分4} \\ 0 & \text{for 区分4以外} \end{cases}$$

このモデルを定めた後、$Z_1=1$, $Z_2=0$, $Z_3=0$, $Z_4=0$ とおけば(4)式の第1式が得られ、$Z_2=1$, $Z_1=0$, $Z_3=0$, $Z_4=0$ とおけば(4)式の第2式が得られること … を確認してください。ここで使った Z_1, Z_2, Z_3, Z_4 をダミー変数とよびます。

恒等式 $Z_1+Z_2+Z_3+Z_4=1$ が成り立っていますから、
$$Y=A+BX \iff Y=A(Z_1+Z_2+Z_3+Z_4)+BX$$
とかけること、よって、Z_1, Z_2, Z_3, Z_4 の係数が等しいという仮定を落とせばモデル(5)式になることに注意しましょう。

補注 4　スプライン関数

98ページ(4)式では4つの区分ごとにモデル $Y=A+BX$ を適用しましたが、係数 B については、どの区分でも同じと想定しています。96ページ(2)式では、B も区分ごとにちがうとして計算しましたが、それぞれの区分別に切り離して扱っているので、各区分について求めた傾向線が各区分のつなぎ目で接続していません。

各区分がたとえば時系列の区切りの場合、

　　　各区分のつなぎ目で、傾向線が接続している

という条件をつけたいことがあるでしょう。

その場合、$Y=X$ を
$$Y=Z_1+Z_2+Z_3+Z_4$$
$$Z_1=\begin{cases} X-L_1 & \text{for } L_1<X<L_2 \\ L_2-L_1 & \text{for } L_2<X \end{cases}$$
$$Z_2=\begin{cases} 0 & \text{for } X<L_2 \\ X-L_2 & \text{for } L_2<X<L_3 \\ L_3-L_2 & \text{for } L_3<X \end{cases}$$
$$Z_3=\begin{cases} 0 & \text{for } X<L_3 \\ X-L_3 & \text{for } L_3<X<L_4 \\ L_4-L_3 & \text{for } L_4<X \end{cases}$$
$$Z_4=\begin{cases} 0 & \text{for } X<L_4 \\ X-L_4 & \text{for } X>L_4 \end{cases}$$

図 5.6.9

$Y=X$
$=Z_1+Z_2+Z_3+Z_4$

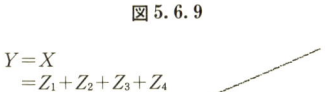

$Y=Z_1$

$Y=Z_2$

$Y=Z_3$

$Y=Z_4$

Z_1, Z_2, Z_3, Z_4 の線形結合

と、4つの折れ線に分解できます。よって
$$Y=A+B_1\times Z_1+B_2\times Z_2+B_3\times Z_3+B_4\times Z_4 \tag{6}$$

の形にかくと、区切りで接続する任意の折れ線を表わす式になっています。したがって、これに回帰分析を適用して最適な B_1, B_2, B_3, B_4 を定めることができます。

こういう折れ線を接続した形の関数を、スプライン関数とよびます。また、ここで使った Z_1, Z_2, Z_3, Z_4 は、補注3で定義した Z_1, Z_2, Z_3, Z_4 と同様に、各区分によるちがいを表わすダミー変数だとみることができます。

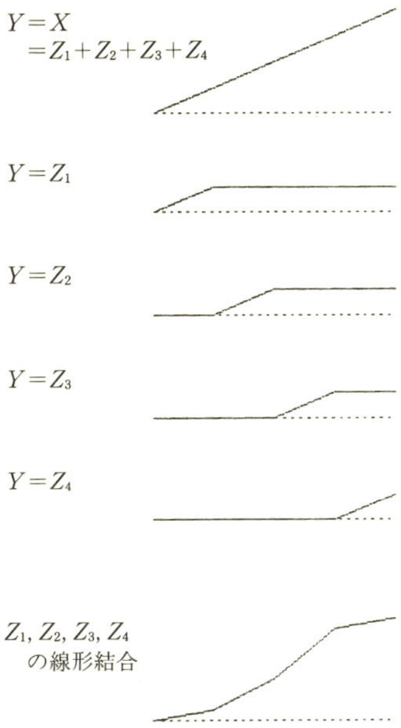

問題 5

問1 本文5.1節の説明をよんで，下線の部分に適当な文を挿入せよ．テキストの本文で使った例を引用すればよい．

    a.「2つの変数 Y と X の関係の強さ（X の値を指定するとそれに応じて Y の値が特定の値に定まる度合い）を測るために相関係数を使う」ことには，＿＿＿＿＿という例があるので問題がある．

    b. 決定係数を使うと，その場合も強い関係ありと評価できるが，＿＿＿＿＿という例があるので問題がある．

    c. 残差プロットを使うと，その場合にも対応できる形で関係の強さを評価できる．いいかえると，＿＿＿＿＿＿＿＿という判断ができる．

問2 付表Bにおける食費支出のデータ Y について，全体でみた平均値を基準とした分散を A とする．これに関する文a～eについて，[ ]内の|で区切った式のうちどちらが正しいか判定せよ．

    分散計算における基準において考慮されている情報が多いほど，その基準からの残差分散が小さくなることから答えられるはずである．

    a. 世帯人員数 X_1 によってデータを区分し，各区分ごとに求めた Y の平均値を基準とした分散を B とすると，$[B \leq A | B \geq A]$ である．

    b. 実収入 X_2 によってデータを区分し，各区分ごとに求めた Y の平均値を基準とした分散を C とすると，$[C \leq A | C \geq A]$ である．

    c. 実収入 X_2 との関係を表わす傾向線（直線のうち最もよく合致するもの）を求め，その傾向線による計算値を基準とした残差の分散を D とすると，$[D \leq A | D \geq A]$ である．

    d. また，$[D \leq C | D \geq C]$ である．

    e. 実収入 X_1 と世帯人員 X_2 を使って傾向線を求め，その傾向線を基準とした残差の分散を F とすると $[F \leq D | F \geq D]$ である．

問3 本文5.3節では主として付表Bのうち食費支出を使っているが，雑費支出を使うとどうなるかを，以下の場合について計算せよ．プログラムXYPLOT1，XYPLOT2またはREG03とそれぞれに用意されている例示用データを使うことができる．

    a. 雑費支出額 Y と収入 X の関係について，図5.3.1と同様の図をかけ．

    b. また，その場合の残差について，図5.3.5と同様の図をかけ．

c. 収入 X_1 と世帯人員 X_2 を使った傾向線を求め，図 5.3.3 と同様の図をかけ．
d. また，その場合の残差について，図 5.3.5 と同様の図をかけ．
e. 雑費支出額 Y と収入 X の関係について，XYPLOT1 の平均値トレースを指定して図をかけ．
f. 雑費支出額 Y と収入 X の関係について，図 5.5.1 と同様の図をかけ．この図は，プログラム XYPLOT2 に収録されている 3 線要約である．
g. e の図と f の図のちがい (表現原理上のちがい) を説明せよ．

問4 賃金に関するデータソースとして，労働省の「賃金センサス」がある．これをみて，賃金の個人差について，どんな表現法を採用しているかを調べよ．

問5 系列データについては，プログラム XTPLOT を使って系列変化を示す図をかくことができる．データファイル DE40 に平均給与額 X の年齢区分別 T のデータが収録されている．以下の問いは，これを使うこと．
a. 1981 年の製造業・男・大学卒業者の情報について，X と T の関係を示す図をかけ．
b. a の図を，他の性別あるいは学歴区分別についてもかいてみよ．
c. 性別格差あるいは学歴別格差を示す指標 (比率) を計算し，その指標値の変化を図示せよ．指標は，プログラム XTPLOT の計算機能として用意されている範囲で選ぶこと．
d. c の図を 1991 年の情報についてもかけ．
e. 一連の問題でかいた図によって，賃金の変化についてどんなことがよみとれるか．「よりくわしく説明するためにこんなデータを追加せよ」という指摘があればそれも含めること．

問6 a. 問 5 a では，平均値に注目して X, Y の関係を図示したが，Y に個人差があることを明示するために，中位値と第 1 四分位値，第 3 四分位値を使って図示せよ．これらの基礎データは DE21A に記録されているが，変数の種類が多いので，データベース検索プログラム TBLSRCH によって必要な変数を選んだ上で XTPLOT を使うこと．
b. 問 5 b の図と問 6 a の図を比べて，賃金の企業規模別格差が，個人差の範囲をこえているか否かを調べよ．どんな区分にわけても説明されずに残ることが個人差の存在を示すものと了解すればよい．

6 集計データの利用

統計調査の結果は，「統計表の形」に集計された情報として公表されるため，ひとつひとつの調査単位の情報を使う場合とちがった注意が必要となります．この章では，その場合の注意点を解説しましょう．

分析の基礎データが「いくつかの観察単位について求めた平均値」であること … それが，問題となるのです．

▶ 6.1 統計情報の情報源

① 第3章で食費支出の世帯間格差を説明するために種々のモデルを想定して計算してみましたが，決定係数は，60％程度でした．もっと，工夫する余地はないでしょうか．可能性が，まだ，残っているかもしれません．

使えるデータ（付表B）の範囲ではできる限りのことは試みたと思われますから，それと離れて考えてみましょう．

「こんなデータを使うと90％になるよ」という指摘があるかもしれませんが，そんな値になるでしょうか．そういう指摘をする人は，この章で説明する誤用をおかしているかもしれないのです．

② 決定係数が低いのは，世帯の事情のちがいをくみとる説明変数が取り上げられていないためだろう … そう考えると，たとえば

職　業 … 外で食事をすることが普通のサラリーマン，自宅で食事をすることの多い自営業者をわけてみよう．

年　齢 … 世帯主の年齢によって出費のパターンがちがうだろう．この基本的な変数を取り上げよう．

世帯の類型 … 年齢，職業，子供の数などの世帯属性のほかに，たとえば，住宅ローンの有無などの条件を加味した"世帯の類型"を考慮したらどうだろう．

など，いろいろの指摘が出てくるでしょう．

③ このような情報は，「家計調査」の結果をまとめた「家計調査年報」に掲載されています．

表 6.1.1 集計表様式 (1)
平均値比較表

	各収支項目区分の平均値
世帯の属性区分	たとえば付表 C.1〜C.4

たとえば表 6.1.1 のような形式で，年収や世帯人員数などの世帯属性区分別に，種々の収支項目の平均値が集計されています．この調査の対象数は，約 8 千世帯ですから，属性区分を 10 区分とすると，各区分に平均 800 となり，分布が不均等であるとしても，属性区分別対比を十分に行なうことができます．

ただし，平均 800 といっても，たとえば 1/10 程度の世帯しか支出しないような項目については，各区分における該当世帯（支出ありの世帯）の数が平均 80 となり，それを属性区分別にわけると，比較しにくくなります．

地域別（たとえば県別）比較を行なうにはサンプル数が足りません．

このため，5 年ごとに，サンプル数を増やした調査（消費実態調査）が行なわれています．

④ これらの情報が一応使える状態になっていますが，分析を精密化しようとすると，問題が出てきます．

表 6.1.1 の集計表では，

　　　世帯の属性 1 項目の区分を比較する形

になっています．表をみるとたくさんの項目が並んでいますが，世帯の属性区分の方は，たいていは，1 つの項目の区分です．そこが注意を要する点です．

たとえば食費支出の大小を分析しようとした場合，この表によって世帯の属性区分別比較ができます．

しかし，それが「1 つの項目による属性区分」であることから，この章で説明するような問題が発生するのです．

食費支出の大小を説明するために注目する変数（説明変数）は，多数あり，それらが相互に関連しあっています．

たとえば年齢に注目する場合

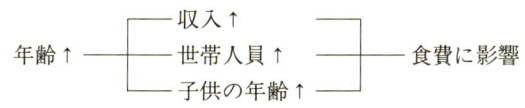

```
            ┌── 収入↑ ──┐
年齢↑ ───┼── 世帯人員↑ ──┼── 食費に影響
            └── 子供の年齢↑ ─┘
```

といった因果パスが考えられますから，パスをつなぐ経路にあたる変数を考慮外にお

いて食費と年齢の関係を分析しても，その結果をどう説明してよいかわかりません．
⑤ 関連をもつ変数を組み合わせる形で取り上げることが必要です．

したがって，たとえば，年齢区分と世帯人員区分を組み合わせた区分の各々について収支項目の平均値を集計した「クロス集計表」が必要となってきます．

こういうクロス表では，精度が問題とされます．各項目を10区分とすると2項目の組み合わせでは100区分，各区分の世帯数は平均80となり，しかも分布が一様とは限りませんから，必ずしも十分なサンプルサイズだとはいえません．そのこともあって，この種の集計表はわずかしか集計されていません．

このことから，この種のクロス表は，サンプル数の多い全国消費実態調査の方で集計されていますが，5年おきであり，特定の月の情報だという制約がつきます．

表 6.1.2 集計票様式(2)
2次元の平均値比較表

	各収支項目区分の平均値
世帯の属性2項目の組み合わせ区分	たとえば付表C.5, C.6

⑥ 組み合わせ集計がなされていなくても，ひとつひとつの世帯に対応する情報（集計データに対して個別データとよばれる）を利用すれば種々の属性項目，種々の収支項目の組み合わせがもたらす効果を分析できます．

しかし，このような形での情報利用は，統計制度として，できないことになっています．統計調査の実施にあたって，「個別の記録は秘匿する」ことを前提として「調査に応じてもらう」ことになっているのです．

表 6.1.3 個別データイメージ

	各世帯の属性項目	各収支項目の調査結果
観察単位番号	たとえば	付表B

⑦ 表6.1.1や表6.1.2では，各区分における情報を"平均値"で代表していますが，そのかわりに表6.1.4のように，"値域を区切って各区分に属する観察単位数"

表 6.1.4 分布表形式

	収支項目1の値域区分				収支項目2の値域区分				…
	X_1-X_2	X_2-X_3	X_3-X_4	…	Y_1-Y_2	Y_2-Y_3	Y_3-Y_4	…	
世帯の属性区分									

6.1 統計情報の情報源

を集計した表があれば，観察単位間差異に関する推論が可能です．このタイプの集計表を"分布表"とよびます．

この種の表は，全国消費実態調査の方でかなり用意されています．たとえば，付表C.5や付表C.6です．かさばる表になりますが，分析上有用な情報です．

⑧ 分布表のかわりに中位値・四分位値などの"分布特性値"を集計した表もあります．たとえば付表C.7やC.8です．

⑨ 社会現象に関して精密な分析をしようとすると，こういう基礎データの有無が重要なキイポイントになります．

大規模な調査が必要になりますから，とうてい個人ではできません．統計情報については，このため，国の統計組織の行なう統計調査の結果を利用することになります．国が行なう調査であっても，統計調査については，その調査結果を公表し，誰でも自由に利用できることになっています(統計法)．ただし，自分で調査を計画し，必要な集計表を設計し集計する場合と比べると，種々の不便があることは事実です．また，上述のような制約がありますから，個別データを利用することを前提とした分析とは異なった注意が必要となります．

注意が必要だが，数千といった多数の世帯の情報が使えるという利点がありますから，貴重な情報源です．やや使いにくい，しかし，貴重な情報源だということです．

⑩ そのような注意点を説明するために，次節以下で，統計調査の結果(集計データ)を利用して，食費支出の世帯間変動の分析をつづけましょう．

「集計データの利用」をひとつの章としたのは，統計調査の結果は，「ひとつひとつの観察単位に対応する情報」としてでなく，「こんなタイプの世帯がいくつあった」，「それらの世帯の平均値はこうであった」という形，すなわち，集計データの形でしか利用できないことから，種々の注意が必要になってくるためです．

6.2節では，付表C.1や付表C.2を使う上での注意点について，6.3節では，決定係数の解釈について，6.4節では，2つの説明変数を使う場合について説明します．

統計情報の公表

統計調査は主として国の統計組織によって実施され，統計表の形で公表されます．統計情報を必要とするものが自分で調査することはできません(調査に要するコストが大きいために，また，被調査者の負担を避けるために)から，国の統計組織によって実施された調査結果を利用することになるのですが，調査事項の選び方や結果を表わす統計表の種類が，利用者にとって満足できないことがありえます．調査事項の方は，調査実施上の制約があって無理はいえませんが，統計表の方は，コンピュータ処理の範囲で対応できることですから，もっと増やしてほしいと感ずることがあります．

▷ 6.2 値域区分の仕方とウエイトづけ

① これまでと同じく，世帯の食費支出と世帯収入の関係を分析することを考えましょう．

家計収支に関しては，毎月数千の世帯を対象とする「家計調査」が実施されており，さまざまな統計表が集計されています．たとえば，「家計調査年報」をみるとよいでしょう．この章では，その中から引用した付表 C.1～C.4 を使います．

これらの表では，ひとつひとつの世帯の情報でなく，たとえば年間収入によって階級区分し，各区分ごとに求めた平均値などが表示されています．

種々の情報が1つの表にもりこまれていますが，当面の問題で使う部分は，付表 C.1 中の次の情報です．図 6.2.1(b) はこれをグラフにしたものです．

表 6.2.1(a) 年間収入階級別平均食費支出

食費支出 X (千円)	31.9	43.1	48.7	51.8	56.3	63.2	…
年間収入 U (万円)	86	127	177	229	275	324	…

(1984年家計調査，勤労者世帯)

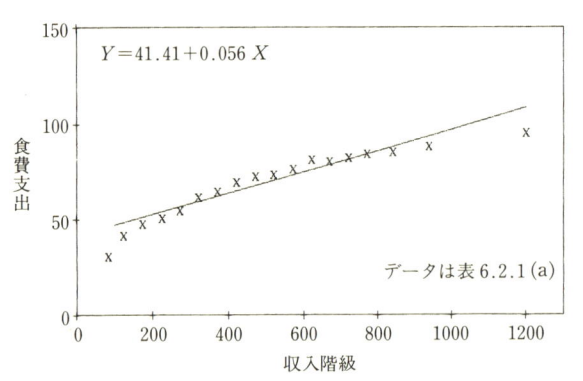

図 6.2.1(b) 食費支出と年間収入との関係(1)

$Y = 41.41 + 0.056 X$

データは表 6.2.1(a)

② このグラフからおよその傾向をよみとることができます．また，表 6.2.1(c) によって，最小2乗法による傾向線を計算できます．

$$X = 41.412 + 0.0558 U, \qquad R^2 = 89\%$$

です．

③ これで終わりとしてよいでしょうか．

図でみると，傾向線は直線とはいいがたいようです．2乗の項をつけ加えることが考えられます．これは問題として残しておきましょう．

6.2 値域区分の仕方とウエイトづけ   109

表 6.2.1 (c)　表 6.2.1 (a) についての回帰式計算
(各区分のデータを等ウエイトで扱っている)

#	X	U	DX	DU	E	DE
1	32	86	-38.44	-434.28	46.21	-14.21
2	43	127	-27.44	-393.28	48.50	-5.05
3	49	177	-21.44	-343.28	51.29	-2.29
4	52	229	-18.44	-291.28	54.19	-2.19
5	56	275	-14.44	-245.28	56.76	-0.76
⋮				⋮		
15	86	774	15.56	253.73	84.60	1.40
16	87	844	16.56	323.73	88.51	-1.51
17	90	942	19.56	421.72	93.98	-3.98
18	97	1203	26.56	682.72	108.54	-11.54
計	1268	9365.0	5484.45	87565.80		598.08
			87565.80	1569220.00		
平均	70.44	520.3	304.69	4864.76		33.23
			4864.76	87178.60		

$B = 0.05580$　　$V_X = 304.691,$　100.00
$A = 41.412$　　$V_R = 271.465,$　89.09
　　　　　　　　$V_E = 33.227,$　10.91

他にもっと重要な点があります．前の章で使ったデータと比べて，ここで扱うデータは，どこかちがうようです．データがちがうなら，傾向線を求めるための計算もかえるべき点があるかもしれません．

④　答えを保留して (⑥で答えを示します)，まず，問題の所在を説明します．

別のデータ (表 6.2.2 (a)，付表 C.2 の一部) を使って計算してみましょう．家計調査の報告書で採用されている「年収十分位階級」で区分したデータです．

特定の年次だけで考えるのなら金額で区切った表 6.2.1 (a) でよいのですが，たとえば年次変化をみようとすると，経済成長に応じて貨幣価値がかわりますから，収入階級の区切り方を変更することが必要となります．ただし，毎年変更すると比較しにくいため，変更は数年おきになされるのが普通です．変更がなされない年次では，年とともに，上位の区分の世帯数が集中するようになって，扱いにくくなります．

これに対して，収入階級を (金額いくらからいくらという区切り方でなく)，大きさの順に並べ，同数ずつを含むように区切ることが考えられます．

これが十分位階級区分です．貨幣価値がかわってもそれに影響されない区切り方になっています．

これについて，回帰式を計算すると (表 6.2.1 (c) と同様に計算できます)，次のようになります．

$$X = 47.87 + 0.0484 U, \qquad R^2 = 90.4\% \qquad (2)$$

(1) 式と比べてちがうようです．0.0558 であった U の係数が 0.0484 となってい

表 6.2.2(a) 年間収入十分位階級別平均食費支出

食費支出 X(千円)	51.4	62.1	65.1	70.8	73.7	…
年間収入 U(万円)	223	315	367	414	464	…

(1984年家計調査勤労者世帯)

図 6.2.2(b) 食費支出と年間収入との関係(2)

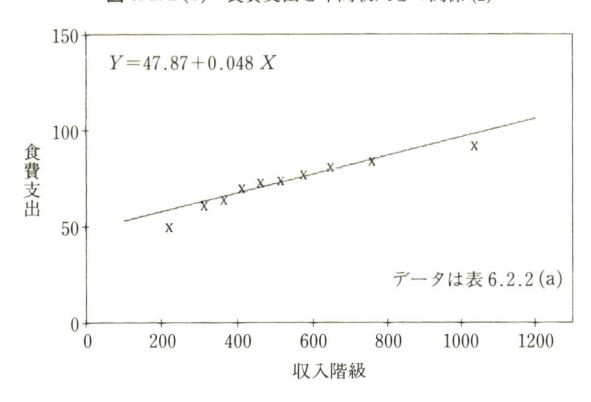

$Y = 47.87 + 0.048\, X$

データは表6.2.2(a)

（横軸：収入階級、縦軸：食費支出）

す．

◆**注** 表6.2.1(a)でも，表6.2.2(a)でも，変数 U によって階級区分を定め，各区分での U の平均値を表示しています．U の平均値が集計されていないときには，U の区切り幅の中央値を使うことができます．

このように，結果はちがいますが，
　　　　基礎データは同じとみてよいもの
です．階級区分の区切り方が異なるために，いくぶんちがっていますが，2つの図の基礎データを重ねてみればわかるとおり(図6.2.3(a))，ほぼ一線上に並んでいます．

基礎データが一線上に並んでいるのにかかわらず，求められた傾向線がちがうのは，どこからくることでしょうか．

⑤　各区分に含まれる世帯数が表6.2.2(a)では同数であるのに対して，表6.2.1(a)では同数ではありません．

このことが食いちがいの原因です．

ここをきちんと考えましょう．

図6.2.2(b)では，すべてのデータ(収入階級区分)を同等に扱うものとして傾向線を求めています．いいかえると，基礎データが世帯数の異なる区分に対応するのにかかわらず，そのちがいを考慮に入れていません．

図6.2.1(b)の基礎データも収入階級区分に対応していますが，各区分に属する世帯数が等しいので，各区分を対等に扱うことが，各世帯を対等に扱うことになってい

6.2 値域区分の仕方とウエイトづけ

図 6.2.3(a) 基礎データは同じ線上

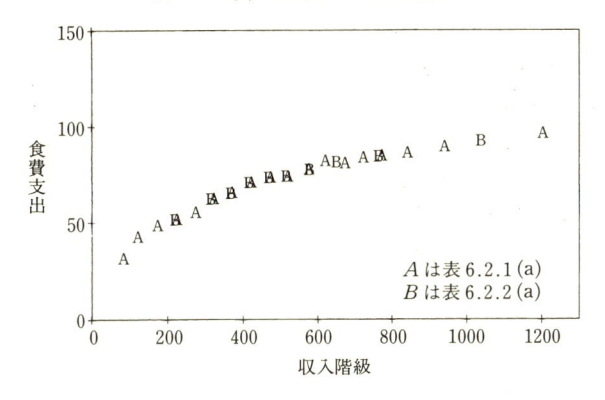

食費支出 vs 収入階級のグラフ

A は表 6.2.1(a)
B は表 6.2.2(a)

表 6.2.3(b) 回帰式の計算（ウエイトづけする場合）

#	W	X	U	DX	DU	E	DE
1	.0010	32	86	−41.60	−446.09	52.52	−20.52
2	.0068	43	127	−30.60	−405.09	54.46	−11.46
3	.0180	49	177	−24.60	−355.09	56.82	−7.82
4	.0379	52	229	−21.60	−303.09	59.28	−7.28
5	.0572	56	275	−17.60	−257.09	61.48	−5.46
⋮				⋮			
15	.0300	86	774	12.40	241.91	85.04	0.96
16	.0487	87	844	13.40	311.91	88.25	−1.35
17	.0311	90	942	16.40	409.91	92.98	−2.98
18	.0440	97	1203	23.40	670.91	105.91	−8.31
計	1.0000	74	532.09	135.43	2544.25		14.02
				2544.25	53836.70		
平均		74	532.09	135.43	2544.25		14.02
				2544.25	53836.70		

$B = 0.04726$　　$V_X = 135.430,\ \ 100.00$
$A = 48.459$　　$V_R = 120.238,\ \ 88.78$
　　　　　　　$V_E = 15.191,\ \ 11.22$

たのです．

　これが食いちがいの原因です．表6.2.2(a)では，少ない世帯数に対応する区分（図の左側の部分）の部分で多くの点をとったことになり，その部分での傾向にひかれて傾斜が大きくなった … こういう結果になっているのです．
　⑥　各点が「異なる数のデータの平均値である」のに，それらを同等に扱っていることから，こういうちがいが発生したのです．それなら，表6.2.2(a)で「各点を同等に扱うことを考えなおせ」ということになります．
　すなわち，表6.2.1(c)の計算を，

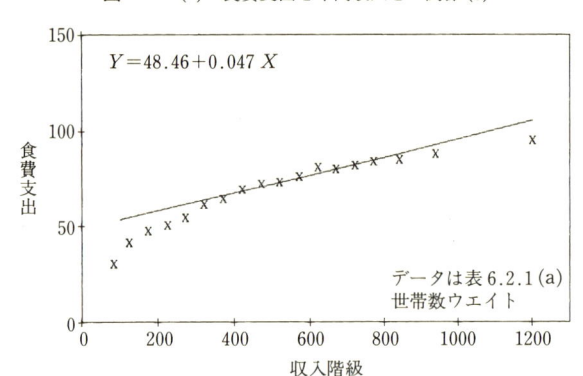

図 6.2.3(c) 食費支出と年間収入との関係 (3)

$Y = 48.46 + 0.047 X$

データは表 6.2.1(a)
世帯数ウエイト

（縦軸：食費支出、横軸：収入階級）

"世帯数のちがいを考慮に入れる"
形に改めてみましょう．表 6.2.3(b) です．

計または積和を計算するとき $\sum X_I/N$ などのかわりに $\sum F_K X_K / \sum F_K$（K は区分番号，F_K は各区分に属する世帯数）などとすればよいのです．

これから

$$X = 48.46 + 0.0473 U, \quad R^2 = 88.8\% \tag{3}$$

が得られます．(2)式の場合に近い結果が得られました．

⑦　⑥で行なった変更によって，すべての世帯の情報を対等に扱ったことになります．その意味では当然にそうすべきだといえますが，これに対する異論もありえます．

表 6.2.1(c) の計算では，世帯レベルではなく，「各区分を対等に扱う」形になっています．

傾向線を求める問題を扱うときには，個々の世帯レベルでの変動ではなく，

　　　　対比しようとする区分のレベルでみた変化に視点をあわせる

のです．したがって，世帯数の大小にかかわらず，区分を対等に扱うべきだという考え方も一理あります．

これに対して，求められた傾向線を，

　　　　「それを求めるために使ったデータと切り離した形で使う」

…そういう使い方を考えれば，各区分の情報を対等に扱うことになるでしょう．

どちらにするかは，分析目的から決めることです．

説明変数が集計データの形になっているとき，「集計過程で階級区分の区切り方」としてインプリシットな形でウエイトづけが入ってきますから，そのことに注意するとともに，分析の立場でのウエイトづけを考えることが必要となるのです．

6.3 決定係数の解釈

> **まとめ 3とおりの結果**
> 基礎データは同じでも，扱い方によって結果がかわる．
> それを表6.2.1(a)の形に集計し，
> 　　各区分の世帯数のちがいを考慮せずに計算　　$X=41.41+0.056U$
> 　　各区分の世帯数のちがいを考慮に入れて計算　　$X=48.46+0.047U$
> それを表6.2.2(a)の形に集計し，
> 　　各区分の世帯数は等しくしたデータで計算　　$X=47.87+0.048U$

▷ 6.3 決定係数の解釈

① この章では，平均値の系列の形に集計されたデータを扱っていますが，前節で例示したどの場合にも，決定係数が90%に達していたことに注目してください．前の章では（対象データの年次がちがい，データ数もちがいますが），せいぜい60%でした．このちがいはどこからくるのでしょうか．

② 統計調査の結果は，集計の過程，すなわち

> 調査単位1つ　　　　　　　　　　　種々の区分の世帯に
> 　　　　　　　　　⇒　集計　⇒
> 1つの調査結果　　　　　　　　　　ついての集計データ

の過程を経て編集されています．多くの集計データは，平均値です．

形式的にはそれらが集計データであることを考慮外において，いいかえると，それぞれが1つの観察単位の情報であるとみなして，これまでの方法を適用できますが，注意を要するのは

　　　　世帯間格差が，集計の過程で消されている

ことです．

特に，平均値の形式に集計されている場合は，そうです．

問題意識が，たとえば，食費支出と収入の関係を表わす傾向線を求めることだから，ひとつひとつの世帯間の差を考慮外においてよいのですが，そうだとしても，こ

図6.3.1　集計データの分析過程

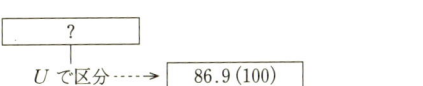

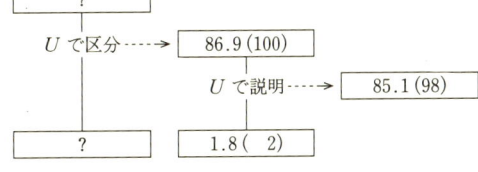

```
      ?
      │
      │Uで区分······→  86.9(100)
      │                      Uで説明······→  85.1(98)
      │
      ?                1.8(  2)

 この部分が      各部分の平均値を
 計測できない    基礎として傾向把握
```

のことに注意をする必要はあります．

このために，決定係数が高くなるのです．

③　各階級区分での平均値を基礎データとして使っていますから，その計算で求められる分散は，「平均値間の分散」です．

観察単位ごとの情報を使える場面において，観察単位をいくつかの階級にわけた場合の「級間分散」にあたるわけです．図6.3.1の86.9です．

いいかえると，

　　　集計データを基礎として分析した場合には，
　　　図6.3.1のフローの？の部分が計測されない

ことになります．

分布表が集計されていれば，？の箇所も計測できるのですが，集計されているとは限らないのです．

このことにともなって，決定係数の分母として，世帯間格差を評価する全分散でなく，平均値間の差異を評価する級間分散を使うことになる … したがって，分子が同じであるのにかかわらず，小さい値を分母とするがゆえに，決定係数が大きくなるのです．

④　表6.1.1のような"平均でみた傾向"を表わすデータばかりを使っていると，90％台の決定係数はあたりまえ … という感覚になるでしょうが，第3章にあげた付表Bのような個別変動を含むデータでは，60％，これは大きいという感触です．

実際の現象では大きい個別変動をもっています．それを考慮外において，平均値の範囲に限ってみた決定係数を1％あげることを考える前に，個別変動の分析に力を注ぎましょう．

傾向性をみるのだから，個別変動を消去するために平均値を計算したのだ，平均値の分析からスタートすればよい … そういいにくい問題分野，あるいは，データがありますから注意しましょう．

⑤　決定係数に関する説明を，以上の注意をふまえた形でまとめておきましょう．

どんなデータも観察値ひとつひとつの差すなわち「個別性」と，ある基準で説明できる「傾向性」の両面をもっています．後者を測るために，説明変数によって区分したり，傾向線を導出したりするのです．

そうして，基準とのへだたりの大きさを測る分散を使って，傾向線の有効性を評価します．

全分散　　　$\sigma_X^2 = \sum DX_I^2 / N, \quad DX_I = X_I - X$
級内分散　　$\sigma_{X|U}^2 = \sum DX_I^2 / N, \quad DX_I = X_I - X_K$
残差分散　　$\sigma_{X \times U}^2 = \sigma_X^2 - \sigma_{X|U}^2$

区分けの有効性あるいは傾向線の有効性を評価する決定係数

$$R^2 = \frac{\sigma_X^2 - \sigma_{X|U}^2}{\sigma_X^2}$$

シリーズ〈データの科学〉1
データの科学

林知己夫著
A5判 144頁 本体2600円

21世紀の新しい科学「データの科学」の思想とこころと方法を第一人者が明快に語る。〔内容〕科学方法論としてのデータの科学／データをとること―計画と実施／データを分析すること―質の検討・簡単な統計量分析からデータの構造発見へ

ISBN4-254-12724-3　　注文数　　冊

シリーズ〈データの科学〉3
複雑現象を量る ―紙リサイクル社会の調査―

羽生和紀・岸野洋久著
A5判 176頁 本体2800円

複雑なシステムに対し，複数のアプローチを用いて生のデータを収集・分析・解釈する方法を解説。〔内容〕紙リサイクル社会／背景／文献調査／世界のリサイクル／業界紙に見る／関係者／資源回収と消費／消費者と製紙産業／静脈を担う主体／他

ISBN4-254-12727-8　　注文数　　冊

シリーズ〈データの科学〉4
心を量る ―個と集団の意識の科学―

吉野諒三著
A5判 168頁 本体2800円

個と集団とは？意識とは？複雑な現象の様々な構造をデータ分析によって明らかにする方法を解説〔内容〕国際比較調査／標本抽出／調査の実施／調査票の翻訳・再翻訳／分析の実際(方法，社会調査の危機，「計量的文明論」他)／調査票の洗練／他

ISBN4-254-12728-6　　注文数　　冊

人間科学の統計学3
生態学的推論

A.J.リヒトマン他著・長谷川政美訳
A5変判 96頁 本体1500円

集団データ解析に関連した一般問題を実例を中心にわかりやすく簡潔にまとめられた入門書。〔内容〕集積偏倚と標準化されない係数―定式化の問題／集積偏倚と標準化された測度／集積偏倚の問題に対する解／結論―集積・計算および理論／他

ISBN4-254-12533-X　　注文数　　冊

＊本体価格は消費税別です(2002年2月1日現在)

▶お申込みはお近くの書店へ◀

朝倉書店

162-8707 東京都新宿区新小川町6-29
営業部　直通(03)3260-7631　FAX(03)3260-0180
http://www.asakura.co.jp　eigyo@asakura.co.jp

シリーズ〈社会現象の計量分析〉1
社会現象の統計学

岸野洋久著
A5判　184頁　本体3200円

氾濫する情報の収集からより定量的な分析を行って構造推定をし予測に至るまでの統計手法を明快簡潔に解説。〔内容〕将来予測とデータ収集／データの記述と推定／大きな表から全体像をつかむ／構造をとらえ予測する／モデル選択と総合的予測

ISBN4-254-12631-X　　注文数　　冊

シリーズ〈社会現象の計量分析〉2
株式の統計学

津田博史著
A5判　180頁　本体3200円

現実のデータを適用した場合の実証分析を基に，具体的・実際的に解説。〔内容〕株式の統計学／基本統計量と現代ポートフォリオ理論／株価変動と回帰モデル／株価変動の分類／因子分析と主成分分析による株価変動モデル／株価変動の予測／他

ISBN4-254-12632-8　　注文数　　冊

シリーズ〈社会現象の計量分析〉3
スポーツの統計学

大澤清二編
A5判　224頁　本体3900円

〔内容〕スポーツ人口の計量と予測／スポーツの社会動態と統計(施設，世論形成，体力と運動能力，施設の最適配置，観客，政策，健康生活行動)／スポーツ競技の統計分析(バレーボール，サッカー，水泳競技，陸上競技，野球)／他

ISBN4-254-12633-6　　注文数　　冊

統計解析ハンドブック

武藤眞介著
A5判　648頁　本体22000円

ひける・読める・わかる──。統計学の基本的事項302項目を具体的な数値例を用い，かつ可能なかぎり予備知識を必要としないで理解できるようやさしく解説。全項目が見開き2ページ読み切りのかたちで必要に応じてどこからでも読めるようにまとめられているのも特徴。実用的な統計の事典。〔内容〕記述統計(35項)／確率(37項)／統計理論(10項)／検定・推定の実際(112項)／ノンパラメトリック検定(39項)／多変量解析(47項)／数学的予備知識・統計数値表(28項)。

ISBN4-254-12061-3　　注文数　　冊

フリガナ		TEL
お名前		(　　　)　　－
ご住所 (〒　　　)		自宅・勤務先 (○で囲む)

帖合・書店印	ご指定の書店名
	ご住所 (〒　　　)
	TEL (　　　)　　－

6.3 決定係数の解釈

図 6.3.2 決定係数で計測される変動成分

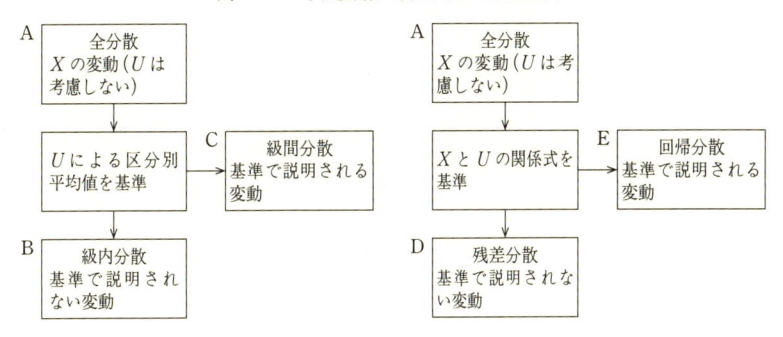

```
A 全分散                          A 全分散
  Xの変動(Uは                       Xの変動(Uは
  考慮しない)                        考慮しない)
    ↓                                ↓
  Uによる区分別      C 級間分散      XとUの関係式を    E 回帰分散
  平均値を基準   →   基準で説明される   基準          →  基準で説明される
                    変動                               変動
    ↓                                ↓
B 級内分散                        D 残差分散
  基準で説明され                    基準で説明され
  ない変動                          ない変動
```

⑥ したがって，データのできるだけ大きい部分を説明できるように基準を設定するという観点を採用すると，この決定係数が傾向性を説明する基準を見出し，評価するための指標にもなるのです．

その場合，基準を導入する方法について，次の2とおりの場合を区別しましょう．
 a. 観察単位間の差異を
    ある分類区分を導入して，
    平均でみた傾向と，それでは説明できない個別性
    とにわけてみる場合
 b. 観察単位間の差異を
    ある説明変数を使ったモデルを想定して
    そのモデルで説明される傾向性と，それでは説明できない個別性
    とにわけてみる場合

これらが，図 6.3.2 の左側，右側に対応します．

観察単位ひとつひとつの値を利用できる場合には，図のどちらの分析過程も適用可能ですが，集計データの場合には，使えるデータによって制約されます．

⑦ 集計データとして利用できるものは，ある変数によって階級わけして得られた平均値の系列です（その場合が多い）．図でいうと，C にあたる情報です．

そのため，図 6.3.2 の左側の過程によって計測されるはずの級内分散を計測できないのです．

また，右側の過程については，A のかわりに C すなわち各区分での平均値の系列について分析することになります．したがって，集計データを視点におく場合には，
　　A から C を求める「集計の段階」，
　　C につづく「分析の段階」とわかれていることに注意して，
　　両段階を含めた図 6.3.3 でまとめる
ことにしましょう．

⑧ 決定係数の分母は，本来は，図の A です．変動を説明する傾向線を使ったと

図 6.3.3 集計の過程を含めた経過図にする

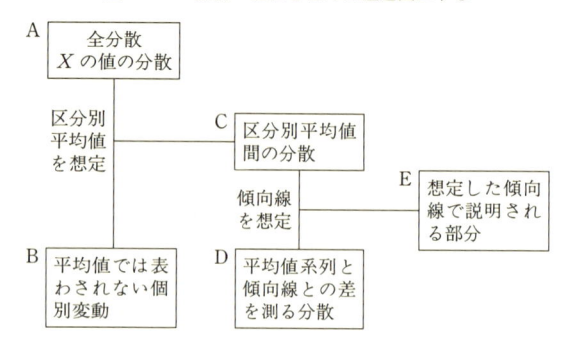

```
A ┌─────────┐
  │ 全分散   │
  │ Xの値の分散│
  └─────────┘
       │
  区分別     C ┌─────────┐
  平均値      │ 区分別平均値│
  を想定      │ 間の分散   │
            └─────────┘
                 │        E ┌─────────┐
              傾向線      │ 想定した傾向│
              を想定      │ 線で説明され│
                         │ る部分     │
                         └─────────┘
B ┌─────────┐ D ┌─────────┐
  │ 平均値では表│ │ 平均値系列と│
  │ わされない個│ │ 傾向線との差│
  │ 別変動     │ │ を測る分散 │
  └─────────┘ └─────────┘
```

してもBの部分が残りますから，それによって説明できる部分を測る決定係数は，D/Aです．

Bの部分を考慮外におくという前提下でいうなら，D/Cによって「あてはまりのよさ」を測ると説明してもかまいませんが，分母をかえていることに注意しましょう．

これらのちがいがあるのにかかわらず，どちらについても「決定係数」という用語が使われています（用語をかえたいところです）．

⑨ このことから，決定係数の大きさについて，どう工夫しても100%にはほど遠い値にしかなりえない場合がありうることに注意しましょう．

もちろん，問題によっては，また，データの求め方によっては，個人差としかいいようのない部分，傾向性として説明しうる部分を識別することが可能ですが，機械的に何%以上ならよく，何%以下ならよくないといった言い方はできません．「決定係数が小さい…だめだ」というのは誤りです．

図 6.3.4 データのもつ変動のうち傾向線で計測される部分

データ自体のもつ2側面	傾向線で計測されるもの	有効性の尺度
C 傾向性	E 想定された傾向線で計測される部分 E<C	E/Cが1に近いこと
B 個別性	D 計測されずに残った部分 B+C=D+E	決定係数は E/(D+E)

Bを消去したデータを使うときには
　　E/Cを1に近くしうる
Bを消去してないデータを使うときに計測される決定係数
　　E/(B+C)が1に近くなるとは限らない
のです．Cに注目して傾向線を求める場面でも，Bの効果を計測して，E/Cの見積

もりを求めることを（それができるなら）考えるべきです．

基礎データとして，たとえばいくつかの観察単位からなる集団区分の平均値を使う場合など，データ自体が個別性を消去されたものを使う場合には決定係数は E/C の計測値になり，値が大きくなりますが，それは「個別性をはじめから考察外においているため」です．いいかえると，問題を限定して扱っているためです．

> 決定係数は，傾向性と個別性との相対的大小を測る指標．
> 想定した傾向線の有効性を測る指標だという解釈は
> 個別性を除去したデータを扱う場合．

「決定係数はあてはまりのよさ」を測る指標だという理解は，その一面のみを印象づける説明です．「現象自体がもつ個別性」を計測するというもうひとつの面を見逃すおそれのある説明です．

◇注　決定係数の評価値は，前節に指摘した「観察単位のウエイトづけ」によってもかわります．したがって，決定係数の大小で「適合度を比較できない」場面があることに注意しましょう．

▷6.4　比較できる平均値，比較できない平均値

① 6.2 節では食費支出 X と所得 U の関係をみるために，次の表 6.4.1 の形式の集計表を使っていました．

「これによって，X と U の関係を計測できる」と了解していたわけですが，そう了解してよいでしょうか（問題 a）．

また，表 6.4.2(a) の形式の集計表で X と U の関係を計測できるでしょうか（問

表 6.4.1　U で階級区分されたデータ系列

	U による階級区分
U の平均値	
X の平均値	

このデータで $X=f(U)$ を分析できるか．

表 6.4.2(a)　V で階級区分されたデータ系列

	V による階級区分
U の平均値	
X の平均値	

このデータで $X=f(U)$ を分析できるか．

表 6.4.2(b)　U で階級区分されたデータ系列

	U による階級区分
V の平均値	
X の平均値	

このデータで $X=f(V)$ を分析できるか．

表6.4.3 表6.4.2の形式のデータ例

年収階級 (U)	1	2	3	4	5	…
世帯数　(N)	679	9426	40451	87825	106711	…
世帯人員 (V)	2.69	2.98	3.39	3.63	3.86	…
食費支出 (X)	41.2	47.8	56.6	65.1	73.8	…

題b)．

表6.4.2(a)では，表6.4.1と同じく X, U のデータ系列ですが，系列区分が V による区切りになっていることが問題になるのです．

いいかえると，系列区分が同じく U の区分であっても，U と異なる説明変数 V を使って X と V の関係を分析できるでしょうか（問題bと同じ問題です）．

この節で考えるのは，こんな問題です．

② まず，問題bを考えましょう．後のつながりを考えて，表6.4.2(b)の形で説明します．

たとえば，X（＝食費支出），V（＝世帯人員）の関係をみるものとしましょう．

このテキストに引用してある付表C.6から表6.4.3のような数字を拾うことができます．

「これを使って，X と V との関係を分析できるか」という問題ですが，結論は後にして，計算してみましょう．

表6.4.3の数字を使って表6.2.3(b)と同様に計算すると，回帰式

$$X = 76.66 + 44.54(V - 3.87), \qquad R^2 = 93\% \tag{1}$$

が得られます．計算はできます．しかし…

この式によって計算された X の傾向値は $14.13, 27.01, 55.28, 65.98, \cdots$ となり，観察値 $41.2, 47.8, 56.6, 65.1, \cdots$ とほぼ合致しているようです．しかし，表6.4.3に表示した範囲外についても計算して，実測値と傾向値の関係をみると

$$V = 2, 3, 4 \text{ に対して } X = -6.7, 37.9, 82.5$$

などとなります．計算はまちがっていません．しかし，$V=4$ に対する値が $V=3$ に対する値の2倍というのは，どうでしょうか．また，$V=2$ 以下に対する値がマイナス … どこかに問題がありそうです．

③ 使ったデータの側に問題があります．

　　表6.4.3の V は，年収 U で区分した各区分での V の平均値

です．

区分けの基準とされている変数 U を使った場合，変数 U については，その値の散布状況を区分別平均値でみることができますが，それ以外の変数については，

　　平均をとることによって，その値の変動が消されている
　　いいかえると，値の変域が狭くなっている

のです．

④ したがって,
　　説明変数 V に応じる X の変化をみようとするときには,
　　V によって階級わけした集計表中の X, V を使うべきであり
　　U によって階級わけした集計表中の X, V は使えない
のです．これが，①に提示した問題 b への回答です．

⑤ 次に①にあげた問題 a です．④ までの説明では，「表 6.4.1 の形式のデータ系列で X と U の関係を計測できる」ことになりますが，但し書きが必要です．

たとえば，表 6.4.3 に収入の情報をつけ足して，X を U, V で説明することを考えてみましょう（表 6.4.4）．

これによって X と U の関係は計算できます．
$$X = 76.66 + 0.0282(U - 559.3) \tag{2}$$
です．しかし，この計算で使った基礎データが「世帯人員 V に関しては均等でない」ことに注意しましょう．

この不均一性から，
　　V を使わないで X と U の関係を計測した場合,
　　その関係には V の影響が混同される結果となる
のです．3.4 節で説明した混同効果が入ってくるのです．

では，モデルに V を含めて計算せよということですが，そうして計算した
$$X = 76.60 + 0.0243(U - 55.93) + 24.69(V - 3.87)$$
では，④ で述べた問題が残ったままです．

⑥ したがって，表 6.4.4 ではなく，V で階級区分した表 6.4.5 を使って X と V の関係を別途に求めておき，表 6.4.6 の計算例のようにして，V のちがいがもたらす効果を補正しましょう．

⑦ 2つの説明変数 U, V の組み合わせに対応する X の変動を説明する回帰式は，

表 6.4.4 表 6.4.1 の形式のデータ例 (1)

年収階級	1	2	3	4	5	…
世帯数　(N)	679	9426	40451	87825	106711	…
年収額　(U)	50	150	250	350	450	…
世帯人員 (V)	2.69	2.98	3.39	3.63	3.86	…
食費支出 (X)	41.2	47.8	56.6	65.1	73.8	…

表 6.4.5 表 6.4.1 の形式のデータ例 (2)

世帯人員区分	2	3	4	5	6	7
世帯数　(W)	73789	109217	196716	83898	33306	11957
世帯人員 (V)	2	3	4	5	6	7
食費支出 (X)	56.5	67.2	80.8	88.1	92.4	95.5

これから $X = 76.66 + 9.37(V - 3.87)$ が誘導できる．

表 6.4.6　V の効果を補正するための計算

年収階級	1	2	3	4	5	…
年収額 (U)	50	150	250	350	450	…
世帯人員 (V)	2.69	2.98	3.39	3.63	3.86	…
食費支出 (2) 式による推定値	52.01	56.93	61.75	66.57	71.39	…
$V=4$ とそろえるための補正	10.82	8.16	4.40	2.29	0.09	…
補正結果 X^*	62.93	65.09	66.13	68.86	71.48	…

V の観察値と 4 との差に対応する X の効果を $9.37(V-3.87)$ によって補正.

表 6.4.4 では適正に評価できず，U, V の両方の変数の値域区分を組み合わせた表を使うことが必要です．

ここで取り上げている例では，次の表 6.4.7 が利用できます．

表 6.4.7　U, V によって階級区分されたデータ

	U による階級区分	
V による階級区分	各組み合わせ区分について X が集計されているもの	$X=f(U, V)$ を分析するために必要な集計表.

この形式の表なら，表示されているデータ X が「U のすべての値域と V のすべての値域の組み合わせに対応」していますから，X の変化の全体像をみることができるのです．説明変数 U, V はそれぞれの階級区分を代表する値であり，各区分内での差はみない形になっているにしても，それら全体をセットとして扱えばよいのです．

この形式の集計表から次の傾向線が得られます．

$$X=76.67+0.0409(U-55.92)+7.57(V-3.87) \tag{3}$$

また，たとえば $V=4$ に対応する X, U の関係は，この式において $V=4$ とおけば計算できます．いいかえると，X, U の関係に混同される V の効果を，この式によって補正できるのです．

⑧　2 つの説明変数 U, V を使った傾向線を求めることは

　　U, V の組み合わせ区分に対応する X の系列値が集計されている

という条件をみたしていれば，可能だという結論です．

説明変数をさらに増やすには，それらの組み合わせ区分に対応する系列値が必要だということになりますが，現実には，

　　そういう表が集計されていないので，断念せざるをえない

ことになります．

そういう集計表が利用できない場合の対処策については，ここではふれません．

▷ 6.5 時系列データ, コホートデータ

① 前節までに取り上げたデータはすべて特定の時点区分のデータでしたが, 現象の変化を把握し, 説明するためには, いくつかの時点の情報を取り上げて比較します.

第7章でその例を取り上げますが, ここではまず, 時間を含むデータの構造と, それにともなう基本的な見方について, 2つの場合をあげておきましょう.

② これまでに取り上げた集計データは, 表6.5.1のような構造をもっていました. ある「集団」を観察単位の情報 U (属性区分や数量データの階級区分) によって区分し, 各区分別の平均値を比較する形式です.

この形式のデータを「クロスセクションデータ」とよびます.

これに対して, ある「集団」に関する情報を年次ごとに求めて対比する形式の集計表を「時系列データ」とよびます. 表6.5.2のような形式です.

クロスセクションデータは, 特定時点の断面になっているという意味で,「時断面データ」とよぶこともあります.

表6.5.1 時断面データ

	年齢区分 (U)
年間所得 (Y)	
食費支出 (X)	

表6.5.2 時系列データ

	年次区分 (T)
年間所得 (Y)	
食料消費 (X)	

表6.5.1の年齢区分はひとつの例です. 一般には, 特定された年次の任意の変数による区分を指します.
変数 X, Y は U または V の各区分における平均値とします.

③ これらの情報によって $X=f(U)$ または $Y=f(U)$ を分析することができます. また $X=f(T)$ または $Y=f(T)$ を分析することができます.

ただし, Y と X の関係をクロスセクションデータでみるとき, Y, X が限られた「集団のある部分で求めた」平均値であることから, 注意を要することを前章で説明しました. X あるいは Y の値の変化範囲が限定される結果となるためです.

時系列データでは「集団全体についての情報」の系列ですから, そういう注意は必要なく, $Y(T)$ と $X(T)$ の関係を分析することができます.

④ もちろん, 表6.5.3のように「クロスセクション区分」と「時点区分」とを組み合わせた集計表を使うと, 各区分での平均値の時間的変化をみることができます.

⑤ 表6.5.3は「年齢」と「年次」の組み合わせ区分の情報になっています.

年齢の部分が他の情報であっても同じだと注記しましたが,「年齢」の場合には特別の意義をもつ場合があります.

次の事実に注意してください.

1970 年に 20〜24 歳だったものは
1975 年に 25〜29 歳になる
1980 年に 30〜34 歳になる
　　　　⋮

表 6.5.3 時断面情報の年次比較

年次区分	年齢区分					
	20〜24	25〜29	30〜34	35〜39	40〜44	…
1970						
1975	組み合わせ区分のおのおのについて					
1980	$X(U,T)$, $Y(U,T)$ などを集計					
1985						
1990						

このことから，表のセルの情報を左上から右下方向に斜めに拾って比べることが考えられます．
　出生年次におきかえると
　　　　1950〜46 年生まれの人々の加齢にともなう変化をみる
のだといえます．
　このような比較を，コホート比較とよびます．日本語では「同時出生集団比較」です．
　　　　出生年次が同時である集団の比較
という意味をくみとった呼称です．
　形式的にいうと，表 6.5.3 の集計表では次の 3 とおりの比較が可能であり，問題と分析意図に応じて使いわけるのです．
　　　　「年齢に特有の状態」を把握するために表の数字を縦方向にみる
　　　　「年齢層によって定まるちがい」を比較するために横方向にみる
　　　　「○年生まれに特有の変化」を比較するために斜め方向にみる
⑥　「年齢 5 歳階級の情報が 5 年おきに求められている」ことが，コホート比較を可能とするのです．
　1 歳階級・毎年では一般には細かすぎます．10 歳階級・10 年おきでは，粗すぎます．
　⑦　コホート対比の例をあげておきましょう．

> **問題**　「食物の好み」が世代によってかわっているだろう．またどの世代でもトシ（年齢）とともにかわっていくだろう．この両面をわけて，把握したい．どんなデータが使えるか，また，それらをどのように分析するかを考えよ．

表 6.5.4 米の購入量

年齢	年次		
	1979	1984	1989
20〜	99	89	62
25〜	100	86	58
30〜	129	112	76
35〜	166	142	110
40〜	206	187	147
45〜	210	205	156
50〜	199	181	152
55〜	177	164	141
60〜	174	147	133
65〜	161	143	117

世帯あたり年間平均購入量
(単位：kg，家計調査，全世帯)

図 6.5.5 米の購入量の年齢別比較

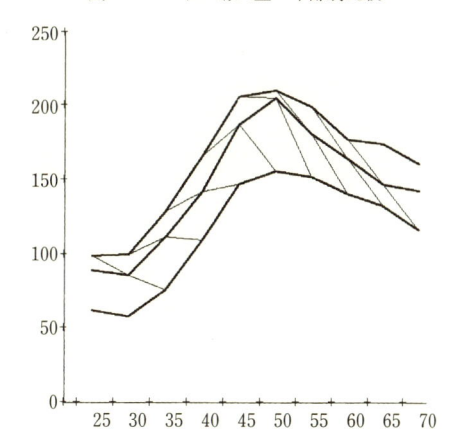

◆注 コホート比較では，同じ定義に該当する人々についてくりかえして調査する形になっています．実際の適用場面では死亡などによる脱落があるにしても，それが少ない年齢部分では「同じ人々の状態変化を追跡して観察する」結果となっているという意味では，「精度のよい比較」になっています．

コホート分析を考えるには，まず，年齢を5歳階級で区分した表があるかどうかが問題です．また，5年おきの情報が必要ですが，この点は，家計調査が毎年，全国消費者実態調査が5年ごとですから，可能性はあります．

年齢は，世帯主の年齢になっています．これは，世帯単位の調査であることからやむをえない制約です．このことから，「個人個人の好みを直接みる」のでなく，「家庭での食生活で把握される情報を使って間接的にみる」ことになります．

ここでは，家計調査の1979年，1984年，1989年の数字を使うものとします．

表6.5.4が，使った数字の主要部分です．付表C.10から拾うことができます．

⑧ 図6.5.5は，表6.5.4の米の購入量数字を「横軸に年齢をとって」グラフ化したものです．

この図にみるように，米の購入量が年齢によって大きくかわっていますが，左の部分で増加しているのは，子供の数の増加あるいは子供の成長によるものと解釈できるでしょう．

これに対して，右の部分で減少しているのは，結婚などで世帯人員が減ったこともあるでしょうが，「食べる量が減った」ことを示唆しているようです．

他の食物について同様のグラフをかいてみれば，「必要カロリーが少なくなったので，すべての食物で減った」のか，それとも，「米から他のものにうつった」のかが識別できるでしょう．

⑨ ⑧に示したような解釈をくだす以前に考えるべき問題があります．3年分の情報を図示してありますが，3本の線が一様に，下方にシフトしていることに注目しましょう．

このことから，「どの年齢層でみても，米離れが進んでいる」と，もっともらしい（多分そうだと思われる）結論をくだしたくなります．しかし，「どの年齢層でも」という言い方はしばらく保留しましょう．

たとえば，「50歳台で減る」ということと「50歳台になったから減る」ということは，ちがいます．

このちがいを明らかにするために，この節で説明した「コホート」の見方を登場させてみましょう．

⑩ 図6.5.6は，コホートの見方をするために，図6.5.5における出生年次が同時の区分を線で結んだものです．

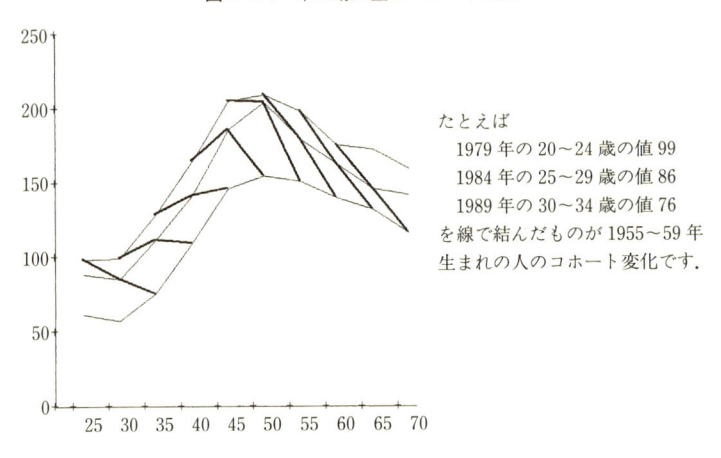

図6.5.6 米の購入量のコホート比較

たとえば
　1979年の20～24歳の値 99
　1984年の25～29歳の値 86
　1989年の30～34歳の値 76
を線で結んだものが1955～59年生まれの人のコホート変化です．

図6.5.5で右上がりであった部分が，この図では右下がり，ないしは右上がりの度が小さくなりました．

したがって，「子供の成長などによって食の必要量が増えているのにかかわらず，米の購入が減っている」ことを示唆しています．

よりくわしく，たとえば30歳台前半から後半へかけての変化をみると，
　　　1950～54年生まれの階層で増えており
　　　1955～59年生まれの階層では減っている
ことがわかります．

また，20歳台の後半から30歳台の前半にかけての変化でも
　　　1955～59年生まれの階層では減っている
　　　1960～64年生まれの階層でも減っている

ことがわかります.

これらのことから,
「戦後生まれの階層で米を食べなくなった」
という解釈を誘導することができます.

「共稼ぎで家で食べる量がすべての品目について減った」とか,「加工食品を食べるようになった」などこうなったことについての説明に立ち入るには,さらに調べることが必要でしょうが,「コホートの見方」によって,「年齢階層」間の差と「出生年次」間の差とをよみわけうることを確認してください.

高齢者層については,年齢別比較でみても,コホート比較でみても,同じく右下がりですが,コホートでみると右下がりの度が大きいことにも注目されるようです.ただし,高齢者層では,死亡によるコホートからの脱落による効果を補正するなど,さらに考えるべき点が残っていますから,結論は保留しておきましょう.

追跡調査,回顧調査

同じ観察単位(たとえば人)について変化を分析するために,時の経過に対応する情報を求めたいことがあります.

本文で述べた「コホートの見方」はそのための方法のひとつで,調査データの中から,そういう見方に対応する情報を選んで分析しようとするものです.

もちろん,そういう見方をおりこんだ調査を実施できれば,ベターですが,時の経過を考慮に入れた調査であるために,難しさがあります.

たとえば調査を実施するときの状態を調べる項目,過去の状態(たとえば現在の状態になった原因)を回顧して答えてもらう項目をおりこむのです.これを,回顧調査とよびますが,回答者が過去の状態を正確に答えてくれるとは限りません.原因が結果に影響をもたらす…その可能性を探ろうとしているのに,「結果に影響された答え」になってしまうおそれがあります.

したがって,原因とみられる事項をあらかじめ調査しておき(調査したときには結果がわかっていない),その後の変化を「観察しつづける」ことで,結果とみられる事項を把握する方法が考えられます.これを,追跡調査とよびます.経費がかかる,時間がかかるなどの理由で簡単には採用できませんが,重要な意思決定を要する問題などでは,採用されています.

● 問題 6 ●

問 1 (1) 「家計調査年報」をみて，年間収入階級の区切りの変遷を調べよ．
(2) 付表 C.1 の形式の表 (DK31V) を使って，各年次について，Y (＝食費支出)，X (＝年間収入) の関係を表わす傾向線 $Y = A + BX$ を求めよ．ただし，年間収入階級区分の世帯数をウエイトとすること．
　注：付表 C.1 のような平均値系列の形のデータでは，それぞれのデータの計算に用いた観察単位数が異なるので，そのちがいを考慮に入れる扱いを採用するのが普通です．その場合には，プログラム REG05 を使うこと．
(3) (2) で計算された係数 B の年次変化を示すグラフをかけ．
　注：年間収入階級区分の区切り方を改定した年に，B の推定値に変化がみられるかもしれない．
(4) 付表 C.2 の形式の表を使って，(2) と同じ傾向線を計算せよ (十分位区分だから各区分の世帯数は同数である．したがって，ウエイトづけは不要)．
(5) (4) の結果によって (3) と同じグラフをかけ．
　注：問 3 に注記したようなギャップはみられないはずです．

問 2 (1) 付録 B には「家計調査年報」から引用した統計表 (付表 C) を例示しておいたが，年次によって集計されている統計表がかわっているかもしれない．利用できる最新年次の報告書をみて，
　a. 「教育費支出の平均値」をどんな区分別に比較できるかを調べよ．
　b. 「教育費支出の分布 (世帯単位でみた値の分布)」をどんな区分別 (教育費の値域区分でなくたとえば収入などの情報による区分) に比較できるかを調べよ．

問 3 (1) 付表 C.1 の形式の集計表 (データファイル DK31V) を使って，教育費支出と年間収入との関係を表わす傾向線を求めよ．ただし
　a. 各値域区分の世帯数のちがいを考慮せずに計算せよ．
　b. 各値域区分の世帯数のちがいを考慮に入れて計算せよ．
(2) 付表 C.2 の形式の集計表 (データファイル DK31AV) を使って，教育費支出と年間収入との関係を表わす傾向線を求めよ．
(3) a. (1) a の結果と (1) b の結果が一致しない理由を説明せよ．
　b. (2) の結果は，(1) a の結果と (1) b の結果との間に位置する理由を説明せよ．

問4 問3で計算された結果で教育費支出と収入の関係を適正に説明できるか．

問5 問3の計算を「世帯主の年齢が40歳台の世帯」について適用してみたい．そうするために必要な集計表は「家計調査年報」に掲載されているか．

問6 (1) 付表C.1を使って(3)式が得られることを確認せよ．
(2) ウエイトづけせずに計算すると，結果はどうかわるか．
(3) 付表C.2を使うと(3)式はどうかわるか．
(4) 食費支出に対する世帯人員の効果の「所得階層間差異」を分析する場面を想定すると(1)の結果，(2)の結果，(3)の結果のどれを使うか．

問7 食費支出と収入および世帯人員の関係を表わす傾向線を求めよ．
　　説明変数が2つになっても，プログラムREG05を使えるが，データは，付表C.5を「収入と世帯人員の組み合わせ」に対応する系列表の形式に編成しなおしたもの(DK44V)を使うこと．また，プログラムによって出力されるグラフは，系列が2種の変数の組み合わせに対応することを考慮していないので，出力された表を使って手書きすること．

問8 (1) パンの購入量について，図6.5.5，6.5.6と同様の図をかけ．
(2) 肉の購入量について，図6.5.5，6.5.6と同様の図をかけ．
(3) 魚の購入量について，図6.5.5，6.5.6と同様の図をかけ．

問9 (1) 労働省の統計書を調べて，次の統計数字が集計されていることを確認して，表に数字を入れよ．ただし，対象者は，製造業の男子労働者とする．

表6.A.1

年次	年齢区分平均賃金					
	20～24	25～29	30～34	35～39	40～44	…
1970						
1975						
1980						
1985						
1990						

(2) この表にもとづいて，平均賃金の年齢別格差をみるためのグラフをかけ．

(3) この表にもとづいて，平均賃金が年齢とともにどうかわるかをみるためのグラフをかけ．

7 時間的変化をみる指標

現象の変化をみるために「変化率」を使いますが，誤用はないでしょうか．まず，よくみられる誤用を指摘した後，「弾力性係数」や「寄与率」など，現象の変化を表現し，分析する場面で使われる指標について，体系づけて説明します．

▶7.1 変化と変化率

① ある期間中の変化をみるには，
$$変化量 = 期末値 - 期首値$$
あるいは
$$変化率 = \frac{変化量}{期首値}$$
を使います．
　原系列を $X(T)$，変化量を $DX(T)$，変化率を $RX(T)$ と表わすと
$$DX(T) = X(T) - X(T-1)$$
$$RX(T) = \frac{X(T) - X(T-1)}{X(T-1)}$$
です．以下，この記号を使います．

② まず，2つの指標の使いわけです．
　変化量 $DX(T)$ は，原系列 $X(T)$ と同じ単位をもつ値となります．また，加減だけで，原系列値と変化量の系列値とを結びつけて使うことができます．
　これに対して，変化率は，計測単位にかかわらない数値になります．このため，「種々の系列の変化を相互に比較しやすい」という利点をもちます．
　また，多くの現象において，その時間的推移が指数曲線で表わされ，その場合，変化率が一定だということから，変化率が注目されるという理由もあります．

③ このように，日常的に使われる指標ですが，変化あるいは変化率を使う上で注

7.1 変化と変化率

意を要する点がいくつかありますから，順を追いつつ考えていきましょう．

対象期間が月の場合の注意 —— 季節変動

④ 「変化量あるいは変化率をみるための期間」をどう定めるかは，現象の見方やデータの求め方などに応じて決めることですが，月を期間にとると，たとえば，春の1か月と夏の1か月とで事情が異なるため，数字の変化の解釈が難しいという問題があります．

データの変化 ── 月を単位とする季節変動
　　　　　　└ それ以外の傾向

「1年の幅で変化をみる」ことにすれば，季節変動にかかわらない数字になりますから，扱いが簡単になります．しかし，もっと短い幅で問題を扱いたいときには，何とかして，「季節変動とそれ以外の傾向を見わける」ことが必要です．

よく使われる情報については，「季節変動を除去した数字」が公表されていますから，それを使いましょう．

⑤ 自分で計算しなくてもよいのですが，「どんな方法で季節変動を除去しているか」を知っていなければなりません．季節変動調整の方法としては，国際的に広く採用されている「センサス局法」とよばれる方法（米国の農商務省のセンサス局で開発されたもの）が適用されています．ただし，それを適用してあると注記してあっても，それだけでは説明不十分な場合があります．センサス局法には，たとえば，何年ぐらいの期間の情報を使って季節変動の標準パターンを見出すか，月の日数のちがいを補正するかなど，いくつかの選択機能がありますから，どの機能を適用しており，どの機能を適用していないかなどを調べることが必要です．

また，センサス局法以外の方法を適用しているものもあります．

◆**注1** たとえば，2月の日数が前後の月と比べて10％もちがうことを無視して，数％の数字の大小を議論できないので，季節変動調整ずみの指標を使う場合，この日数差の補正がなされているかどうか調べたい．しかし，報告書の説明をみても，こういう点まで注記していない．そういう問題です．

◆**注2** 相続く12か月分の数字を平均した系列をつくることによって，季節変動を除去することができます．これを12か月移動平均とよびます．これでよいとされる場合もありますが，たとえば，季節変動のパターンがかわった場合，それも消してしまう可能性があるなどの問題点があり，精密化するために大規模な「季節変動調整法」が提唱されているのです．

⑥ 変化をみるという目的では，計測値の単位をかえて示す場合があります．たとえば，1年以外の期間（1か月間など）でみた変化率についても，比較しやすくするために，1年あたりの数字（年率）に換算した数字もあります．この場合，数字の性格はあくまでもそれぞれの月の数字です．年率換算してあっても，月に関する数字であり，季節変動の影響が補正されているわけではありません．

⑦ よく採用されているのは，「対前年同月比」すなわち「1年前の数字と比較する形の指標」です．年を周期とする変動が消去されますが，1年という長い期間を対象

としてみることになりますから，早い変化を検知しにくいなどの問題があります．
そういうことが問題となる分野では，月別の情報が使えるはずです．月別の情報を使いましょう．たとえば，

「対前年同月比」の情報を毎月求め，その変化をみる

のです．
1年という長い期間にかかわる情報，よりていねいにいうと

現象自体の変化以上に長い期間のデータを使う

ために必要となる注意点です．
たとえば，「変化率はいつの情報か」あるいは「変化率は今の情報か」を考える必要があることを，⑧および⑨で例示します．

対象期間が長い場合に必要な注意 —— 変化率はいつの情報か

⑧ 季節変動を考慮外におけるという意味などで，1年間でみた変化率を使うことが多いのですが，「期間が長い」ために，「いつの」という言い方が，大きな問題となります．

図7.1.1は，期間に対応する変化率の性格を説明するための図です．

図に付記した説明から，「問題としようとすること」を把握できるでしょうが，具体的な例を使って説明する方がよいでしょう．

図7.1.1 変化率の読み方に関する注意

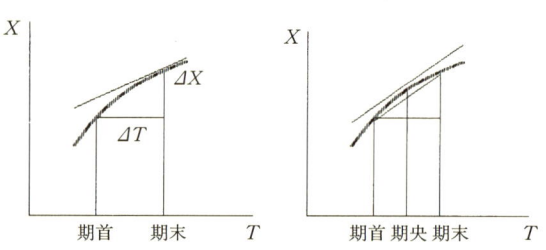

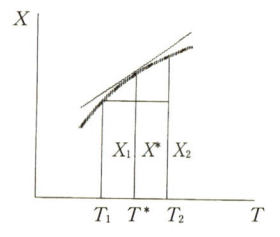

ΔT を1年にとっていますから $\Delta X/\Delta T$ は1年間の平均でみた変化．今の時点で予想される $\Delta X/\Delta T$ とちがう．

図のように作図すると $\Delta X/\Delta T$ は期間中のある時点での変化率になっているといえる．

たとえば，

1976年4月から1977年12月にかけての物価指数と，
その変化率（対前年同月）とを図示せよ

と要求されたら，次のような図（図7.1.2）がえがかれるでしょう．
そこで問題です．この図によって，

「上昇率が6％をわったのはいつか」

という問いに答えてください．
6％のところに横線をひくと，その線以下になったのは，「1977年11月と表示され

7.1 変化と変化率　　　　　　　　　　　　131

図 7.1.2 この図で設問に答えられるか

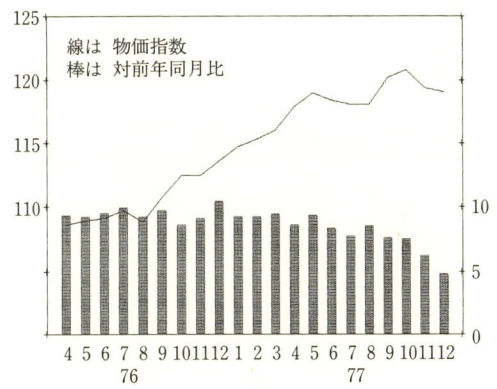

た棒のところ」からです．したがって，6%を下まわったのは1977年11月分から…こうよめばよさそうですが，この読み方に問題があることに気づいてください．

論理的には，「6%を下まわったのは，1976年11月から1977年11月の期間の変化率からだ」というべきです．簡単な言い方におきかえたくなりますが，その場合には，期間の端を引用した言い方にせず，期間の中央を引用した言い方にしましょう．

「6%をわったのは1977年6月頃だ」と，「頃」という粗い表現になりますが，「1977年11月だ」という誤った言い方をするよりはよいでしょう．

◆**注**　○年○月分という呼び方は，「○年○月分の調査結果を指すもの」として慣用化されています．この呼称に問題があるのですが，慣用されていますから，かえるわけにはいきません．

このグラフでは，「1976年11月から1977年11月の期間について求めた数字を11月のところに図示している」ことから，誤読をまねくのです．

グラフの変化率を示す棒の位置を「期間の中央におく」のが，グラフとしても必要な「改善点」です．この図の場合，期間1年間の変化率をみていますから，その分の棒グラフの位置を半年分左にずらします．

図7.1.3のようにかいておけば，「上昇率が6%をこえたのはいつか」という問いに，「6%のところに線をひき，交わったところをよむ」という読み方で適正な答えが得られますが，基本的には，変化率の時間的属性に注意しましょう．

図示法としては，その他にも適当な表わし方が考えられます．次の項の図を参照してください．

対象期間が長い場合に必要な注意 —— 変化率は分子/分母

⑨　図7.1.4では，指数値を年ごとに折り返して示してありますから，1年前と比べた変化は，

　　　　今年の動きを表わす線と，

図7.1.3 図7.1.2の改定案(1)
変化率のグラフの表示位置をかえる

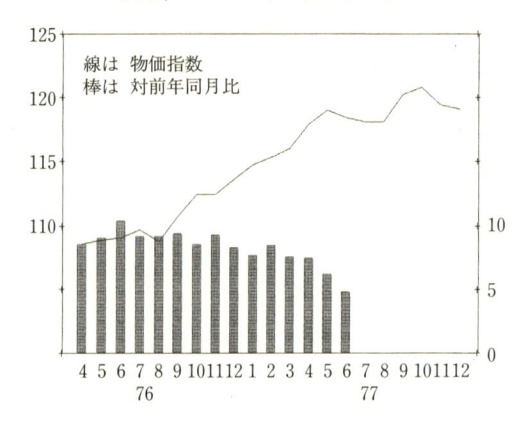

図7.1.4 図7.1.2の改定案(2)
年ごとに線を折り返す

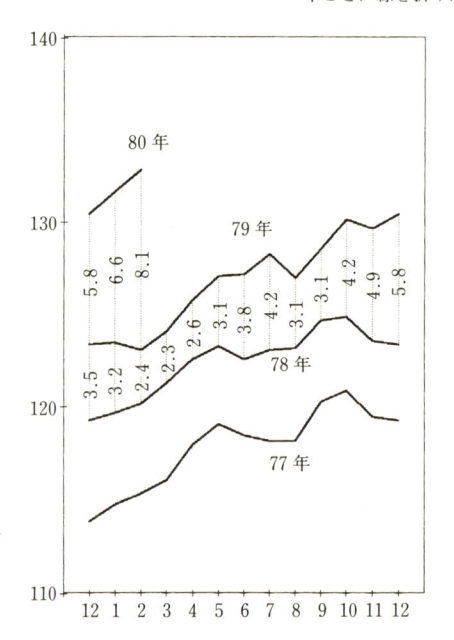

この図では，変化率の数字を2本の線の間にかいてありますから，その数字が期間に対応することが，自然によめます．

いいかえると，対前年比較のデータが2つの年の値の差であるというデータのタイプを図の上に明示したのが，このグラフのポイントです．

1年前の動きを表わす線の間隔でよむことになります．したがって，

今年(変化率の分子)の動きと，

1年前(変化率の分母)の動きを見比べつつよめる

のです.

たとえば次の問題を考えてください.

> **問題** この図では，1980年2月分までの趨勢が示されている．その次の月の数字がどうなると予想されるか．変化率がさらに大きくなると予想されそうだが，そうだろうか．

変化について説明するには

　　　　比率＝分子/分母　であり，

　　　　比率の変化には，分子の変化，分母の変化の双方がひびく

ことを考慮に入れることが必要です.

この図によれば，変化率に対し，分子の動きが効いているか，分母の動きが効いているかを識別しやすくなっているのです.

また，今後の動きについても，去年の動きを表わす傾向線(直線)をひき，今年の動きがほぼそれに並行しているようにみえることから，「ここ数か月の傾向がそのままつづいたとしても，去年の値が増加しているから，変化率は，これまでのように月々大きくなることはないだろう」と説明できるでしょう．もちろん，先のことだから断定はできませんが，1〜2か月先のことなら，こういう見方で十分なことが多いものです.

　◆**注**　変化率の分母が小さい場合には，わずかな変化でも「変化率」の数字が大きくなります．さらに，値が正から負にかわったとき，変化率は何とも解釈できない値になります．変化率は，そういう場合に使うことを想定していないのです.

　「$X(t)$の変化」が「$X(t)$の現在値」に比例するのが常態である…そういう性格をもつデータの場合を想定すれば問題はないのですが，そこまで限定する必要はありません．ただし，「変化の大きさをどういうモデルで説明するか」という問題意識が必要だということを注意しておきましょう．次の章のテーマにつながります.

パーセントとパーセントポイント

　指数は，基準時点の値を100とした比率ですから，％を使わず，たとえば114.4と表わします.

　指数の変化をみるための変化率(たとえば$(114.4-112.5)/112.5＝1.7\%$)を1.7％とよぶと，変化を差でみた場合(たとえば$114.4-112.5＝1.9\%$)の1.9％と区別できません．数値の単位の呼称を区別し，「物価指数の変化は1.9パーセントポイントで，前年と比べて1.7パーセントの上昇だった」と，

　　　差でみた場合はパーセントポイント，

　　　比でみた場合はパーセント，

とよびわけられています.

▶ 7.2 比率と限界性向

エンゲル法則

① 食費支出/消費支出，すなわち「消費支出のうち食費支出にあてられる部分が多いか少ないか」をみるために，「エンゲル係数」とよばれる指標が使われていました．

図 7.2.1 エンゲル法則

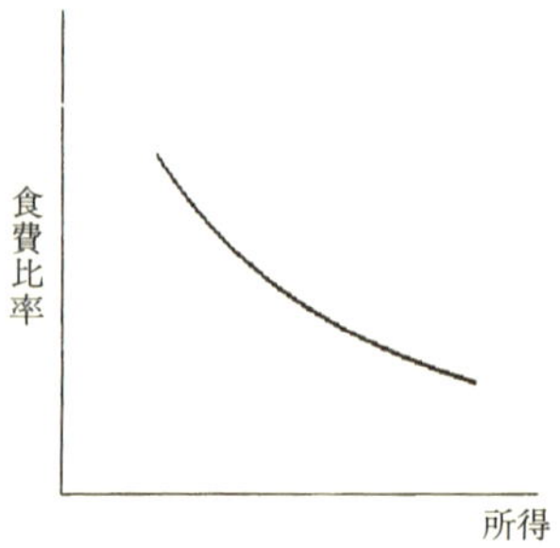

エンゲルが「所得が向上するにつれてこの係数が低くなる，所得向上がゆとりをもたらし，必需的な食費以外に支出をまわすことができるようになる」と説明した(エンゲル法則)ことから，よく知られている指標です．図 7.2.1 のような関係が見出されるということですが，この関係は今も見出されるでしょうか．

現象の説明を考えたモデル設定

② この節では，エンゲル係数そのものを論じようとするのではありません．

傾向線を求める問題において，「現象をどう説明するか」を考えたモデル想定の進め方を例示するために，「食費支出と所得の関係」を取り上げるのです．

説明の仕方に応じた表現

③ 食費支出を Y，消費支出総額を X と表わすこととします．図示された関係を表わす式として，次の 2 とおりを考えてみましょう．

  a案： $Y/X = b - aX$ すなわち $Y = bX - aX^2$
  b案： $Y/X = a/X + b$ すなわち $Y = a + bX$

まずエンゲル法則でいっていることの数式表現として，a案，b案が考えられます．どちらにしても，係数 a の符号の正負が問題であり，

  $a > 0 \iff$ エンゲル法則が成立する
  $a < 0 \iff$ エンゲル法則が成立しない

とよめばよいのです．

以下では，2 つの案の表現式を「すなわち」の右辺に示すように書き換えたものを使います．

④ Y と X の関係の想定が両案でちがっています．エンゲル法則の論旨はどちらの案を採用しても同じように説明できます．この点ではどちらでもよいのですから，現実のデータと対応づけた分析においては

  (Y, X) の関係について直線を想定する b 案
  $(Y/X, X)$ の関係について直線を想定する a 案

を，

7.2 比率と限界性向

図 7.2.2 (a) エンゲル法則が成り立つ場合

$Y/X = b - aX$
$a > 0$

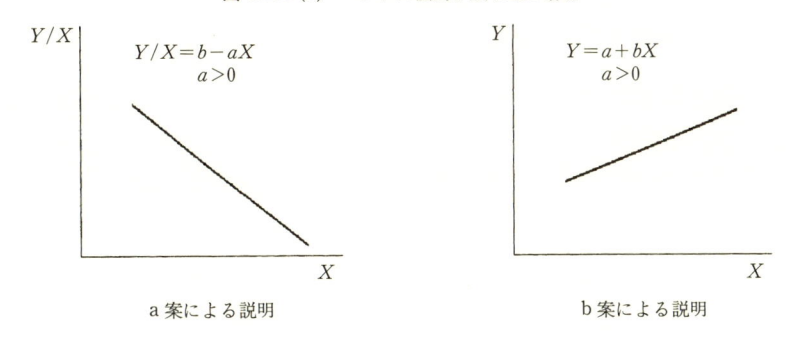

a 案による説明

$Y = a + bX$
$a > 0$

b 案による説明

図 7.2.2 (b) エンゲル法則が成り立たない場合

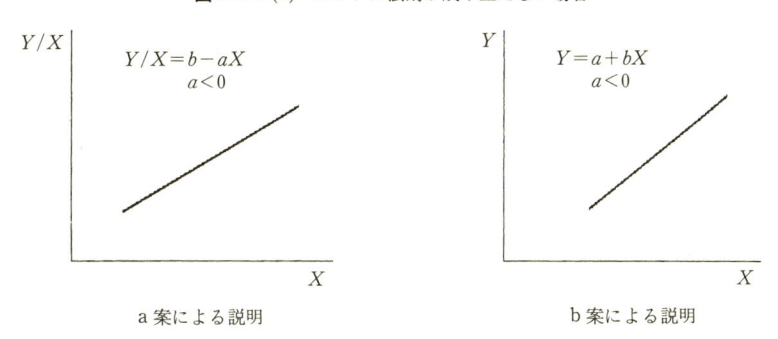

$Y/X = b - aX$
$a < 0$

a 案による説明

$Y = a + bX$
$a < 0$

b 案による説明

選択基準 A "データとの適合度"
選択基準 B "現象の説明の仕方"

に照らして選べということです．

⑤ b 案は，

X いかんにかかわらず必要な最低限の支出に相当する定数項 a と，

X が大きくなったときの消費者の選択行動をみるための項 bX が

加わったものだと理解することができます．

これに対して，a 案は，$Y = bX - aX^2$ の形に書き換えればわかるように，「原点をとおる」という条件をつけているため定数項を落とし，

比例関係 $Y = bX$ を基本的な関係とし
この関係からのずれをみるために 2 乗の項を取り入れ，
その係数の正負に注目する

ものだと説明することもできます．

⑥ このちがいを考えて a 案，b 案のいずれかの表現方法を選択するのですが，選択基準として，A, B の 2 つがありうるのです．

数学的な一般化は，現象説明のための必要性を考えて

⑦　選択基準A(だけ)に注目するなら，

　　　c案　　$Y = a + bX - cX^2$

を想定すれば両案を包含する一般的な扱いができます．したがって，まずこれを適用した上，決定係数が大きくかわらないなら，定数項を落としたa案，2乗の項を落としたb案の採用を考える … こういう進め方が考えられるのです．

ただし，選択基準Bを考慮に入れるなら，係数 a, b, c のちがいをどう解釈するかという問題が提起されることになります．

a案では係数 a の正負，b案では係数 c の正負に注目して説明する … こういう簡明さを維持したい，それ以上に複雑にするなら，そうすることの必要性を考えて … ということです．

消費構造分析の観点で

⑧　また，現象の説明，すなわち，「現実の消費構造を分析するという観点で問題の取り上げ方を考えよう」としているのですから，精密化する方向は ⑦ ではなく，たとえば，基礎データの取り上げ方でしょう．

たとえば …

a. エンゲル係数の分母として何を使うか．食費支出への配分の原資となる「パイ」の大きさという意味で，消費支出総額を使うか，可処分所得(=実収入-税などの非消費支出)を使うか，あるいは実収入を使うか．

b. 食費と限定せず，所得水準いかんにかかわらず，必需とみられる費目を取り上げる．

ということを視点に入れて考えます．

また，「消費構造を説明する」という観点を表に出して，

　　　収入が増えると消費パターンはどうかわるか．
　　　収入が増えたときどんな支出が増え，どんな支出が減るかを探り，
　　　種々の費目を次のようにタイプわけしてみよう．
　　　　　収入が増えたとき
　　　　　　支出が減る費目は？
　　　　　　支出が増える費目は？
　　　　　　　その増え方が収入の増え方より小さい費目は？
　　　　　　　その増え方が収入の増え方より大きい費目は？

といった問いに対する答えを求めることを考えましょう．

そのために，収入の変化 ΔX，支出の変化 ΔY に注目し，「ΔX と ΔY の関係をみる」のです．いいかえると，「X, Y の関係を表わす関係式を見出す」という扱いでなく，

　　　「X, Y の関係を表わす指標値を求める」

という扱いを採用するのです．

図7.2.3(a) 図7.2.2の読み方　　　　**図7.2.3(b)** 比率に注目した読み方

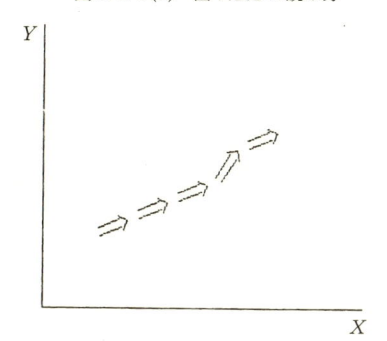

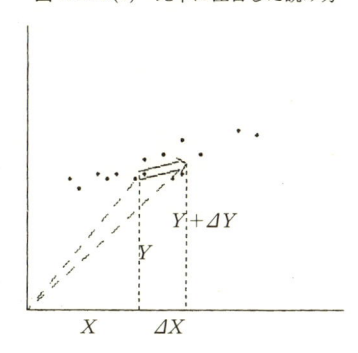

結果的には X, Y の関係を表わす関係が見出されるでしょうが，データをみる段階では，関係式の形を特定せず，X と Y の比率（エンゲル係数に相当する比率）あるいは ΔX と ΔY の比率（限界性向値とよばれる比率）などを計算して，その変化をみる…こういう進め方をするのです．

比率を使うことについて

⑨　**比率 Y/X を比較して何がわかる？**　　概念規定として考えるだけでなく，観察結果にもとづく説明の仕方についても考えることが必要です．

Y (＝食費支出) と X (＝所得総額) との関係を表わす図7.2.2の読み方を説明するために，特別の場合をあげてみましょう．

図7.2.3(a)のようにプロットすると，

　　　所得 X の区分が1ランクかわることに対応して Y の値が大きくなる．

そして，例外らしい点があるものの，

　　　「ほぼ一定の傾向線に沿って動いている」

ことがわかるでしょう．

⑩　さらに比率 Y/X を使った説明を展開しようとすると，図の上に比率 Y/X の変化をよむための補助線を書き込みたくなります．

たとえば図7.2.3(b)のようにしてみましょう．

この図で，矢印に沿った変化を示していることに注目して，その変化を説明するのですが，

　　　説明A：　X が増えるにつれて Y/X が小さくなる
　　　説明B：　X の変化に対応する Y の変化はどの区分も同じ傾向である

のどちらかを採用できそうです．

もちろん，例外的な動きを示した箇所もありますが，全体としての傾向はこうだという読み方です．

⑪　まず「大多数の部分が一定の傾向線に沿って動いていることを認識」し，次に，「例外的なケースについて言及する」という自然さから，説明Bを採用したくなりま

す．もう少しくわしくいうと，大多数の部分の動きに関して，
  説明Bでは「同じ傾向の動き」
といっているのに対して
  説明Aでは「比率がかわる動き」
といっていることが，気になるのです．
多数部分に関する数量的な説明だから
  まず，「かわらない状態」を認識した上で
  「その状態がかわった」という説明に入る
…そういう論理です．
　この場合の比率が「エンゲル係数であり，それは，所得上昇とともに低くなる」といった問題を特定した説明をしたい…それなら，説明Bを採用することになるでしょうが，「データの傾向をよむ」という一般的な接近法では，説明Aでしょう．
　もっとも，比率 Y/X を使うことを前提とするのでなく，比率 $\varDelta Y/\varDelta X$ を使うことにすれば，説明Bは，「比率 $\varDelta Y/\varDelta X$ が一定」ということだから，上の論拠は同意できない…こういう有力な反論が出るでしょう．

限界性向値

⑫　そこで，比率の形の指標を使うことを考えなおしてみましょう．
　ここで例示したような状態下では，
  比率 Y/X を使うかわりに
  比率 $\varDelta Y/\varDelta X$ を使う
ことを考えるとよいのです．
　図7.2.3(b)でいうと，この比率 $\varDelta Y/\varDelta X$ は，「隣りあう区分を比較した変化」を表わす矢印の傾斜を計測するものになっていますから，
  一定の傾向線に沿って動いている
という表現を
  比率 $\varDelta Y/\varDelta X$ が一定という条件下で動いている
とおきかえることを意味します．したがって，これを使えば，例外的な動きを示した区分については
  比率 $\varDelta Y/\varDelta X$ が大きくなる方向にシフトした
と説明できることになります．
⑬　このような比率を「限界性向値」とよびます．
　もちろん，比率 $R=Y/X$ が「ある特定の意味をもつ」場合があります．そういう場合には，「それを使うことを前提として」，R の変化に注目することにしてよいでしょう．
　しかし，$X \Rightarrow Y$ の関係をみるという問題意識からは，$R=Y/X$ を使うものと決めつけてしまわず，
  「$X \Rightarrow Y$ の関係の見方に適した表現法を採用する」

ことを,個々の問題ごとに考えよということです.

◆注 X が年齢の場合は $R=Y/X$ を使うことは考えないと思いますが,$\Delta Y/\Delta X$ は,年齢とともにどうかわるかをみる指標として使えます.

X が所得の場合は,$R=Y/X$ を「所得の配分を表わす指標」だと解釈した上,これを使うことも,$\Delta Y/\Delta X$ を「所得の増加分をどう配分するかを計測する指標」とみてこれを採用することも,考えられるのです.

⑭ 次がこの節の(一応の)結論です.

> X がある順序をもつ場合,$X \Rightarrow Y$ の関係は
>
> 限界性向値 $\dfrac{\Delta Y}{\Delta X}$
>
> に注目して分析する.

「一応の」とことわったのは,この節の説明で

$$\text{変化 } \Delta X, \Delta Y \text{ の比},\ B_1=\frac{\Delta Y}{\Delta X} \cdots\cdots\cdots\cdots\cdots\cdots \text{限界性向値}$$

としたところを

$$\text{変化率 } \Delta Y/Y,\ \Delta X/X \text{ の比},\ B_2=\frac{\Delta Y/Y}{\Delta X/X} \cdots\cdots\cdots\cdots \text{弾力性係数}$$

とする案もありうるためです.

このことも含めて,次項でさらに説明をつづけます.

⑮ 比率の分母に関して,もっと自由に考える … その意味では,図 7.2.4 のように考えるとよいでしょう.

比率 Y/X でみると世帯 A は大きく世帯 B は小さい値を示しています.

しかし,傾向線と比べてみると,世帯 A は小さい値,世帯 B は大きい値を示しています.

したがって,傾向値と比べるという意味では,傾向値 Y^* を分母とした比率 Y/Y^* を使うことが考えられます.

「対傾向値」という意味で応用範囲の広い見方を支えることができます.

これまでに説明してきた見方は,データが,ある順序(たとえば所得階層の順)をもつものと想定していたため,傾向値を「矢印でつないだ線だと解釈できる」ものとして説明しましたが,この見方では,ひとつひとつの点を結ぶ矢印を考えるのでなく,データ全体を1つのバッジとみなし,データ全体としての分布を代表する傾向線を想定するのです.

図 7.2.4 傾向線の適合度の見方

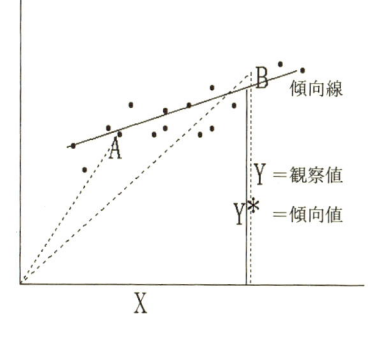

その上で
　　　　傾向線に沿った動き

をみることになります．傾向線の想定原理として，現象の説明の仕方を考慮していることに注意してください．

「データに合致した傾向線を求める」という視点にとどまらず，「現象を説明するための傾向線を求める」という視点を含めて考えるということです．

したがって，現象説明の仕方をいくつかに特定して，次節以降で説明をつづけます．

▷7.3　限界性向と弾力性係数

2つの指標の使いわけ

① 前節の⑭で，「Xの変化」と「Yの変化」の関係をみるために

　　　限界性向値：　$B_1 = \dfrac{\varDelta Y}{\varDelta X}$

　　　弾力性係数：　$B_2 = \dfrac{\varDelta Y/Y}{\varDelta X/X}$

を使うことまでを提唱し，このどちらを使うかは保留してありました．

この節では，この2つの指標を比較検討しましょう．

② 説明を進める前に，まず
　　　　$Y(=$食費支出$)$，$X(=$実収入$)$の関係をみる

ためのグラフをかいておきましょう．

基礎データは，年間収入階級別のクロスセクションデータです．

グラフは，次の4種です．

　a．XとYのグラフ　…　まず基礎データをみる
　b．XとY/Xのグラフ　…　エンゲル係数と所得の関係をみる
　c．XとB_1のグラフ　…　Y, Xの関係を限界性向値でみる
　d．XとB_2のグラフ　…　Y, Xの関係を弾力性係数でみる

③ 「年間収入階級別」については，「金額で○○以上○○未満」という形で区切られたデータだけでなく，「上位1/10，次の1/10，…のように世帯数が同数」になるように区切られたデータもあります．後者を「十分位階級区分」とよびます．

金額階級を使うと「年次によって各階級に属する世帯数がかわる」ために区切り方が変更されることがあり，年次比較しにくいという問題があります．「十分位階級区分」を使うと，そういう問題が避けられます．このことから，年次比較には，これがよく使われます．図でも，これを使っています．

④ まず図7.3.1(a)から
　　　　$X\uparrow \Rightarrow Y\uparrow$ であること，しかし，$\varDelta Y\downarrow$ であること

7.3 限界性向と弾力性係数

図7.3.1 Y, X の関係の見方に応じた図示

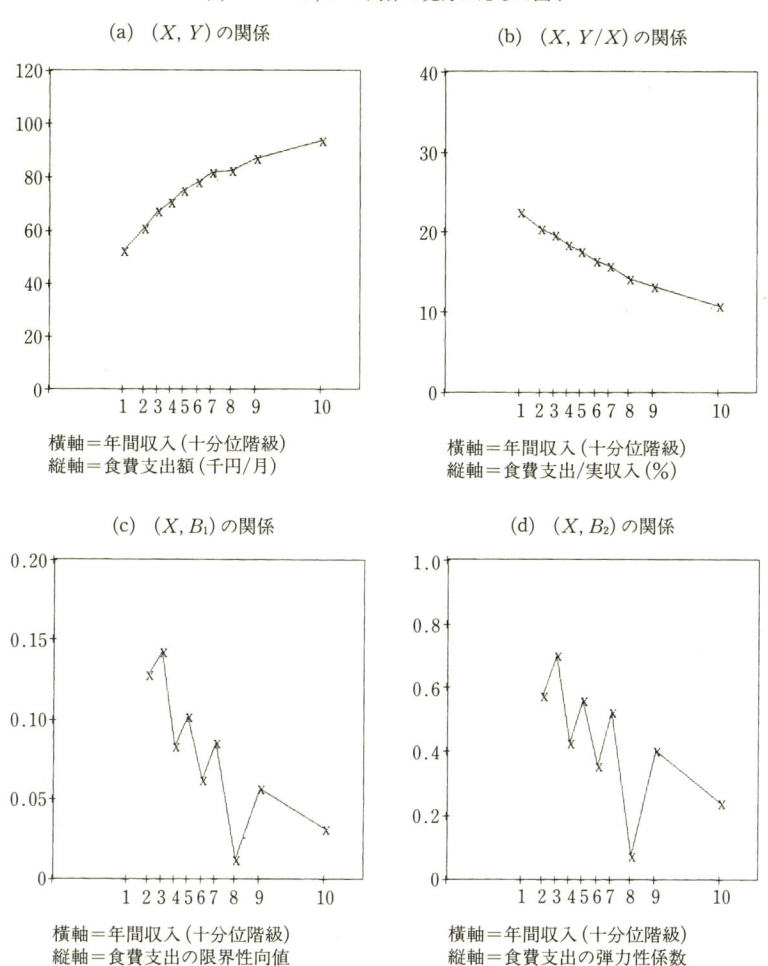

(a) (X, Y) の関係

横軸＝年間収入（十分位階級）
縦軸＝食費支出額（千円/月）

(b) $(X, Y/X)$ の関係

横軸＝年間収入（十分位階級）
縦軸＝食費支出/実収入（%）

(c) (X, B_1) の関係

横軸＝年間収入（十分位階級）
縦軸＝食費支出の限界性向値

(d) (X, B_2) の関係

横軸＝年間収入（十分位階級）
縦軸＝食費支出の弾力性係数

がわかります．

したがって，図 7.3.1(b) のように

$$X\uparrow \Rightarrow Y/X\downarrow, \quad \text{すなわち}$$

所得があがるとエンゲル係数が低下すること

がわかります．

この関係を表わす指標値 B_1 あるいは B_2 を計算して，グラフにしたものが，図 7.3.1(c)，7.3.1(d) です．これから

$$X\uparrow \Rightarrow B_1\downarrow, \quad X\uparrow \Rightarrow B_2\downarrow$$

となっていることがわかります．

これらの図から，限界性向値 B_1 でみても，弾力性係数 B_2 でみても，ほぼ同じ傾向がよみとれることに注意しておきましょう．

種々の見方がありうる

⑤ 食費の場合に関しては

　　限界性向値： $B_1 = \dfrac{\varDelta Y}{\varDelta X}$

　　弾力性係数： $B_2 = \dfrac{\varDelta Y/Y}{\varDelta X/X}$

のどちらでみてもかまわないという結果でしたが，他の場合にもそうなるとは限りません．また，これらの使いわけに関して，いくつかの説がありえます．結論は後にして，まず，どんな説があるかを示していきましょう．

⑥ **説明 A**：　計測する単位に無関係な指標という意味で B_2 を使う．

よけい（？）なことを考えず，この説明にしたがっておけば無難でしょうが，考えることは必要です．前節での説明の範囲でいえば，B_1 のような気もするでしょうが，積極的な選択理由として，計測単位に無関係すなわち「広範な適用場面に対して比較できる指標値」になるということを重視して B_2 とすることが考えられます．

> 説明 A　　B_1 は単位に依存する．
> 　　　　　B_2 は単位に依存しない．
> 　　　　　　その意味で B_2 を使う．

⑦ **説明 B**：　現象の説明にふみこもうとするときに採用される見方として

$B_2 > 1 \Longleftrightarrow$

$$\dfrac{\varDelta Y}{\varDelta X} > \dfrac{Y}{X} \Longleftrightarrow \dfrac{Y+\varDelta Y}{X+\varDelta X} > \dfrac{Y}{X}$$

となることから，比率 Y/X が 1 より大きくなる方向に変化するか，1 より小さくなる方向に変化するかを識別するために B_2 を使えということです．

> 説明 B　　Y/X が大きくなる方向に動くか，
> 　　　　　小さくなる方向に動くかを
> 　　　　　識別することを中心に考えて B_2 を使う．

図 7.3.2 は，説明 B に対応する図の読み方です．

比率の形の指標が具体的な意味をもっている場合には，この説明を採用できるでしょう．しかし，比率がなぜ大きくなったか，小さくなったかを説明するために，分子 Y の動き，分母 X の動きをわけてみることが必要です．

⑧ 説明 B は次のようにおきかえることができます．

$$\varDelta\left(\dfrac{Y}{X}\right) = \dfrac{Y+\varDelta Y}{X+\varDelta X} - \dfrac{Y}{X} \fallingdotseq \dfrac{Y}{X}\left(\dfrac{\varDelta Y}{Y} - \dfrac{\varDelta X}{X}\right)$$

7.3 限界性向と弾力性係数　　143

図 7.3.2 弾力性係数 B_2 の読み方説明図

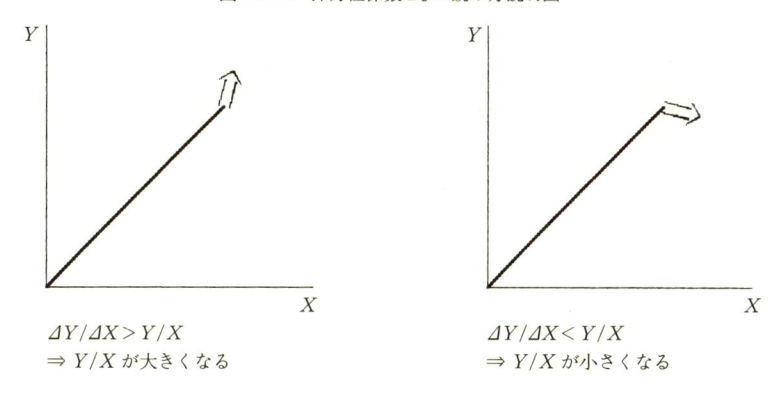

$\Delta Y/\Delta X > Y/X$
$\Rightarrow Y/X$ が大きくなる

$\Delta Y/\Delta X < Y/X$
$\Rightarrow Y/X$ が小さくなる

すなわち

$$\frac{\Delta R}{R} \fallingdotseq \frac{\Delta Y}{Y} - \frac{\Delta X}{X}$$

よって,「分子の変化率と分母の変化率との差」によって, 比率が大きくなる方向に動くか小さくなる方向に動くかが決まります.

微小変化の範囲なら説明 B と同じですが, 広い範囲で指標 R の変化をみようとする場合には, この形で扱うとよいでしょう.

⑨　次の表の数字を使って, 貯蓄性向 (貯蓄 Y の可処分所得 X に対する限界性向値) および弾力性係数を求めることができます.

表 7.3.3 貯蓄純増と可処分所得の関係

年齢	可処分所得(X)	貯蓄純増(Y)	ΔX	ΔY	$\Delta Y/\Delta X$
～24	239892	12157			
25～29	297613	24198	57721	12041	0.209
30～34	339197	31329	41584	7131	0.171
35～39	385727	31276	46530	-53	-0.001
40～44	422715	29981	36988	-1295	-0.035
45～49	459633	27593	36918	-2388	-0.065
50～54	471858	36350	12225	8757	0.716
55～59	434944	41627	-36914	5277	-0.143
60～64	367623	26494	-67321	-15133	0.225

(勤労者世帯 (1988 年))

ただし, この例のように ΔX の値の正負がかわるときには, それが正のときと負のときとで読み方がちがうことに注意しましょう.

この表では, 年齢 40 歳を境にして ΔY が正から ΔY が負の状態にかわっています. すなわち貯蓄を, とりくずす状態になっていることがよみとれます.

そのあと，ΔY が正にもどって貯蓄に対して正の影響をもたらす状態になりましたが，55歳以降は ΔX が負となりました．この状態下でも，60歳までは ΔY が正（収入が減っても貯蓄は増える）だったが，それ以降は ΔY も負，すなわち，収入も貯蓄も減少する状態になった …．

40歳まで	$\Delta X>0$ $\Delta Y>0$
50歳まで	$\Delta X>0$ $\Delta Y<0$
55歳まで	$\Delta X>0$ $\Delta Y>0$
60歳まで	$\Delta X<0$ $\Delta Y>0$
それ以降	$\Delta X<0$ $\Delta Y<0$

このように説明できますが，説明では $\Delta Y/\Delta X$ の符号を使っていません．$\Delta X<0$ すなわち減少，$\Delta Y<0$ すなわち減少という状態下では $\Delta Y/\Delta X>0$ です．正/正のときも負/負のときも正 … 誤読しやすいので注意しましょう．

また，符号だけの問題でなく，限界性向値の分母が0に近くなるとその値が∞になるという問題が起こります．

したがって，このような状態がありうる場合には，限界性向値や弾力性係数そのものを図示するよりも，X, Y の関係を図示する（図7.3.3(a)）か，$\Delta X, \Delta Y$ の関係を図示する（図7.3.3(b)）方がよいといえるでしょう．

どちらの図でも，実質的には表7.3.3について例示したようによめますが，X の増減と Y の増減の関係をみる（すなわち限界性向をみる）という意味では，図7.3.3(b)を使えということになります．

ただし，軸の目盛りが ΔX であることからくるよみにくさがあります．

横軸が ΔX ですから，たとえば「左にうつった」のは，「所得の増加が少なくなった」ことであり，所得が減ったのではありません．ここを誤読するおそれがあります．

こういう誤読を避けるために，横軸を X とする扱いも考えられます．図7.3.3(c)はそうしたものです．

⑩ 限界性向値も弾力性係数も，もともとは $X \Rightarrow Y$ の関係をみるための指標です．したがって，それらの指標の読み方は，$X \Rightarrow Y$ の関係の型に対応しているはず

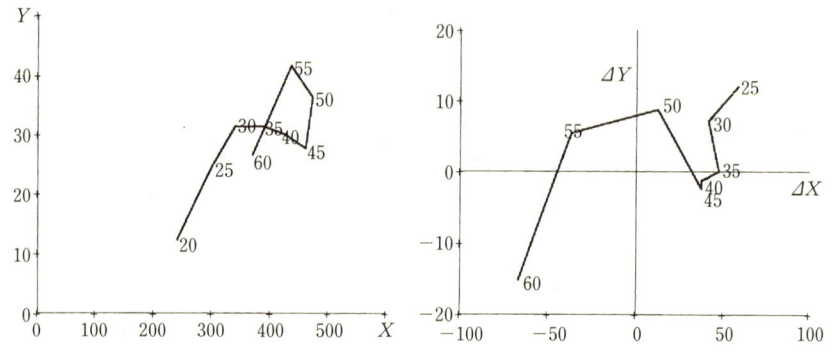

図7.3.3(a) X, Y の関係

図7.3.3(b) $\Delta X, \Delta Y$ の関係

7.3 限界性向と弾力性係数　　　145

図 7.3.3(c) $X, \Delta Y$ の関係

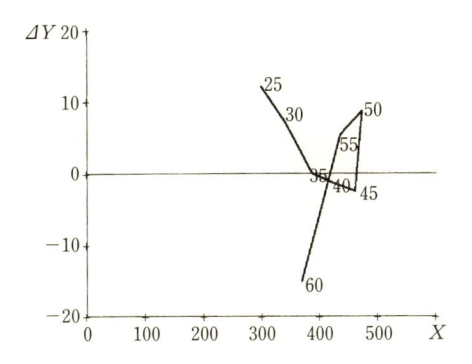

です．次の説明 C は，この対応関係に注目した説明です．

説明 C：　$X \Rightarrow Y$ の関係を表わす傾向線が想定される場合，傾向線に沿った動きが

　　$B_1 =$ 一定という条件に対応していれば B_1 を使い，

　　$B_2 =$ 一定という条件に対応していれば B_2 を使う

ことが考えられます．この考え方は，

　　「傾向線に沿う動き」と「傾向線から外れようとする動き」とを識別する

という意味で，理にかなっています．いいかえると，「傾向線に沿って動いたときに値が一定となるよう」に，指標を定義するのです．

このことから，傾向線のタイプによっては，B_1, B_2 以外の指標を使うことを考えることが必要となってきますが，適用場面をひろげることにつながるのです．

　　説明 C　　傾向線に沿った動きを示したとき，一定値をもち，
　　　　　　　傾向線から上(下)にシフトする動きを示したとき大(小)
　　　　　　　となるような B を選ぶ．
　　　　　　　いいかえると，
　　　　　　　傾向線の型に応じて B_1, B_2 などの指標を使うかを決める．

次の図 7.3.4 は，こういう見方を採用できる例です．

図に付記したように説明できるのですが，要点は，弾力性係数の変化に関して

　　ある時点において「1 つの傾向線から他の傾向線にシフトしている」が，

　　それ以外の時点では，「一定の傾向線群に沿った動きを示している」

という読み方を図上でできることです．

説明 C を採用する場合，傾向線の型と指標 B_1, B_2 などの関係を考慮に入れることが必要ですが，次に示すとおり，すでに説明していた B_1, B_2 に並ぶものとして，B_3 をあげることになります．

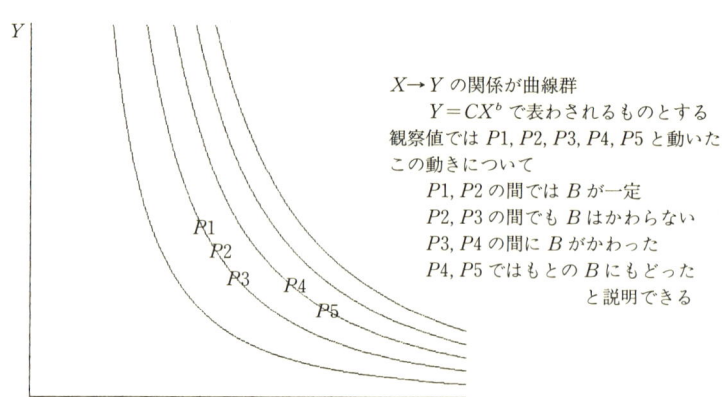

図 7.3.4 傾向線に沿った動きとそれからのシフトを見わける

$X \to Y$ の関係が曲線群
$Y = CX^b$ で表わされるものとする
観察値では $P1, P2, P3, P4, P5$ と動いた
この動きについて
　$P1, P2$ の間では B が一定
　$P2, P3$ の間でも B はかわらない
　$P3, P4$ の間に B がかわった
　$P4, P5$ ではもとの B にもどった
　　と説明できる

直線関係が想定される場合
$$Y = A + BX, \quad これより \quad B_1 = \frac{\Delta Y}{\Delta X}$$

放物線などが想定される場合
$$Y = AX^B \quad すなわち \quad \log Y = A + B \log X$$
$$これより \quad B_2 = \frac{\Delta Y/Y}{\Delta X/X}$$

指数関係が想定される場合
$$Y = Ae^{BX} \quad すなわち \quad \log Y = A + BX$$
$$これより \quad B_3 = \frac{\Delta Y/Y}{\Delta X}$$

また、B_1, B_2, B_3 の表現をかえると

$$B_1 = \frac{\Delta Y}{\Delta X}$$

$$B_2 = \frac{\Delta \log Y}{\Delta \log X}$$

$$B_3 = \frac{\Delta \log Y}{\Delta X}$$

となりますから、「傾向線のタイプによって変数変換の型を選ぶ、その上で、限界性向値を求めるのだ」と、3つの場合を統一的に説明できます。

⑪ **用語について**　　この項の説明を採用する場合、B_1, B_2, B_3 を同じ呼称でよびたくなります。B_1 を限界性向値、B_2 を弾力性係数と慣用にしたがった場合、B_3 をどうよぶかを決めることが必要ですが、いずれも同じ考え方で使われる指標であるとすれば、呼称を細分するよりも、これらを総称する呼称を決めたいことになります。

上記の理由で，いずれも「限界性向値」とよぶことが妥当だと思います．
あるいは，「回帰係数」とよぶことも考えられます．

現実問題に適用しようとすると，Bを求めるために傾向線を見出すための分析，たとえば回帰分析(第3巻『統計学の数理』で解説)をすることになります．回帰分析の用語を使うと，Bは，「回帰係数」です．そうしてB_1, B_2, B_3などは，回帰係数を求めるモデルにおいてY, Xを$\log Y, \log X$の形に変換するか否かによって区別される…こう説明しようという趣旨です．

しかし，回帰分析を適用する場合ばかりではありません．

したがって，このテキストでは，「限界性向値など」とよぶことにしておきます．

⑫ **説明D**： これまでの説明ではYとXの間に，「ある関数形」を想定して議論しています．しかし，

　　　　特定の傾向線を想定せず，
　　　　ある「均衡点からの微小変化をみる」場合に限定して使う

ことも考えられます．微小変化に限定すれば，どの基準でもよいことになります．それなら，「計測単位にかかわらない指標だ」という理由(説明A)で，B_2を使えということになるでしょう．

> 説明D　　ある均衡点を想定し，
> 　　　　　その点の微小変化を議論する場面に限ってB_2を使う．

データにもとづく推定

⑬ これまでの説明では，「限界性向値などの推定値」の求め方に関して言及していません．いいかえると，

　　　　定義式どおり「データの順序にしたがって差ΔYとΔXを求め，
　　　　それらを使ってBを計算すればよし」

としていたことになります．

しかし，傾向線を考慮に入れることにすると，Bの推定は，傾向線の係数推定の問題として扱われることになります．

この点は後の問題として残し，この節の段階では

> データにもとづく推定
> 　定義式をあてはめてXの区間ごとにBを計算し
> 　それらがほぼ一定とみられる範囲を見出して
> 　その範囲で平均したBを使え．

という結論にしておきましょう．

平均は，グラフによって適宜よみとることで十分です．特に，観察値の説明の仕方を模索している段階における手法としては，これ以上精密化しようと思っても，その方向を特定できないのです．

⑭ この段階でより重要なことは，直接計算するにしても，傾向線のあてはめを経由するにしても，

　　一定の B がどの範囲で見出されるかを判断する．

ここが重要な点です．141 ページの図 7.3.1(c) や (d) でみたように，「Y の X に対

図 7.3.5 種々の品目の弾力性係数

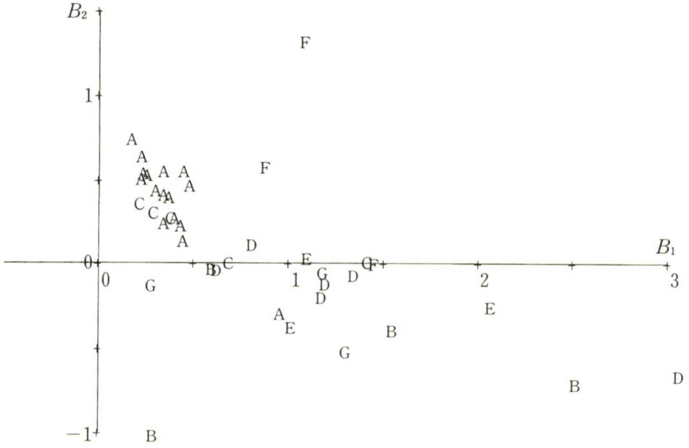

		B_1	B_2			B_1	B_2
米類	A	0.235	0.659	電気代	C	0.372	0.279
パン	A	0.347	0.573	ガス代	C	0.683	0.018
他の主食	A	0.178	0.753	他の光熱費	C	0.216	0.364
生鮮魚介	A	0.371	0.410	和服	D	3.056	−0.647
塩干魚	A	0.433	0.243	洋服	D	1.332	−0.066
肉類	A	0.479	0.479	シャツ下着	D	0.805	0.123
乳卵	A	0.241	0.556	他の衣料	D	1.164	−0.192
野菜	A	0.345	0.258	身のまわり品	D	1.188	−0.112
乾物海草	A	0.299	0.454	保健医療	E	1.094	0.041
加工食品	A	0.258	0.539	理容衛生	E	0.592	−0.025
調味料	A	0.231	0.515	交通通信	E	1.008	−0.365
菓子	A	0.445	0.566	自動車関係費	E	2.061	−0.248
果物	A	0.401	0.282	教育	F	1.079	1.335
酒類	A	0.448	0.147	文房具	F	0.880	0.597
飲料	A	0.347	0.423	教養娯楽	F	1.432	−0.001
外食	A	0.953	−0.290	たばこ	G	0.281	−0.120
学校給食	A	−0.017	2.137	負担費	G	0.617	−0.035
家賃地代	B	0.286	−1.008	損害保険料	G	1.177	−0.039
設備修繕	B	2.512	−0.692	他の雑費	G	1.403	0.020
水道料	C	0.286	0.312	仕送り金	G	3.105	−2.553
家具什器	B	1.544	−0.383	交際費	G	1.296	−0.505

B_1＝消費支出弾力性
B_2＝世帯人員弾力性　　　　　　（全国消費実態調査 (1974 年)）

する限界性向値が年齢区分によって異なる」可能性がありますから、傾向線をあてはめるステップで、この差をかくしてしまうことのないように注意しましょう。グラフをかいてみるのは、こういう誤りを避けるみちです。

⑮ 数理的な扱いという点で重要なことは、2つ以上の変数が関連している場合への対処です。

$\left.\begin{array}{l}X_1\\X_2\end{array}\right\}$ Y と2つの変数の影響が重なっているときには、

X_2 の影響がないとしたときの X_1 の影響

を計測したくなります。弾力性係数も、そういうものとして定義されていますが、観察される値では X_1, X_2 の影響を分離できないままの値になっていることが多いので、概念規定と観察とが対応しないおそれがあります。

「傾向線を求める」ための回帰分析を適用する段階で、必要に応じて複数の変数を組み込むことで、この問題に対処できます。

⑯ そういう扱いを適用して求めた結果を紹介しておきましょう。

たとえば

$Y=$ 種々の費目の消費支出額　に対する

$U=$ 消費支出総額　および　$V=$ 世帯人員　の影響を測る弾性値

を求めるためには、

$\log Y = \alpha + \beta \log U + \gamma \log V$

を想定して係数 α, β, γ を求めればよいのです。

こうして求めた β, γ すなわち変数 U, V に対応する Y の弾力性係数を図示したものが、図 7.3.5 です。「全国消費実態調査(1974年)」の報告書に掲載されています。

これでみると

食品はすべて　　　消費弾力性<1, 世帯人員弾力性は　0～1
教育費関係は　　　消費弾力性=1, 世帯人員弾力性は　0～1
その他はおおむね　消費弾力性>1

などと、品目のタイプに応じて位置づけられています。

これらを計算するために必要なデータは報告書に掲載されていませんから、掲載されている計算結果をそのまま引用しておきます。掲載されている説明では、本文に述べた方法によっていると断定できません。

▷7.4　寄与率, 寄与度

① この節では、X の変化に対して影響をもたらすいくつかの要因について、それぞれがどの程度影響しているかを評価する問題を扱います。寄与率あるいは寄与度とよばれる指標を計算することよってこういう問題を扱うのです。

② **要因分析**　変化をもたらす要因がいくつか想定される場合に、各要因の影響

度を測るために「寄与率」や「寄与度」が使われます.

これらを使った実証分析の手法は,「要因分析」とよばれています.

自然科学系では,実験を計画する段階でどのように要因を取り上げるかを考えた上,その計画に沿う形で分析を進める方法を「要因分析」とよんでいます.これに対して,社会科学の分野では実験ができないために,分析の段階に入ってから,要因の影響がどう効いているかを調べます.実験データか非実験データかという点はちがっていても,要因の効き方を測るという目的は同じですから,どちらも要因分析とよんでよいでしょう.

前節で説明した限界性向値あるいは弾力性係数が原因 $X \Rightarrow$ 結果 Y の方向でみているのに対して,この節の寄与率は結果 $Y \Rightarrow$ 原因 $X_1, X_2, \cdots$ の方向でみることになります.しかし,「X の変化と Y の変化とを関係づけてみる」という意味では,手法上の類似性があります.

> 弾力性: 原因を前提にして結果に及ぼす影響を評価
> 寄与率: 結果を前提にして原因の効き方を評価

寄与率の計算の仕方は,
  結果を表わす変数 Y とその原因を表わす変数 X_I との間に
「成り立っている関係式の型」
によってかわりますから,以下項をわけて説明します.

以下の説明では,系列データ X_I の差をとる演算を ΔX と表わします.

③ 和モデルの場合　　関係 $Y = \sum X_I$ が想定される場合(和モデル)には,寄与率は,変化量の相対比 $\Delta X_I / \Delta Y$ として計測されます.これは
$$Y = \sum X_I \text{ から } \quad \Delta Y = \sum \Delta X_I$$
$$1 = \sum (\Delta X_I / \Delta Y)$$
が誘導されることによっています.

> 和モデルの場合,寄与率は
> 変化量の構成比

表7.4.1は,支出総額に対する各費目区分別支出の寄与を評価するために寄与率を計算した例です.簡単な計算です.差をとる(3列目),その構成比を計算する(4列目)ことによって寄与率が得られていることを確認してください.

5列目には各費目での支出の変化率を計算しています.6列目には,全体でみた変化率に寄与率をかけたもの(寄与度)を記しています.これらは,以下のように変化を説明するときの参考情報として追加したものです.

1970~75年および1975~80年についても,データベースから数字を拾って,同様に計算して,結果をあわせて図示したのが,次の図7.4.2です.

帯グラフは各年次ごとにみた「構成比」であり,2つの年次の帯グラフをつなぐ線

7.4 寄与率，寄与度

表 7.4.1 支出総額に対する各支出区分別支出の寄与(勤労者世帯)

	1980年 X_0	1985年 X_1	変化 ΔX	寄与率 ΔX の相対比	変化率	変化率に対する寄与度
消費支出総額	238126	289489	51363	100.0	21.6	21.6
食費	66245	74369	8124	15.8	12.3	3.4
住居光熱家具	34082	43055	8973	17.5	26.3	3.8
被服履物	17914	20176	2262	4.4	12.6	0.9
交通通信	20236	27950	7714	15.0	38.1	3.2
教育	8637	12157	3520	6.9	40.8	1.5
教養娯楽	20135	25269	5134	10.0	25.5	2.2
その他	70876	86513	15637	30.4	22.1	6.6

図 7.4.2 支出総額に対する各支出区分別支出の構成比と寄与率(勤労者世帯)

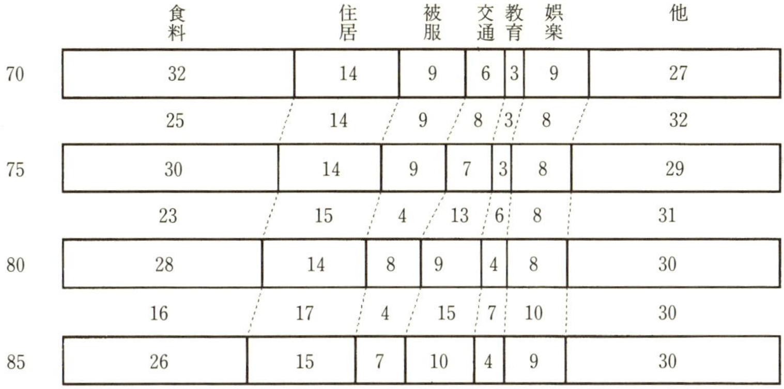

	食料	住居	被服	交通	教育	娯楽	他
70	32	14	9	6	3	9	27
	25	14	9	8	3	8	32
75	30	14	9	7	3	8	29
	23	15	4	13	6	8	31
80	28	14	8	9	4	8	30
	16	17	4	15	7	10	30
85	26	15	7	10	4	9	30

帯グラフ内の数字はそれぞれの年での構成比
帯グラフの間の数字は期間中の変化への寄与率

の間においた数字が寄与率，すなわち，年次変化の内訳です．

図からわかるように，構成比より大きい(小さい)寄与率が観察されたときには次の年次の構成比が大きく(小さく)なります．したがって，構成比の変化をよむための指標になっているのだと解釈できます．

食費についてみると，寄与率が 25，23，16 と低下しています．このことに対応して，その構成比が小さくなっています．これに対して，教育費，教養娯楽費については，寄与率が増加し，構成比が大きくなっています．

④ **積モデルの場合** 関係 $Y = \Pi X_I$ が想定される場合(積モデル)には，寄与率は，変化率の相対比 $(\Delta X_I / X_I)/(\Delta Y_I / Y_I)$ として(近似的に)計測されます．

これは

$$Y = \Pi X_I \text{ から } \Delta Y / Y \fallingdotseq \sum \Delta X_I / X_I$$

よって
$$1 \fallingdotseq \sum (\Delta X_1/X_1)/(\Delta Y/Y)$$
が誘導されることによります．$\Delta X_1/X_1$ の積の部分を略しているために等式とはなりません．このため，等式になるよう，すなわち，

　　各 X_1 の寄与率の合計が1になるように調整

しておくのが普通です．
X が2つの場合について計算すると，次のようになります．
$$Y = X_1 X_2$$
$$Y + \Delta Y = (X_1 + \Delta X_1)(X_2 + \Delta X_2)$$
$$= X_1 X_2 + X_1 \Delta X_2 + X_2 \Delta X_1 + \Delta X_1 \Delta X_2$$
差をとって Y でわると
$$\frac{\Delta Y}{Y} = \frac{\Delta X_1}{X_1} + \frac{\Delta X_2}{X_2} + \frac{\Delta X_1}{X_1}\frac{\Delta X_2}{X_2}$$
この第3項を無視して
$$1 \fallingdotseq \frac{\Delta X_1/X_1}{\Delta Y/Y} + \frac{\Delta X_2/X_2}{\Delta Y/Y} \tag{1}$$
これが，寄与率計算の基礎式です．

> 積モデルの場合，寄与率は
> 変化率の構成比

次の表7.4.3が積モデルの場合の計算例です．

変化率（3列目）を計算し，Y の変化率6.19に対する相対比（4列目）を求めていますが，4.72+1.41が6.19になりません．したがって，4.72+1.41=6.13に対する構成比として寄与率を計算（4列目）しています．いいかえると，寄与率の計が1になるように調整しているのです．

⑤　この調整法については，いくつかの案がありえますが，ここでは，内訳の計を分母とすることによって調整しているのです．

すなわち
$$1 \fallingdotseq \frac{\Delta X_1/X_1}{\sum \Delta X_1/X_1} + \frac{\Delta X_2/X_2}{\sum \Delta X_1/X_1} \tag{2}$$
としているのです．

しかし，この調整については種々の考え方がありえます．

表7.4.3　牛肉の購入額に対する単価と購入量の寄与

	1981年	1982年	変化率	寄与率	端数調整 (2)式による	端数調整 (3)式による
購入額 (Y)	29171	30978	6.19	(0.990)	1	1
購入量 (X_1)	94.10	98.54	4.72	0.762	0.770	0.767
単価 (X_2)	310.00	314.09	1.41	0.228	0.230	0.233

図7.4.4 変化率の推移

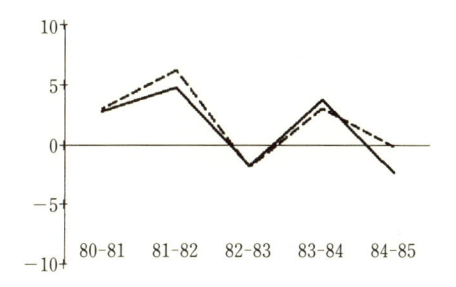

たとえば(2)式の左辺・右辺の差を折半する形で調整することも考えられます。すなわち、まず

$$d = 1 - \frac{\Delta X_1/X_1}{\sum \Delta X_I/X_I} - \frac{\Delta X_2/X_2}{\sum \Delta X_I/X_I}$$

を求め、

$$1 = \left(\frac{\Delta X_1/X_1}{\Delta Y/Y} + \frac{d}{2}\right) + \left(\frac{\Delta X_2/X_2}{\Delta Y/Y} + \frac{d}{2}\right) \tag{3}$$

として、基礎式が等式になるよう調整するのです。

差が小さいときは、どんな形で調整してもかまいませんが、補足(157ページの⑫)で説明する理由で、差を折半する(3)式または157ページ(4)式による方法がよいでしょう。

⑥ 図7.4.4は、他の年次についても同様の計算を行なった結果をあわせて示したグラフです。

実線が「購入量でみた変化率」、破線が「購入額でみた変化率」です。たとえば、1981～82年間の購入額変化率は6.2%だが、価格変化の影響を除いた実質変化率は4.8%となります。

⑦ **変化率に対する寄与度** 図7.4.4では表7.4.3で計算した寄与率を図示していませんが、

　　「変化率6.19%のうち購入量の変化の影響が4.77%だ」

という形で寄与をみる図になっています。いいかえると、

　　変化率×寄与率

として使っているのです。

これを、「変化率に対する寄与度」とよびます。変化率に影響する要因を分析するとき、「変化率」の内訳として、各要因の効果を計測することになるという意味でよく使われます。

積モデルの場合には、「変化率に対する寄与度」＝「各要因の変化率」となり、和モデルの場合には、「変化率に対する寄与度」＝「各要因の変化量」となりますが、モデ

ルによって呼称をかえるのでなく，概念のちがいを意識して
　　　100%に対する内訳として計測したものが寄与率
　　　○○に対する内訳として計測したものを○○に対する寄与度
とよぶことにしましょう．
　そうして，両者の関係を
　　　○○に対する寄与度＝○○×寄与率
だと了解しましょう．
　⑧　**加重和モデル，加重積モデル**　　和の形にウエイトが加わった形の「加重和モデル」

　　　$Y=\sum C_I X_I$ については，
　　　　変化量にウエイトをかけたものの相対比
として計算します．
　また，積の形にウエイトが加わった形の「加重積モデル」
　　　$Y=\Pi X_I^{C_I}$ (書き換えれば $\log Y = \sum C_I \log X_I$) については，
　　　　変化率にウエイトをかけたものの相対比
として計算します．
　すなわち

　　　加重和モデル　　$1=\sum \dfrac{C_I \Delta X_I}{\Delta Y}$

　　　加重積モデル　　$1=\sum \dfrac{C_I \Delta X_I / X_I}{\Delta Y / Y}$　または　$1=\sum \dfrac{C_I \Delta \log X_I}{\Delta \log Y}$

によって計算します．
　ここで Δ は，「差をとる」ことを指定する演算記号です．したがって，$\Delta \log Y$ は $\log(Y+\Delta Y)-\log Y$ です．

表7.4.5　物価指数総合に対する各区分の指数の寄与

	ウエイト (1980年基準)	1979年	1984年	変化	寄与率	変化率 (年率)	変化率へ の寄与度
総合	10000	92.6	112.1	19.5	100.0	3.90	3.90
食料	3846	94.3	112.5	18.2	35.9	3.59	1.40
住居	519	92.4	113.2	20.8	5.5	4.14	0.22
光熱水道	628	74.9	111.0	36.1	11.6	8.19	0.45
家具家事用品	523	93.3	106.9	13.6	3.6	2.76	0.14
被服履物	960	94.8	112.3	17.5	8.6	3.45	0.34
保健医療	311	98.3	111.0	12.7	2.0	2.46	0.08
交通通信	1113	94.0	108.8	14.8	8.4	2.97	0.33
教育	411	91.5	124.9	33.4	7.0	6.42	0.27
教養娯楽	1157	93.2	111.8	18.6	11.0	3.71	0.43
その他	532	89.2	113.0	23.8	6.5	4.84	0.25

注：寄与率は，変化×ウエイトの相対比．変化率は年あたりに換算．

物価指数(総合)は，各品目区分でみた指数の加重平均の形になっています．

したがって，加重和モデルの場合にあたります．たとえば「食料費の価格上昇が総合指数にどの程度ひびいたか」といった分析ができます．表7.4.5は，この計算例です．

これから，次のようなことがよみとれます．

   食料 …… 変化率は平均以下だが， 寄与率は最大
   光熱水道 … 変化率は大きく，   寄与率も大
   教育 …… 変化率は大きいが， 寄与率は小
   教養娯楽 … 変化率は平均なみ， 寄与率は大

もちろん，ウエイトのちがいによってこうなるのです．

⑨ **積和モデル** 加重和モデルにおいてウエイト自体が変化する形になったものと理解される形，すなわち，$Y = \sum U_i V_i$ と想定される場合です．

この場合については，モデルを

表7.4.6 ある区分の支出額に対する物価変化と実質購入量の寄与

		1980年 X_0	1985年 X_1	変化 ΔX	変化率	寄与率1	寄与率2	寄与率3
消費支出総額		238126	289489	51363	21.57	100.0		100.0
食費	支出額	66245	74369	8124	12.26	15.82	100.00	15.82
	価格	100.0	114.4		14.40		116.35	18.41
	実質額	66425	65008		−1.87		−16.35	−2.59
住関係	支出額	34082	43055	8973	26.33	17.47	100.00	17.47
	価格	100.0	111.4		11.40		46.20	8.07
	実質額	34082	38649		13.40		53.80	9.40
被服履物	支出額	17914	20176	2262	12.63	4.40	100.00	4.40
	価格	100.0	116.1		16.10		125.57	5.53
	実質額	17914	17378		−2.99		−25.57	−1.13
交通通信	支出額	20236	27950	7714	38.12	15.02	100.00	15.02
	価格	100.0	111.1		11.10		32.66	4.91
	実質額	20236	25178		24.32		67.34	10.11
教育	支出額	8637	12157	3520	40.75	6.85	100.00	6.85
	価格	100.0	130.5		30.50		77.78	5.33
	実質額	8627	9316		7.86		22.22	1.52
教養娯楽	支出額	20135	25269	5134	25.50	10.00	100.00	10.00
	価格	100.0	114.1		14.10		58.06	5.81
	実質額	20135	22146		9.99		41.94	4.19
その他	支出額	70877	86513	15636	22.06	30.44	100.00	30.44
	価格	100.0	118.1		14.70		68.77	20.93
	実質額	70875	75405		6.42		31.23	9.51

$$Y = \sum Y_I \quad \text{和モデル}$$
$$Y_I = U_I V_I \quad \text{積モデル}$$

と分解して，Y に対する Y_I の寄与率，Y_I に対する U_I, V_I の寄与率を計算した上，これらをかけあわせます．

表7.4.6は積和モデルの場合の計算例です．

消費支出総額＝Σ支出区分別支出額

支出区分別支出額＝当該区分の平均価格指数×実質購入量

になることを利用しています．第一の部分についての計算結果が「寄与率1」であり，第二の部分についての計算が「寄与率2」です．これらをかけあわせることによって，「寄与率3」すなわち結果が得られます．

⑩ **一般的な表現**　その他のモデルも含めた一般的な表現は

$$Y = f(X_1, X_2, X_3, \cdots)$$

から

$$\Delta Y = \sum \frac{\partial f}{\partial X_I} \Delta X_I$$

したがって

$$1 = \sum \frac{\partial f}{\partial X_I} \frac{\Delta X_I}{\Delta Y}$$

となることを使って誘導されます．

たとえば $Y = C X_1^{B_1} X_2^{B_2}$ と想定される場合

$$\frac{\partial f}{\partial X_1} = C B_1 X_1^{B_1 - 1} X_2^{B_2} = \frac{B_1 Y}{X_1}$$

$$\frac{\partial f}{\partial X_2} = C B_2 X_1^{B_1} X_2^{B_2 - 1} = \frac{B_2 Y}{X_2}$$

から，加重積モデルの場合の計算式

$$1 = \frac{B_1 \Delta X_1 / X_1}{\Delta Y / Y} + \frac{B_2 \Delta X_2 / X_2}{\Delta Y / Y}$$

が得られます．

白書などをみると，たいへん複雑な関係式を想定して要因分析を適用した事例が掲載されていますが，この項の考え方で「概念規定 ⇒ 定義式 ⇒ 寄与率計算式」の順を追ったものと，次項に述べる「データにみられる傾向性 ⇒ 回帰式 ⇒ 寄与率計算式」の順を追ったものとがほぼ半々ぐらいでしょう．

⑪ **回帰分析と併用**　これまでの説明では，被説明変数 Y と説明変数 X_I の関係を示すモデルがそれぞれの概念規定にもとづく「定義式」として与えられるものとしていましたが，その場合に限らず，たとえば「実際のデータを観察して誘導される傾向線」を使うこともできます．

傾向線としては

$$Y = A + B_1 X_1 + B_2 X_2$$

のような「線形モデル」を使うことが多いので，それを求めた後の寄与率などの計算は，加重和モデルの場合と同じです．

⑫ **補足：積モデルの場合の計算式における端数調整**　よく採用されているのは，152ページ(1)式の分母として「分子の和」を使う(2)式すなわち，差 d を比例配分する扱いです．

$$1=\frac{\Delta X_1/X_1}{\sum \Delta X_1/X_1}+\frac{\Delta X_2/X_2}{\sum \Delta X_1/X_1} \tag{2}$$

これに対する代案として，端数を折半する扱い，すなわち(3)式があります．

$$1=\left(\frac{\Delta X_1/X_1}{\Delta Y/Y}+\frac{d}{2}\right)+\left(\frac{\Delta X_2/X_2}{\Delta Y/Y}+\frac{d}{2}\right) \tag{3}$$

$$d=1-\frac{\Delta X_1/X_1}{\sum \Delta X_1/X_1}-\frac{\Delta X_2/X_2}{\sum \Delta X_1/X_1}$$

また，Y, X_1, X_2 に関する積モデルは $\log Y, \log X_1, \log X_2$ に関する和モデルにあたることを利用すると，(1)式のかわりに

$$1=\frac{\Delta \log X_1}{\Delta \log Y}+\frac{\Delta \log X_2}{\Delta \log Y}$$

あるいはこれから誘導される

$$1=\frac{\log(1+\Delta X_1/X_1)}{\log(1+\Delta Y/Y)}+\frac{\log(1+\Delta X_2/X_2)}{\log(1+\Delta Y/Y)} \tag{4}$$

を使って計算することになります．

この式は，等式ですから，調整は不要です．対数の計算をいとわないなら，これによりましょう．たとえば計算機を使うなら，当然(4)式がよいでしょう．

UEDA に収録されている寄与率計算プログラムでは，この方法(4)を採用しています．

計算例をあげておきましょう．

表7.4.7(表7.4.6の支出区分計の部分)の数字を使って，1980～85年の間における消費支出額の変化に対する物価上昇と実質消費増加の寄与率を計算すると，表7.4.8のようになります．

表7.4.7　積モデルの例

	80年	85年
消費支出額	238126	289489
物価指数	100.0	114.4
実質消費*	238106	253050

＊ 消費支出額/物価指数として計算．

表7.4.8　3とおりの端数調整法の結果比較

端数調整の方法	寄与率計算結果	
	物価	実質消費
端数折半	68.85	31.15
比例配分	69.67	30.33
logを使って計算	68.88	31.12

● 問題 7 ●

【時間的変化の見方】

問 1 (1) 毎月の経済統計を掲載した資料をみて，○年○月分という時間的属性について月初値，月末値，月間値などの説明がつけてあるかどうかを調べよ．

(2) また，季節変動調整ずみと記されているデータについて，どんなオプションを適用しているかという説明がつけてあるかを調べよ．

問 2 学習用ソフト UEDA には，GUIDE というサブセットがあり，テキストの説明を補う説明文をパソコンの画面でよめるようになっている．その中の

「変化説明 1」，「変化説明 2」，「弾力性係数」

は，7.1〜7.3 節の考え方を説明するものである．これをよんで本文の説明を復習せよ．

注：メニューで GUIDE を指定すると用意してある「説明文フォルダ」のリストが表示されます．その中の「変化の説明」を指定して，表示されるファイルリストの中から，それぞれを指定してください．

【変化を表わす指標】

問 3 付表 C.2 のデータを使って，Y(＝食費支出)と X(＝年間収入)の関係を表わす図 7.3.1 (a)〜7.3.1 (d) がえがかれることを確認せよ．

注：問 3 および問 4 については，UEDA のプログラムを使わず，電卓で計算し，手書きでグラフをかいてください．

問 4 (1) 食費以外の費目について，図 7.3.1 (a)〜(d) と同じ形式のグラフをかけ．

(2) その費目に対する消費パターンは，食費に対する消費パターンとどちがうか．たとえば弾力性係数を比べて説明すること．

【弾力性係数】

問 5 (1) プログラム XTPLOT と付表 C.1 の情報(ファイル DK31V)を使って，Y(＝食費支出)と X(＝年間収入)の関係を把握したい．そのために，次の 4 とおりの図をかけ．

a. DY/DX を縦軸，X を横軸にとった図……$Y=A+BX$ に対応
b. RY/DX を縦軸，X を横軸にとった図……$Y=A+B\log X$ に対応
c. DY/RX を縦軸，X を横軸にとった図……$\log Y=A+BX$ に対応
d. RY/RX を縦軸，X を横軸にとった図……$\log Y=A+B\log X$ に対応

注：4 とおりの図によって，それぞれ付記した式で表わされるモデルの適合度をみ

ることができます．本文7.3節の説明を参照すること．

(2) (1)の結果を参考にして，a, b, c, dのうちどれか1つのタイプを選択し，それに対応するX, Yの関係式をえがけ．

注：プログラムXTPLOTを使うことができますが，モデルa以外の図をかくには変数X, Yを$\log X, \log Y$に変換することが必要です．35ページに示したプログラムVARCONVの使い方を参照すること．

問6 図7.3.5の新しい情報が1985年の報告書に掲載されている．これと比べて，どんな品目で弾力性係数がかわっているかを調べよ．

【寄与率】

問7 (1) GUIDEの「寄与率の分析」中に含まれる

　　　弾力性係数，変化をみる方向，寄与率・寄与度，寄与率・寄与度の計算，要因分析

は，7.4節の内容に関する解説文を画面に展開するものである．これをよんで，本文の説明を復習せよ．問2の注参照．

(2) これらの説明文では次の問題を例示に使っている．それぞれについて，変数Yに対するA, Bの寄与率，寄与度を計算し，説明文中に表示される結果が得られることを確認せよ．

表7.A.1 例1：GNPに対する内需外需の寄与

	1991年	1992年
$Y=$GNP	500	540
$A=$内需	400	420
$B=$外需	100	120

表7.A.2 例2：支出額と購入量と単価

	1991年	1992年
$Y=$支出額	5000	6600
$A=$購入量	50	55
$B=$単価	100	120

数字は，仮想例です．計算機なしで簡単に計算できるはずです．

問8 白書，たとえば経済白書，労働白書をみて，寄与率あるいは寄与度を使った分析事例がたくさん掲載されている．その1つを選んで，どんな問題意識で分析しているか，また，どんなモデルを想定して計算しているかを要約せよ．

問9 表7.4.1の計算を1975～80年について行なえ．基礎データは付表C.9に掲載されている．支出区分はB＋C＋D, F＋Jを一括すると一致する．

注：問9～問11は電卓を使って計算すること．

問10 (1) 表7.4.3の計算を実行し，表示された結果が得られることを確認せよ．この表では，端数調整に(2)式の方法を適用しています．

(2) (1)の計算において，端数調整を，折半，比例配分，対数変換して計算，の3方法で行なって結果を比較せよ．

問11 (1) 表7.4.5の計算を実行し，表示された結果が得られることを確認せよ．

(2) 表7.4.5の計算において，ウエイトとして，年齢40～49歳の世帯でのウエイトを使うとどうなるか．たとえば，教育費の負担が大きい年齢層だから，

教育比の寄与率が大きくなるだろう．そのことを確認せよ．

問12 プログラム RATECOMP を使って，表7.4.1，表7.4.5，7.4.6 の計算を 70〜85 年について行なえ．基礎データは，付表 C.9，付表 K.1 であるが，RATECOMP 用に編成した DU26 を使い，それぞれモデル S，モデル WS，モデル SP と指定すればよい（表7.4.5 については年次の区切り方が異なるが，DU26 では他とあわせてある）．

RATECOMP の使い方

RATECOMP を使うには，いくつかのデータセットを組み合わせて使うので，あらかじめ，以下に示す形に編成しておく．プログラムは，ほとんど自動的に進行する．

和モデル $X(t)=X_1(t)+X_2(t)$ の場合	
MODEL=S	和モデルであることを示すキイワード
STYLE=2	データ編成形式．2 とおりある
SET.X＝変数 X の略称	以下は UEDA の標準形式 S タイプ
NVAR＝時点数/NOBS＝変数区分数	区分数指定
X(1) X(2) X(3)	
X1(1) X1(2) X1(3)	データ本体
X2(1) X2(2) X2(3)	スタイル 2 では，年次区分を横に配列
積モデル $X(t)=U(t)V(t)$ の場合	
MODEL=P	積モデルであることを示すキイワード
NOBS＝時点数	積モデルの場合は STYLE の区別なし 変
VAR.X＝変数 X の略称	数は3種，
X(1) X(2) X(3)	それぞれを1つのデータセットとする，
VAR.U＝変数 U の略称	
U(1) U(2) U(3)	それぞれ「時点数」分のデータを
VAR.V＝変数 V の略称	UEDA の標準形式 V タイプで記録
V(1) V(2) V(3)	
積和モデル $X(t)=U_1(t)V_1(t)+U_2(t)V_2(t)$ の場合	
MODEL=SP	積和モデルであることを示すキイワード
STYLE=2	年次区分を横方向におくスタイル
NVAR=3/NOBS=3/NGRP=3	データサイズ指定
SET.X＝変数 X の略称	NVAR NOBS は和モデルと同じ
X(1) X(2) X(3)	変数 X, U, V をそれぞれ SET 形式で記録
X1(1) X1(2) X1(3)	
X2(1) X2(2) X2(3)	3組の SET を使うので NGRP=3
SET.U＝変数 U の略称	
U(1) U(2) U(3)	
U1(1) U1(2) U1(3)	
U2(1) U2(2) U2(3)	
SET.V＝変数 V の略称	
V(1) V(2) V(3)	
V1(1) V1(2) V1(3)	スタイル 1 では，時点区分を縦に配列
V2(1) V2(2) V2(3)	RATECOMP の例示用データを参照
END	最後に END が必要
	数種のデータを列記した場合は，最後のデータの後におく

8 ストックとフロー

現象の発生や状態変化を説明しようとするときには，状態を表わすストックと，その変化を表わすフローとを組み合わせて使うことになります．この章では，これらの基本概念と使い方を解説します．
第9章では，現象変化のモデルを組み立てて予測する問題を取り上げますが，その基礎として，この章が必要となるのです．

▷ 8.1 ストックとフロー

① 前章では，現象の変化を記述するために使われる種々の指標について解説してきましたが，ここでは，現象を観察する視点に関連して，データ自体の属性に関して，「ストック」と「フロー」の区別について解説します．まず，概念のちがいを解説した後，現象の変化を説明する場面での使い方を解説します．

まず，ストックでみた場合とフローでみた場合とでちがいが著しい例をあげておきましょう．

罹病率という言葉は日常使われていますが，統計データの表現としては，あいまいな言葉です．現象把握の仕方を考えるために，罹病率といわないで，発生率あるいは有病率という用語を使いわけることが必要です．すなわち，発生率は，たとえばこの1週間にどれだけ病人が発生したかを計測する比率です．有病率は，たとえば先月末にどれだけの病人があったかを計測する比率です．いいかえると，有病率は，病気の状態になっている人，すなわち，ストックに注目した比率であり，発生率は，病気の状態になった人，すなわち，フローに注目した比率です．

次の表8.1.1に例示するように，数字が大きくちがいます．

3列目の「罹患1回あたり罹病日数」は，ストックの数字とフローの数字のちがいを説明するために使われる情報です．くわしくは，後で説明しますが，風邪のように比較的短期間で治癒する呼吸器系疾患では発生率が大きくなり，心臓病のように長く

表 8.1.1 発生率と有病率

区分	発生率 人口千人あたり年間罹患者数	有病率 人口千人あたり罹患者数	罹患1回あたり 罹病日数
全疾患	2394.1	63.6	14.4
循環器系疾患	53.9	10.6	82.4
消化器系疾患	449.1	14.3	17.2
呼吸器系疾患	952.6	7.0	6.5

図 8.1.2 ストックとフローの把握方法

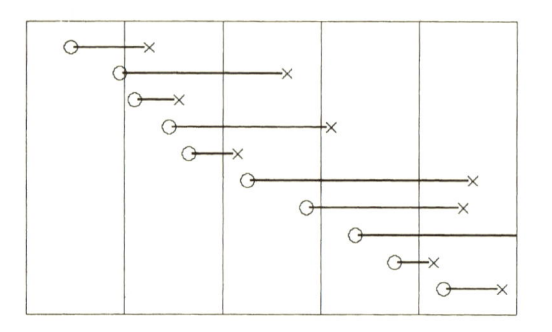

○ 発生
× 消滅
── 継続期間

つづく循環器系疾患では有病率が大きくなるのです．

② 当然，その計測方法がちがいます．
発生率を把握するには，対象期間中(たとえば1か月間)に病気にかかった人の数を調べます．
有病率を把握するには，対象時点(たとえば月末)を特定して病気にかかっている人の数を調べます．
図8.1.2では，発生から消滅(治癒または死亡)までの間を線で図示しています．この図でいうと，ストックの情報は，期間中の発生数すなわち○の数をカウントし，フローの情報は，時点に対応する線と交わった線すなわち状態継続中の数をカウントするのです．

③ ストック，フローは，現象の発生 → その結果によって決まる水準 → 水準の高低に応じてかわる発生 … と現象を説明する上で，どんな分野でも共通な概念です．
表8.1.3に示すように，分野によって呼び方がさまざまですが，統計の共通概念として，ストック，フローとよぶことにしましょう．

④ 統計情報のタイプとして基本的な点は，
　　　フローが期間に対応する情報
　　　ストックが時点に対応する情報
であるということです．

表 8.1.3 種々の例

フロー	ストック
新規預入れ	預金現在高
出生数	人口数
罹患数	有病者数
生産・出荷数	在庫数
申込み受理数	処理待ち数

したがって，フローは，
> 観察期間の長さを表わす単位をもつ数値

です．いいかえると，期間を年として計測した場合と月として計測した場合とで値がかわります．

ストックは，いつの観察値かという形で時点に対応する情報ですから，時の経過とともにかわりますが，数値としては，時に関する単位をもたない数値です．

図8.1.2の図示で，区切り幅すなわち観察期間を半分にしたとすると，期間中における発生数，消滅数は半分になるわけです．発生が減ったわけではなく，短い期間でみたからその期間あたりの計数がかわったのです．年あたりいくつ，月あたりいくつと，単位をつけて表記すれば迷うことはありませんが，念のため．

⑤ フローについては，
> 発生・流入など，ストックを増やす方向のフロー
> 消滅・流出など，ストックを減らす方向のフロー

をわけて観察するのが普通ですが，これらの差である
> 差増＝流入－流出

に注目すれば足りる場合もあります．特定の用語は定義されていませんが，この3つのケースは区別しないと混乱する恐れがあります．

◆注 ストックの数字は，計測時点の情報という意味では「時点への対応」は明確です．しかし，これは形式上の定義であって，意味を考えるときには必ずしもはっきりしません．「過去に発生して，今その状態にあるもの」の数ですから，過去の諸事情が関連をもっているわけです．いいかえると，インプリシットには，過去から現在までの期間に対応する情報とみるべき情報です．

▷8.2 発　生　率

① 現象の変化を分析するときには，さまざまな比率を使うことが考えられますが，ここでは，その分子，分母のタイプに注目して，ストックとフローを組み合わせる形の比率，たとえば「発生率」について，いくつかの注意点をあげていきます．

次の表8.2.1の数字を使って，病気の致死率(死亡の発生率)を3列目のように計算したとします．この計算は妥当でしょうか．

表8.2.1 死亡者数，罹病者数，致死率

区分	a 死亡者数 人口10万人 あたり年間	b 有病者数 人口千人 あたり	a/b 致死率 有病者百人 あたり年間
循環器系疾患	260	10	26
消化器系疾患	12	12	1

(数字は説明のための仮想例)

致死率，すなわち患者が死亡に至る危険度を表わそうという趣旨ですから，表の3列目のように，患者数を分母，死亡者数を分子にとって比率を計算するのは，当然です．

ただし，計算結果に，「年間」という単位がついていることに注意しましょう．

単位をつけて計算すると，確かに

$$\frac{260 (人/年)/100000 人}{10 人/1000 人} = 0.26/年$$

となります．問題はこの計算結果の読み方です．

致死率，すなわち罹病者が死亡する割合が0.26だと即断しないでください．「年あたり」という単位がついていますから，解釈しにくい数字になっているのです．

たとえば，「年あたり26/100だから，月あたりでは2.2/100だ」といってよいでしょうか．年あたり26/100だから，4年でみると皆死亡する？…これは，疑問がある読み方ですね．

1年目は26/100でよいにしても，2年目は1年目に死亡した人を除くべきだから$74/100 \times 26/100 = 19/100$，3年目は$74/100 \times 74/100 \times 26/100 = 14/100$…として，4年間では同様にして10/100だ…これでよいようですね．また，それらの累計が$1 - 0.74^4$として計算されることにも注意しましょう．分子が変化すると分母がかわることから起きる問題です．

このような数字の扱いについては8.4節で説明します，ここでは，読み方が難しい理由，そうして使い方に注意を要する理由を指摘しておきます．

② この0.26/年という数字には，2種類の平均操作が内包されていることに注意してください．

　　　100人あたり26人という形の平均

と

　　　年あたりいくつという形の平均

です．

平均をとる，すなわち，「ある範囲を想定してその範囲の各単位の情報の平均の平均をとる」のですから，範囲のとりかたが問題になります．

第一の平均は，罹病者という範囲を特定してその範囲において1人あたりに換算する形の平均ですから，

　　　範囲をかえることはしていない

のです．

これに対して，第二の平均は，「1年間」という期間を範囲として観察された情報ですから，それを1か月あたりにするとか，4年あたりにするというのは，

　　　「範囲をかえる」ことをともなう換算

です．

例示の場合は，死亡に至る確率が罹病期間を通して一率とは仮定できませんから，

こういう範囲をかえることを含む平均はなるべく避けるべきです.
　また, 例示のような「フロー/ストック」の形の比率では, 分子すなわちフローの数字が分母すなわちストックに影響しますから, そのことを考慮に入れましょう.
　③　致死率の分母を「発生数」とすれば, フロー/フローの形の比率になるので, ここに述べたような面倒な問題は起こらない … そうもいえないのです.
　たとえば, 分子データの観察時点と分母データの観察時点の選び方が問題になります. たとえば, 「観察時点の差に対応して比率がどうかわっていくか」をみることが必要ですが, そのためには, ある時点で発病した人について, その後の経過を観察せよということになります.

▶8.3　モ デ ル

　①　この章で考えているように「ストック」と「フロー」の数字を使う場合, それらの関連性を表現するモデルを使うと, 話がわかりやすくなります. モデルを使うというと, 社会・経済学や環境などを含む大きい問題場面を想起する人が多いと思いますが, 気軽に使ってもよいものです. いわば, 要点をおさえた例を使って説明するのだと了解すればよいものです.

　②　ストックとフローは, 図8.3.1のように, 貯水槽の水量(ストック), それへの流入, 流出のパイプ(フロー)として図示することによって, その関係を理解できます.

図8.3.1　ストック・フローのモデル

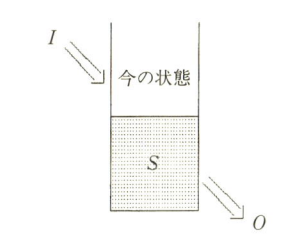

　また, より精密化して, 何種類かの貯水槽を考え, ひとつの貯水槽から他の貯水槽への移動(状態の遷移)も説明できるようにすると, 状態を区分して扱う場合や, 流入から流出までの期間を一定間隔ごとに区切って扱う場合に役立つモデルになります(図8.3.2).
　これらの図で, たとえば流入のパイプと遷移のパイプの太さをかえると, 両者の太さの相対関係いかんによって,

　　　　　流入量が一定でも貯水量がかわる

ことになります.
　したがって, 流入, 流出, 遷移の流量を調整するバルブのしめ具合をかえることにより, フローとストックの変化を分析できることになります.
　また, 図の各水槽が毎月の状態を表わすものとみれば, 発生から消滅までの期間に関して分析するためのモデルになります. その場合には, 同じ状態が数か月つづくという意味で, 遷移を滞留とよみかえるとよいでしょう.
　このモデルは, 以上のように, 水準, 変化のような一般的な記述に対応していますから, 広く使われる基本的なモデルです.

図 8.3.2 図 8.3.1 のモデルに状態遷移を加えた場合

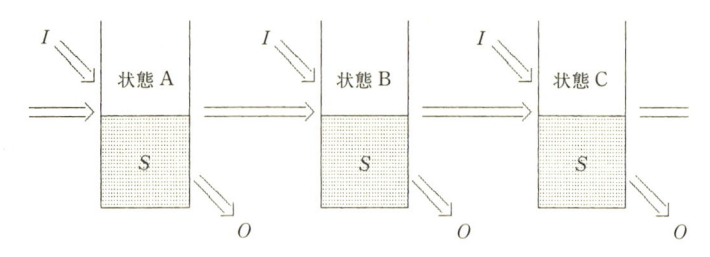

③ システムダイナミックス (SD と略称される) とよばれる手法では，このようなモデルを扱いますが，ストックとフローとをそれぞれ，レベル，フローとよんでいます．

また，フローの量の大小に影響する要因の効き方 (図のパイプの太さ) をレートとよんでいます．

▶8.4 滞留期間の情報

① 次は，ある新聞に掲載された「有効求人倍率」についての解説文です．この解説について疑問はありませんか．滞留期間の情報の読み方の例として，この問題を考えてみましょう．

> 失業者が増えるか減るかは 2 つの理由で決まってくる．1 つは仕事を求める人が増えるか減るかであり，もう 1 つは企業の採用数が増えるか減るかだ．有効求人倍率は，この労働力需給関係を映し出す指標であり，全国の公共職業紹介所に申し込まれている「求職者総数に対する求人総数」の割合である．この比率が 1 をこえているときは求人難，1 をわっているときは就職難を表わすものとして，雇用情勢の判断によく使われる．

② 失業の統計は
　　　現在，失業状態にある人の数 (ストック)
として表わすこともできますし，
　　　ある期間に，失業した人の数 (フロー)
として表わすこともできます．

どちらの統計もありますが，「失業者数」は，ストックの意味での失業者数です．図 8.4.1 は，この数字の推移を示したものです．

これでみると，1974 年の前後でかなり大きなシフトを示しています．このシフトがもし景気停滞によるものだとすれば，いずれはもとの水準にもどるはずですが，

8.4 滞留期間の情報

図 8.4.1 失業者数の推移

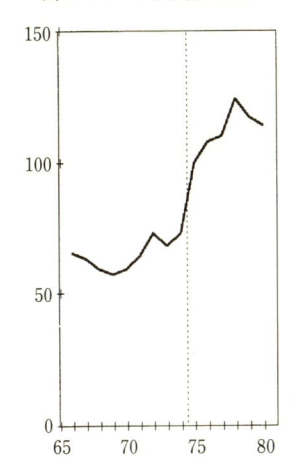

図 8.4.2 失業期間の推移

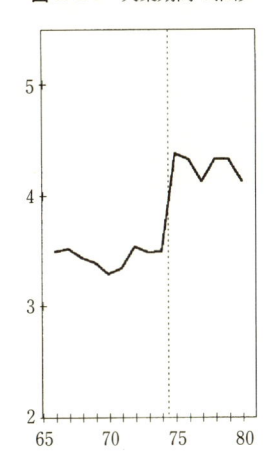

データからみると, もとにはもどらない非可逆的なシフトのように思われます.

このシフトは, 貯水槽のモデルでいうと, 滞留のパイプを太くする制度改正が行なわれたことに関連しているようです. すなわち, 失業者に対する保険給付の条件がゆるめられ, 「フローの意味での失業者の発生」以上に大きく滞留したものだと考えられます.

このことは, また, 「失業状態に入ってからそれを脱却するまでの期間」の延長という結果をもたらします. したがって, 期間の情報を求めて図 8.4.1 と対比すれば, この解釈を確認できるでしょう.

③ 期間の情報は, 公表されていませんが, 後述するように,

　　　　ストック/フロー

の形で推計できます.

図 8.4.2 は, 有効求職者数を新規求職者数でわることによって求めた失業期間の推計値です.

1974 年を境として期間が延びていること, その時期が, ストックの意味での失業者数が増えた時期と一致していることがわかります.

④ 以上の説明によって, はじめに提示した問題について, どこが疑問か明らかになったでしょう. 労働市場の需給過不足を判断する基準として「1」を使う根拠が問題になるのです.

求職発生数と求人発生数の比(新規求人倍率)なら, 1 において均衡しているといえますが, ストックの意味での有効求職数と有効求人数の比(これが有効求人倍率)については, 需給状態の他に失業期間の変化が関与してきますから, 1 が均衡点だとは限らないのです. たとえば, 求職, 求人の発生が同数であり, 「求職をはじめてから

図 8.4.3 発生・消滅と滞留期間

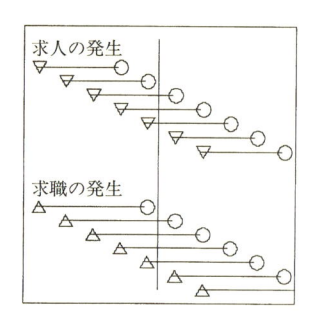

▽ 求人の発生
△ 求職の発生
　　どちらも同じテンポで発生
　　数か月経過後に
○ 求人求職がマッチ

時点を特定して
　その時点で未充足の件数を数えると
　3 対 4．すなわち有効求人倍率は 3/4

3 か月の求職者」がすべて，「求人をはじめてから 4 か月の求人」につく … こういう状態がつづいていたとすれば，需給は均衡状態にあり，その状態での有効求人倍率は 3/4 です．有効求人倍率 1 が均衡点とはいえないのです（図 8.4.3）．

⑤　失業期間をストック/フローとして推計しましたが，この推計法は，どんな問題場面でも使える一般的な推計方法であることを確認しておきましょう．

現在の滞留している人の数を N とします．また，現在の流出率を単位期間あたり Y とし，これが一定で今後もつづくと仮定します．すると，$L_1=N/Y$ 後には現在の滞留が全部流出することになります．ただし，L_1 後にいっせいに流出するのでなく，現在から L_1 までの間に一率に流出していくわけですから，流出までの平均期間は $L_1/2$ です．

現在滞留している人は，過去のある時期に流入したものです．現在の流入率（単位時間あたり X）で流入がつづいていたものとすると，流入してから現在までの平均期間は $L_2=N/X$ の 1/2 です．

よって，現在滞留しているものについての「流入から流出までの期間」L は，

$$L=\frac{1}{2}(L_1+L_2)=\frac{1}{2}\left(\frac{N}{X}+\frac{N}{Y}\right)$$

です．

状態が一定している場合，すなわち，$X=Y$ の場合は

$$L=\frac{N}{X}=\frac{N}{Y}$$

です．

一般には，X と Y の調和平均を Z とすると

$$\frac{1}{Z}=\frac{1}{2}\left(\frac{1}{X}+\frac{1}{Y}\right)$$

ですから

$$L=\frac{N}{Z}$$

と表わすことができます．

◇注　この推計法の意義　ひとつひとつのケースについて状態継続期間を調査すればそれらの平均値として L を計算できますが，そのためには，状態が消滅するまで待ってから調査することになります．

ここで示した推計法を採用すると，そこまで待つことなく，現在の発生率，消滅率を使って推計できるという利点をもちます．

どちらも利用できるとすれば，「過去の実績値」か，「現状にもとづく推計値」か…これを考えて選択しましょう．

▷8.5　遷移確率

① 前節の滞留期間推定法では，「流入率，流出率が一定している」ことを想定して計算しています．また，8.2節で例示した発生率 0.26/年 という数字が期間中一定ではなく，たとえば発生してから1年目の消滅率 0.4，2年目の消滅率 0.2，3年目の消滅率 0.1 の平均になっているものとしましょう．この場合，注目する時期によって，0.4, 0.2, 0.1 とかわること，そうして，0.26 はこの差を考慮外においた平均であることをはっきり認識することが必要です．

「対象期間中の平均が 0.26 だ」ということはよしとするにしても，それを，時期の限定を外して 0.26/年 だということは不当です．

しかし，「平均の状態がつづいたとしたら」という前提つきで滞留期間を予測することは，前提つきだということを認識して使うなら，それでよいのです．

もちろん，平均 0.26 を使うかわりに，(0.4, 0.2, 0.1) という時期に対応する値をセットにして使うなら，めんどうになりますが，議論を精密化できます．

さらに，各時期における発生率の分母を，「前期までの消滅をさしひいたものにする」という注意が必要です．

③ ここでは，そのことを確認するとともに，より精密な見方をするための枠組み（くわしくは別のテキストで学んでもらうものとして考え方のみ）を説明しておきます．

④ こういう点をきちんと論ずるには，記号表現を使うべきです．

図 8.5.1 を参照しながら，以下の数式表現による説明をフォローしてください．

まず，記号の定義です．

　　　Q_I：I 期の期末滞留数，　P_I：I 期の期間中消滅数．

なお，図 8.5.1 では図を簡単化するために，第3期の期末で滞留数が0になる，すなわち，$Q_3=0$ になるものとして図示してありますが，数式表現の方では，記号 Σ を使って一般化しています．

まず，

図 8.5.1 ストック，フロー，状態継続期間

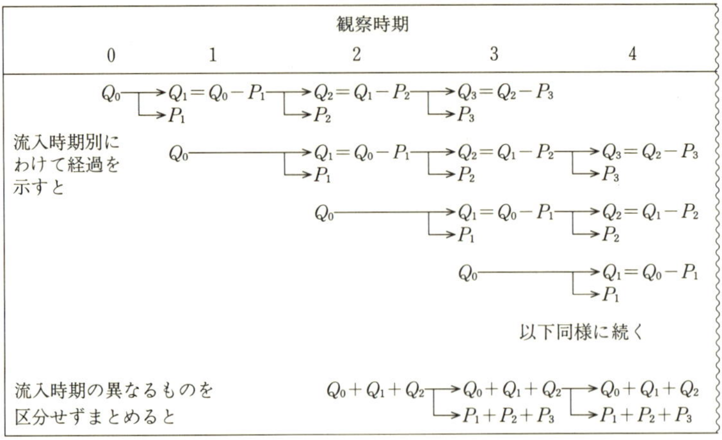

	観察時期				
	0	1	2	3	4

流入時期別にわけて経過を示すと:

$Q_0 \to Q_1 = Q_0 - P_1 \to Q_2 = Q_1 - P_2 \to Q_3 = Q_2 - P_3$
　　　　　$\to P_1$　　　　　$\to P_2$　　　　　$\to P_3$

　　　　$Q_0 \to Q_1 = Q_0 - P_1 \to Q_2 = Q_1 - P_2 \to Q_3 = Q_2 - P_3$
　　　　　　　　　$\to P_1$　　　　　$\to P_2$　　　　　$\to P_3$

　　　　　　　　$Q_0 \to Q_1 = Q_0 - P_1 \to Q_2 = Q_1 - P_2$
　　　　　　　　　　　　$\to P_1$　　　　　$\to P_2$

　　　　　　　　　　　$Q_0 \to Q_1 = Q_0 - P_1$
　　　　　　　　　　　　　　　$\to P_1$

以下同様に続く

流入時期の異なるものを区分せずまとめると:

$Q_0 + Q_1 + Q_2 \to Q_0 + Q_1 + Q_2 \to Q_0 + Q_1 + Q_2$
　　　　　　　　　$\to P_1 + P_2 + P_3$　$\to P_1 + P_2 + P_3$

流入から流出までの平均滞留期間は

$$L = \frac{P_1 + 2P_2 + 3P_3}{P_1 + P_2 + P_3} = \frac{\sum IP_I}{\sum P_I} \quad (1)$$

です．また，

$$\begin{aligned}
\text{流入第1期における流出率} \quad & R_1 = P_1/Q_0 \\
\text{流入第2期における流出率} \quad & R_2 = P_2/Q_1 \\
\text{流入第3期における流出率} \quad & R_3 = P_3/Q_2 \\
\text{一般には} \quad & R_I = P_I/Q_{I-1}
\end{aligned} \quad (2)$$

であり，これらの平均でみた1期あたり平均流出率は

$$\text{平均流出率} \quad R = \frac{Q_0 R_1 + Q_1 R_2 + Q_2 R_3}{Q_0 + Q_1 + Q_2} = \frac{\sum P_I}{\sum Q_{I-1}} \quad (3)$$

です．

ここまでは，特定時期に流入したものの流れを追った見方ですが，流入時期の異なるものを一括してみると，

$$\frac{\text{期間中の流出}}{\text{期首の滞留}} = \frac{P_1 + P_2 + P_3}{Q_0 + Q_1 + Q_2} = \frac{\sum P_I}{\sum Q_{I-1}} \quad (4)$$

となり，(3)式と一致します．「状態がかわらない」という仮定のもとで成り立つことですが，データの扱い方という意味では重要な事実です．

すなわち，(3)式はコホートでみる場合であり，(4)式はクロスセクションでみる場合にあたります．2とおりの見方（見方としては異なる）の結果が，定常状態下では同じ値を示すわけです．

また，Q と P の間に成り立つ関係

$$\begin{aligned}
Q_0 &= P_1 + P_2 + P_3 \\
Q_1 &= P_2 + P_3
\end{aligned} \quad (5)$$

$Q_2 = P_3$

一般には $Q_{I-1} = \sum P_J$ for $J = I, I+1, I+2, \cdots$

を使って

$\sum Q_{I-1} = \sum I P_I$

が導かれますから，平均滞留期間 L と平均流出率 R の関係

$L = 1/R$

が証明されます．

システムダイナミックス

ある変数のレベル X とレート DX について，たとえば次の想定をおくと，それぞれ図示した曲線に対応します．

a. $DX = A(X-L)$ .... 初期水準 L からはじまる指数曲線
b. $DX = B(L-X)$ .... 飽和水準 L に漸近する指数曲線
c. $DX = A(X-L_1)(L_2-X)$ ...... L_1 からスタートし L_2 に漸近する S 字状の曲線
d. $DX = A(X-L_1) - B(L_2-X)$　2 つの項の L_1, L_2 の間のある水準に漸近

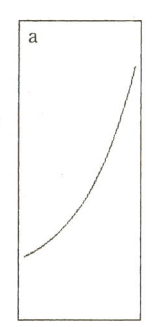

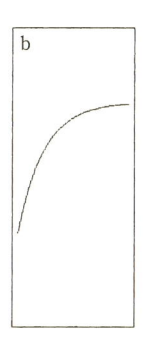

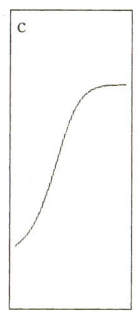

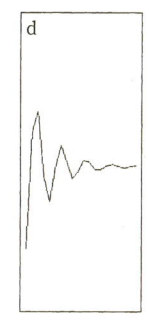

さらに，これらのモデルに含まれる係数(一種の変化率)について，その変化を説明するモデルを組み込むと，広範な現象を説明できます．

システムダイナミックスは，レベルとレートに関するモデルを中核として，現象にひそむ因果関係を分析し，予測しようという意図で使われる手法です．「成長の限界」で使われたように，多くの側面が複雑にからみあった現象を解き明かすことができるものです．

この節の展開は，上記のうち c のモデルを使っています．

▶ 8.6 ストック・フローのデータの見方

① 表8.6.1に土地住宅のローンに関するストック（貯蓄動向調査による年末残高）およびフロー（家計調査による年あたり返済額）の情報を例示してありますから、これをくわしくみていきましょう。

表示したデータのうち、A, Bは貯蓄動向調査による年末値または年間値（単位千円）であり、C～Fは家計調査による月間値（単位千円）です。

勤労者世帯全体でみた数字（表8.6.1(a)）と、住宅ローンをもつ世帯だけでみた数字（表8.6.1(b)）の両方をあげてあります。住宅ローンの状況を分析しようとするのだから、当然表8.6.1(b)に注目すべきだ…もっともらしい説ですが、そう断定してよいでしょうか。観念的に決めつけてしまわず、結論は実際のデータをみてからにしましょう。この節では、使える数字、使えない数字を見わけることの重要さを指摘したいのです。

表8.6.1 土地住宅のための借入金（1988年）
(a) 勤労者世帯全体でみた数字

年齢	A 年収	B 負債の現在高	C 可処分所得	D 新規借入れ	E 返済	F 負債の減少	負債のある世帯割合
25～29	3992	729	297.6	1.507	5.955	4.448	9.4
30～34	4817	1813	339.2	13.991	11.825	−2.166	21.3
35～39	5471	2685	386.7	6.277	22.992	16.715	32.4
40～44	6301	3779	422.7	9.454	29.222	19.768	47.8
45～49	6999	3302	459.6	0.209	30.673	30.465	47.1
50～54	7809	2568	471.9	2.197	24.165	21.967	43.6
55～59	7601	2001	434.9	0.905	16.956	16.052	33.5
60～64	6451	1259	367.6	0.467	11.660	11.193	25.7

(b) 負債のある勤労者世帯だけでみた数字

年齢	A 年収	B 負債の現在高	C 可処分所得	D 新規借入れ	E 返済	F 負債の減少
25～29	4456	7778	356.6	0.000	66.476	66.476
30～34	5544	8500	383.8	24.325	65.269	40.944
35～39	6225	8293	436.1	5.194	69.662	64.468
40～44	6787	7937	483.2	13.527	72.655	59.128
45～49	7709	7005	514.2	0.477	71.668	71.192
50～54	8735	5886	543.3	1.694	64.163	62.469
55～59	8162	5976	511.2	1.254	61.991	60.737
60～64	7475	5090	436.1	0.000	67.892	67.892

8.6 ストック・フローのデータの見方

表 8.6.2(a) 表 8.6.1(a) から誘導される指標

年齢区分	G 負債対 年収	H 返済額対 可処分所得	I 借入期間
25～29	0.18 倍	2.0%	122 月
30～34	0.38	3.5	153
35～39	0.49	5.9	117
40～44	0.44	6.9	129
45～49	0.47	6.7	108
50～54	0.33	5.1	106
55～59	0.26	3.9	118
60～64	0.20	3.3	108

表 8.6.2(b) 表 8.6.1(b) から誘導される指標

年齢区分	G 負債対 年収	H 返済額対 可処分所得	I 借入期間
25～29	1.75 倍	18.6%	119 月
30～34	1.56	17.0	130
35～39	1.33	16.0	119
40～44	1.17	15.0	109
45～49	0.91	13.9	98
50～54	0.67	11.8	92
55～59	0.68	12.1	96
60～64	0.68	15.6	75

② 「住宅ローンが家計にどの程度の負担になっているか」をみるためには，次のような指標を計算してみるとよいでしょう．

  G＝負債現在高/年収　　　　　　（＝B/A）
  H＝月あたり返済額/可処分所得　　（＝E/C）
  I＝負債現在高/月あたり返済額　　（＝B/E）

これらのうち G, H はよく使われる指標ですが，I も，「かかえているローンの返済期間」を示す重要な指標です．

ただし，I の計算の分母は，返済，すなわち出のフローを使ってください．新規借入れ，すなわち入のフローを使わない理由は，順を追って説明します．

計算結果は，表 8.6.2(a) あるいは表 8.6.2(b) のとおりです．

③ このうち，負債ありの世帯についての計算（表 8.6.2(b)）をみると，次のようなことがわかります．

G について，ほぼ年収 1 年分の負債をかかえていること．ただし，
　年齢層別にみると，1.8 から 0.7 へと漸減していること．
H について，ほぼ月収の 15% を返済にあてていること．ただし，
　年齢層別にみると，19% から 12% へと漸減していること．
I については，平均 100 か月の返済期間で借りていること．ただし，
　年齢層別にみると，130 か月から 90 か月へと高齢者ほど短い期間の借入れとなっていること（必ずしも返済したから短くなったということではない）

「そうであろう」と納得できる結果のようです．さらに，次の計算をしてみると，G, H, I の数字が合理的な値になっていることを確認できます．

たとえば，表 8.6.3 に例示するように年収の 1 年分の借入れを複利 6%，元利均等払いの条件で借り入れて，月々の支払いを月収の 15% とすると，支払い完了は 103 か月になることを示します．表 8.6.2(b) の数字がほぼこれに対応しています．もちろ

表 8.6.3 負債額，返済条件と月々の負担の間に想定される関係

負債/年収	(倍)	0.7	1.0	1.3	0.7	1.0	1.3	0.7	1.0	1.3
利息	(%)	4	4	4	6	6	6	8	8	8
月々の支払い/月収	(%)	17	15	12	17	15	12	17	15	12
返済完了	(月)	110	94	80	124	103	87	143	115	95

ん，借入れ条件が世帯ごとに異なりますから，「平均でみてこうだ」ということですが，こういう確認ができることに注意しましょう．

④ 負債をもたない世帯も含めた数字(表 8.6.2(a))でみると，GやHの数字は，実態を表わすといいがたい結果になっています．

負債をもたない世帯を含んでいるから，「当然そうだ」といってよいでしょう．

⑤ ただし，負債をもたない世帯も含めた数字でみることが妥当だ…そういう場合もあります．

表 8.6.2(b)でみると，どの年齢層でも負債は純減を示しています．いいかえると，D<Eとなっています．「借入れより返済が多い状態がつづく？ これはおかしい」という疑問です．なぜそうなったのかを考えてみましょう．

この表で取り上げている世帯は「土地住宅のローンをもっている世帯」です．いいかえると，「ローンを組んだ」，したがって「この表の集計範囲に入った」のです．そうして，そういう世帯は，それ以降「もう一度別のローン契約をすることは少ない」と考えられますから，この表の新規借入れの数字が少ないのです．このため，

　　　「新規借入れ」の情報を
　　　「新規借入れの発生する可能性の低い世帯」でみるという不適当な見方

になっているのです．

こう考えれば，「新規借入れ」の情報は，現にローンをもっている世帯だけに限定せず，もっていない世帯を含めた表 8.6.1(a)の方でみるべきです．

⑥ それにしても，「借入金の合計Dは，返却金の合計Eの1/4程度しかない」という数字になっており，利息がかさむことを考慮に入れたとしても，「借入金の数字が実際より低いのではないか」という疑いが残ります．

家計簿に記載されるような日常性のある買い物ではありませんから，家計の枠外だという理由で記載もれしたことも考えられます．

また，「土地住宅のためのローン」というまれにしか起こらない現象については，調査対象 8000 世帯ではサンプリング誤差の影響が大きくて，正確な情報が得にくいことが考えられるひとつの理由です．

さらに，住宅ローン借入れ，住居の購入，住所移転とつながりますが，調査対象のサンプリングにおいて「住所移転者に対する考慮」が十分なされていないことから，サンプル数だけの問題ではなく，サンプリングの手続きがどうなっているかを調べてみるべきです．

⑦　さらに基本にかかわる問題があります．住宅購入にあたっては，ローンの借入れだけでなく，預金の取りくずしで対応しているはずです．したがって，「預金引出し」の情報をあわせて使うことを考えるべきです．ただし，こういう使い方に対応できる情報は集計されていません．「預金引出し」の情報が集計されていても，引き出した額が「住宅購入」に使われたものかどうかがわからない … 調査してくれといっても，調査しにくいことですから，そういう条件下で問題を考えましょう．

データの精度
「説明の枠組み」を想定して試算し，
観察値と照合してみると，
精度を確認できることが多い．

● 問題 8 ●

問1 次のデータの時間的属性は，ストックかフローか．必要があれば，それを掲載している資料をみて，時間的属性に関する説明をみること．
　　　a. 自動車販売台数　　b. 中古自動車販売台数　　c. 自動車普及率　　d. 世帯あたり自動車保有台数　　e. 銀行預金額（銀行統計による）　　f. 預貯金保有残高（貯蓄動向調査による）　　g. 預貯金預入れ高（家計調査による）　　h. 新規求職申込み数　　i. 有効求職者数　　j. 新規求人倍率　　k. 有効求人倍率　　l. 国内総生産（国民経済計算による）　　m. 国内投資額（国民経済計算による）　　n. ハワイのマウナロア観測所での大気中の CO_2 含有量　　o. 道路交差点（交通渋滞の著しいところ）での大気中の CO_2 含有量

問2 (1) 次の月別時系列データについて，月別変化を示すグラフをかけ．
　　a. 百貨店販売額指数
　　b. 完全失業者数
　　c. 東京の月別平均気温
　　d. 家計調査対象世帯の「電気代支出金額」の月平均値
　　(2) (1)a および b のデータの「季節変動調整ずみ系列」について，(1)と同じ形式でグラフをかいて，比較せよ．

問3 「年齢区分別人口数」を同じ年齢での「年間死亡者数」でわると，その年齢での「平均余命」の推定値が得られる．男の場合，女の場合をわけて計算せよ．
　　　注：公表されている「年齢別平均余命」の数字は，数年にわたるデータを使って，より精密な計算を行なっているので，この問いの計算値とは一致しません．

問4 (1) 年次系列データを使って，$D=$ 有効求職者数/新規求職者数 を計算せよ．計算結果は月数に換算すること．
　　　注：これによって，求職申込み者の「平均待ち時間」すなわち「平均失業期間」が推計されます．
　　(2) $S=$ 有効求人数/新規求人数 を計算せよ．月数に換算すること．
　　　注：これによって，求人申込み者の「平均待ち時間」が推計されます．
　　(3) D/S が「有効求人倍率」と一致することを確認せよ．
　　　注：S の変化および D の変化をみて，それぞれの傾向値を見出し，それらの比をつくると，有効求人倍率の数字にもとづいて，求職難の状態か，求人難の状態かを判断できるでしょう．

問5 (1) 家計に対する「住宅ローン」の影響を分析したい．そのために，まず，次の指標値を 1978, 1988, 1998 年について計算してみよ．基礎データは，貯蓄動向調査報告書および家計調査年報に掲載されている．

$$X = \frac{住宅ローン残高}{住宅ローン返済額（月平均）}$$

この結果によって，「平均何か月分のローンをかかえているかをよみとりたい」という意図であるが，そうよめるか．

(2) (1)の計算で，「住宅ローンあり」の世帯だけを選んで集計した数字を使うとどうか．

(3) 住宅ローンの負担は，年齢階層によって異なるだろう．そのことをみるために，(1)および(2)の計算を年齢階層別に行なえ(86年については本文に示してあるので，それを確認せよ)．

(4) (2)では「現在保有しているローンを今後何か月で返済できるか」をみるために

$$X = \frac{住宅ローン残高}{住宅ローン返済額（月平均）}$$

を計算したが，「借入れしてから現在までの期間」を推定するためには，分母をおきかえて

$$Y = \frac{住宅ローン残高}{住宅ローン借入れ額（月平均）}$$

をみることが考えられる．これを計算してみよ．

計算結果に疑問はないか．この指標を使うことについて問題点を指摘せよ．

(5) 本文の表 8.6.1(a), (b) の情報を使って，ローン新規借入れ額の年齢分布と，返済額の年齢分布をかいて，借入れのピークと返済のピークがそれぞれ何歳ごろかを調べよ．

このためには，表 8.6.1(a), (b) のどちらを使うべきか．

9

時間的推移の見方
——レベルレート図

> この節では，現象の時間的変化をみる問題を取り上げます．まず，現象の変化をみる上での基本概念である「レベルとレート」に注目して，両者の関係を示すレベルレート図によって，景気動向など循環する現象や，あるレベルに達するまで成長をつづける現象などを簡明に把握できること，そうして，場合によっては，その変化を説明するモデルを体系化できることを解説します．

▶9.1　レベルレート図

レベルとレート

① 前章で，現象の変化をみるために，レベルとレートを区別してみるべきことを指摘しました．現象の異なる側面を計測するわけですが，1つの現象の側面ですから，相互に関連をもちつつ動いているわけです．したがって，現象を説明するには，両者の関係をみなければなりません．

この章では，まず，この関係を「レベルレート図」に表わすことを説明します．

② 1つの量 X の変化を説明するために，
　　　各時点におけるその値（レベル）と，
　　　ある期間でみたその値の変化（レート）
に注目します．

たとえば，"値が高い"とか"値が低い"というだけでは精密さに欠けますから，
　　　"レベルが低いが増加している"
　　　"レベルが高いが増加率は低い"
など，もう一段細かい見方を採用するわけです．

さらに，増加率そのものの変化に言及する場合があります．どんな現象でも増加しつづけるわけはありません．したがって，たとえば，

"こんな増加率がいつまでもつづくわけはない，
　　　そろそろあたまうちになるだろう"，
あるいは
　　　"xxx がレベルの上限だ，それに近づくにつれて増加率は漸減する"
といった説明をします．あるいは，そういう説明があてはまるかどうかを調べます．
　レベルがある限度に達するまではその変化を抑制するメカニズムが働くが，限度をこえると，大きい変化率をもって動き出す，こういう「しきい値」をもつと考えられる現象もあります．
　③　このような形で，
　　　レベルとレートが相互に関連しつつ推移する場合が多い
ので，事態の説明あるいは分析では，
　　　量のレベルとレートを区別して，そうして，関連づけて，
みることが必要です．
　レートがレベルの変化をもたらします．それと同時に，レベルの変化がレートに変化をもたらします．そういう変化の波及は，すぐに起きる場合もあれば，若干の時間遅れ（タイムラグ）をともなって起きる場合もあります．
　このような波及関係を把握することによって，現象のダイナミックな動きを分析できるでしょう．システムダイナミックスとよばれる分野は，こういう動的な関係を把握し，分析しようとするものです．
　この章ではそれに深入りしませんが，時系列データを扱う基本概念ですから，
　　　レベルとレートに注目し，情報表現（レベルレート図）と，
　　　その図にもとづいて時間的推移のタイプを体系的に考察できること，
　　　したがって，時間的推移の分析に有効であること
を説明します．

レベルレート図

④　レートすなわち $X(T)$ の変化は，2とおりの表わし方が考えられます．
　　　差：　　$DX(T) = X(T) - X(T-1)$
　　　率：　　$RX(T) = \dfrac{X(T) - X(T-1)}{X(T-1)}$

$DX(T)$ も，単位時間あたりという意味では率ですが，$X(T)$ と同じ単位をもつ量ですから，以下では，これを「変化量」とよび，$RX(T)$ を「変化率」とよびわけることとしましょう．

　この表現における D, R は，その右におく変数 $X(T)$ に対して適用される演算記号だと解釈できます．また，$RX = D(\log X)$ とおきかえることができます．

　以下では，(T) や $(T-1)$ の表記を省略します．

　◆ **注**　D は，単位時間を十分短くとると，微分を表わす演算記号になりますが，社会現象では時のきざみを短くとれませんから，1期前との差と定義しているのです．

図 9.1.1 レベルレート図

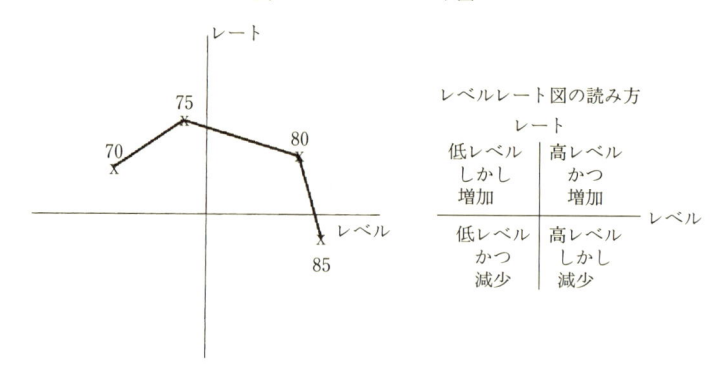

図 9.1.2 循環現象のレベルレート図

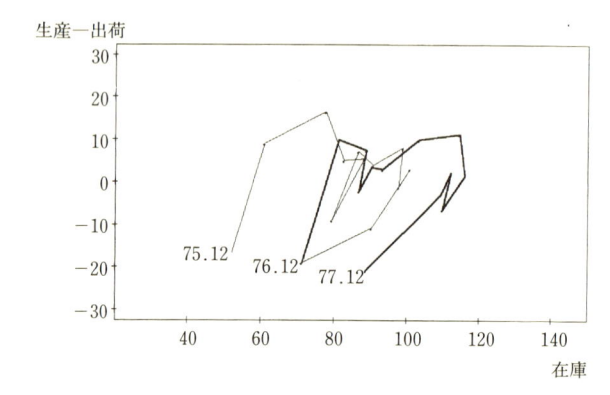

⑤ レベルとレートの関係を図9.1.1のようにプロットすると，状態を説明しやすくなります．この図をレベルレート図とよんでいますが，レートの扱いを区別するときには，

　　　レベルレート図 (X, DX)
　　　レベルレート図 (X, RX)

と表わすこととします．

この図を使うと，図9.1.1の右側に示す読み方を適用して，成長経路が上昇下降のいずれにあるか，その傾向が「加速しているか減速しているか」をよむことができます．

循環現象のレベルレート図

⑥ 図9.1.2は，ある工業製品の在庫と出荷の関係をレベルレート図にえがいたものです．

図9.1.1に示す4つのフェーズを経る形で循環していることがわかります．

図 9.1.3 図 9.1.2 に対応する XT プロット

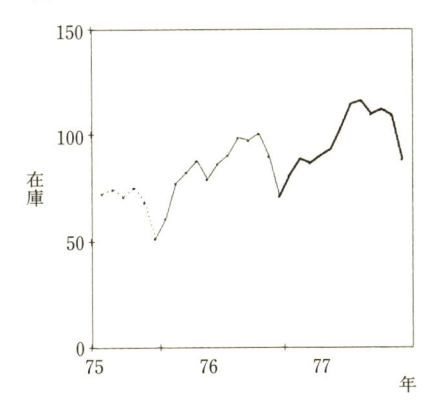

この例では，毎年12月に増える需要をみたすために春から夏にかけて在庫を積み増し，秋から出荷しています．したがって，1年をサイクルとした循環になっているのです．

2年分を図示していますが，ほぼ同じ循環パターンを示していることがわかります．

この図に対応する時間的変化は，図 9.1.3 のようになります．現象の変化をみるという意味では，図 9.1.3 が普通の表現ですが，図 9.1.2 の表現が「種々のタイプの変化を一般化して説明できる」という意味で役に立つのです．

成長経路の説明

⑦ このレベルレート図は，時系列データの時間的推移の型を識別する上で，特に有効です．

たとえば

　　　レベルレート図 (X, DX) 上での水平線は直線 $X = A + BT$ に対応し，

　　　レベルレート図 (X, RX) 上での水平線は指数曲線 $X = Ae^{BT}$ に対応する

ことを，どんな方法でもかまいませんから，確認してください．

もちろんこれらは特別の場合ですから，もっとくわしく "レベルレート上での点の動き" と，$X = f(t)$ の形の対応関係をみていきましょう．

多くの自然現象，社会現象では，たとえば "レベル X が上昇してある限度に近づくにつれて変化量 DX が漸減していく" 例がよくみられますが，そういう推移は，レベルレート図 (X, DX) では右下がりの直線で表わされます．

レベルレート図 (X, DX) 上での水平線は変化量一定の推移であり，レベルレート図上での右上がりの直線は変化量 DX が X とともに大きくなっていく推移に対応します．

したがって，推移の順にいうと，

のカーブをえがくことになるのです．

　カラーテレビの普及率の推移は，このような推移を示す典型例です．図9.1.4をみてください．

　これを(X, T)図上にプロットすると，下限0からスタートして上限1に漸近するS字状のカーブになります．これは，後の節で説明するロジスティックカーブにあたります．

　この例の場合，変化率は一貫して漸減しています．それが，このカーブの特徴です．

　では，変化率が漸増している場合はどうか，それをみるために(X, RX)の形のレベルレート図をかくことが考えられます．

成長曲線の数学的表現

⑧　このようなレベルレート図上での推移は，成長曲線におきかえて分析すること

図9.1.4　カラーテレビの普及率の推移

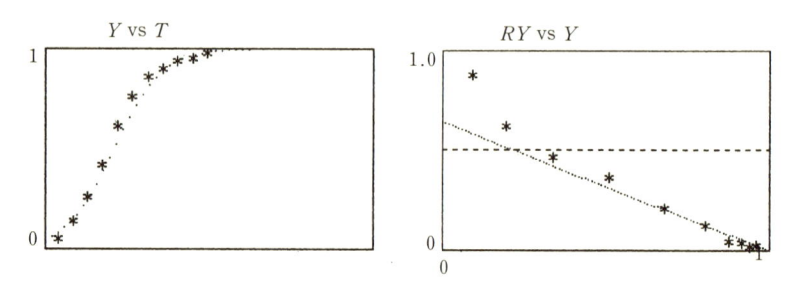

図9.1.5(a)　指数モデルのレベルレート図

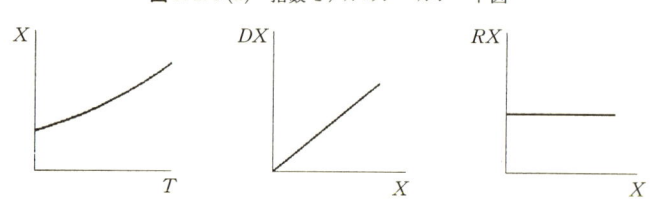

図9.1.5(b)　ロジスティックカーブのレベルレート図

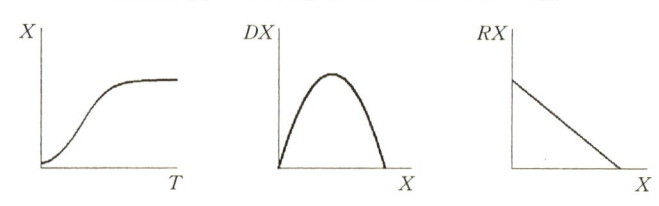

ができます.

　たとえば，(X, RX) 上での水平線は，変化率一定, すなわち, 指数曲線で表わされる推移です.

　また, レベルレート図 (X, DX) における右上がりの直線, 水平線, 右下がりの直線と推移する経過を放物線

$$DX = \beta X(L-X) \tag{1}$$

でおきかえると,

$$\frac{DX}{X} = \beta(L-X) \tag{2}$$

です.

　これを積分して, X の推移を表わす曲線 $X=f(t)$ を求めることができます.

$$X = \frac{L}{1+\exp[-\beta L(T-T_0)]} \tag{3}$$

これが, ロジスティックカーブとよばれているものです.

　(3)式で表わすといかにも複雑そうな形ですが, レベルレート図9.1.5(a)と図9.1.5(b)に示すように, (DX, X) でいうと直線, 放物線, (RX, X) 上でいうと定数, 直線とおきかえることによって, 指数曲線につづいてこのロジスティックカーブが自然に出てくるのです.

ロジスティックカーブの位置づけ

　⑨　直線, 指数曲線, ロジスティックカーブなどをレベルレート図 (DX, X) でみると, 表のように, 自然な拡張になっていることがわかります.

レベルレート図の形と推移曲線		
直線	$DX = \beta$	
指数曲線	$DX = \beta X$	すなわち　$RX = \beta$
ロジスティックカーブ	$DX = \beta X(L-X)$	すなわち　$RX = \beta(L-X)$

　このように, 提唱されている種々のモデルを体系づけて理解できることが, レベルレート図の効用です.

　この章では, このことを利用して, ロジスティックカーブの位置づけを考えていきます.

　また, この表では指数曲線もロジスティックカーブも,「原点をとおる形」になっていますが, 定数項をつけ加えて

　　　　$DX = \alpha + \beta X$　あるいは　$DX = \alpha + \beta X(L-X)$ とし,

　　　α の正負および β の正負に応じて種々のモデルを識別できること

を9.2節, 9.3節で説明します.

▷9.2 指数型成長曲線

① 成長曲線を推定する問題では，前節で説明したロジスティックカーブのほかにも種々のモデルが採用されていますから，それらを，レベルレート図に対応づけてみていきましょう．

② **指数的成長モデル**
「成長率が一定」，すなわち
$$RY = \alpha$$
という仮定をおく場合に対応するモデルです．
書き換えて
$$DY = \alpha Y \tag{1}$$
と了解することもできます．

この場合，レベル値 Y とその変化 DY との関係は図9.2.1(a)のようになります．図では α が正の場合について示しています．

このモデルに対応する成長曲線は，図9.2.1(b)です．図に付記したとおり指数関数で表わされるものです．このことは，レベルレート図の表現式を積分することによって誘導できます．

このモデルに含まれるパラメータは，成長速度に関する α，基準時点を表わす T_0 です．

③ **初期レベルをもつ場合**　前項の指数的成長モデルに対して
$$DY = \alpha(Y - Y_0) \tag{2}$$
と，非負の定数 Y_0 がつけ加わると，成長曲線は，図9.2.2のようになります．

このモデルにおける Y_0 は，時の経過にかかわらずバックグラウンドとして存在する初期レベルを表わします．したがって，指数曲線は，それに上乗せする形になるのです．

図9.2.1　指数的成長モデル

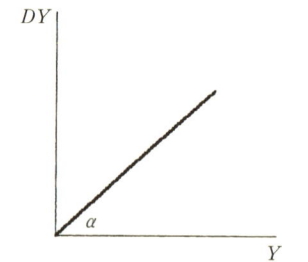

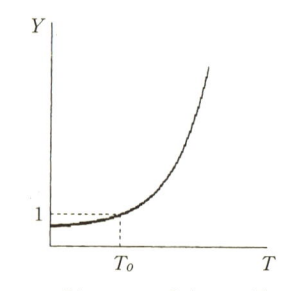

(a) $DY = \alpha Y$　　　　(b) $Y = \exp[\alpha(T - T_0)]$

9.2 指数型成長曲線

図 9.2.2 初期レベル ($Y_0 > 0$) をもつ場合

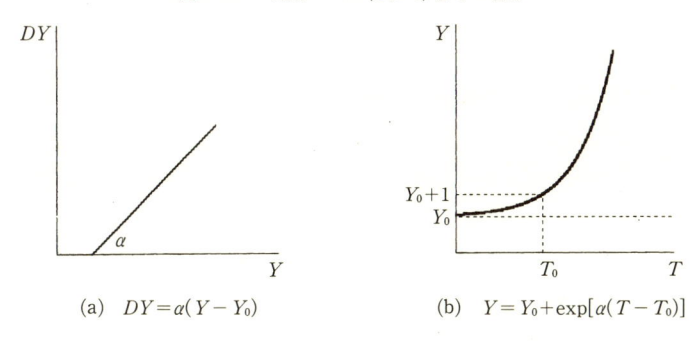

(a) $DY = \alpha(Y - Y_0)$

(b) $Y = Y_0 + \exp[\alpha(T - T_0)]$

図 9.2.3 しきい値 ($Y_0 < 0$) をもつ場合

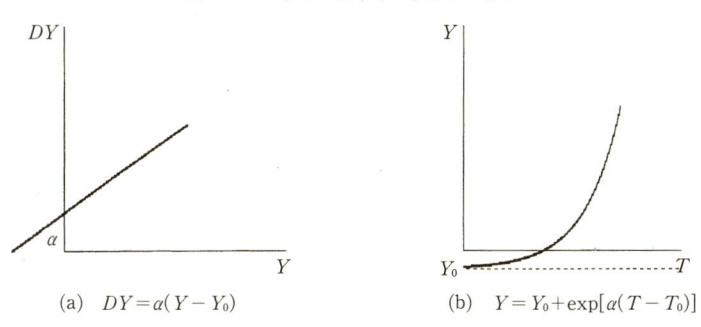

(a) $DY = \alpha(Y - Y_0)$

(b) $Y = Y_0 + \exp[\alpha(T - T_0)]$

このような説明に対応する曲線ですから，図 9.2.2 (a) または (b) における $Y < Y_0$ の部分は存在しないものと考えています．

この初期レベル Y_0 は，レベルレート図 9.2.2 (a) の「$DY = 0$ に対応する Y の値」としてよみとれます．

④ **しきい値をもつ場合** 前項のモデルで Y_0 が負の場合は，図 9.2.3 のようになります．

このモデルは，$Y < 0$ の部分からはじまる指数曲線に対応します．負の値をもちうる現象では，初期レベルが負の場合として，図 9.2.2 と同様に考えることができます．

ただし，このモデルについては，負の値に対して，以下のように解釈するすることができます．

Y の変化としては，
  負の部分も含めて1つの式で説明しうるが，
  それが0をこえるまではそれをおさえる要因が働き，
  現実には観察されない

したがって，

ある時点 T_c からカタストロフィックに動き出す（ようにみえる）
こう想定される場合があります．
　こういう限界値を，"しきい値"とよびます．
　Y が負になりうる場合は負の初期水準をもつ場合として前項のモデルと同様に扱うことができます．
　Y が負になりえない場合には，上のように，しきい値をもつ場合のモデルとして適用できます．
　観察されない部分も含めてみれば，(X, T) の関係は指数曲線であり，それが上下にシフトしただけですが，現象の説明としては，初期水準やしきい値が重要な意味をもつ場合があり，こういうモデルが必要となるのです．
　⑤　初期レベルやしきい値をもつ現象については，(Y, T) 平面上で観察するよりも，(DY, Y) 平面，すなわち，レベルレート図の上で観察する方が推移の型を把握しやすいことに注意してください．直線の位置によって，どの場合かを識別できるからです．
　これまでのモデルは，すべて，Y の(定数は除いてみた)変化が Y に比例する，すなわち，「初期水準からの差に比例して変化する」という形になっています．
　⑥　**指数的限界漸近モデル**　　このモデルは，
　「ある限界値との差に比例して変化する」
という仮定に対応するモデルです．
　したがって，限界値を L とおくと，このモデルは
$$DY = \beta(L-Y) \tag{3}$$
によって特徴づけられるものです．図でいうと，図9.2.4 です．

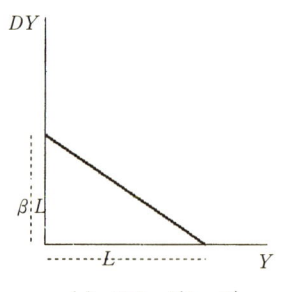

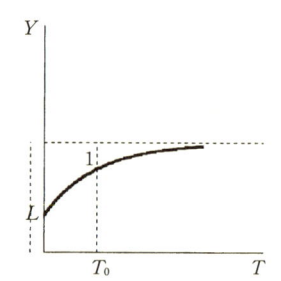

図9.2.4　指数的限界漸近モデル

(a)　$DY = \beta(L-Y)$
(b)　$Y = L - \exp[-\beta(T-T_0)]$

　たとえば耐久消費財の普及率について，その変化が"未所有者の新規購入によって生じる"と想定できる場合，発生率を $DY/(L-Y)$ で評価することが考えられます．
　この項のモデルで表現される成長曲線上を動くこと ⟵⟶ この形で評価した発生率一定，と対応するからです．
　あるテキストでは，この形で表わされる発生率を「有界変化率」とよんでいます．

変化が $L-Y$ に比例すると仮定することは，Y が L に漸近すると仮定することを意味します．そのことは，モデルの表現式から成長曲線の表現式（図 9.2.4 (b) の下に付記した式）を誘導して確認できます．当然，$Y=L$ に漸近する曲線になっています．

モデルに含まれるパラメータについては，
$$\beta > 0, \quad Y < L$$
と仮定するのが自然です．

ただし，β が負の場合も，漸近線の上に観察値があり，漸近線に上方から漸近する場合として視野に入れてよいでしょう．

レベルレート図 (DY, Y) の横軸との交点が，このモデルでは漸近線（このモデルでは飽和水準，これまでのモデルでは初期水準）に対応していることを注意しましょう．次節で，これが2つあるモデルを導入します．

▷ 9.3 成長曲線のモデル

① 前節のモデルは $DY=f(Y)$ が直線の場合でした．もう少し仮定をゆるめて $DY=f(Y)$ が2次曲線で表わされる場合を考えましょう．

② **ロジスティックカーブ**　　ロジスティックカーブは，183 ページで示してあるとおり，次の式で表現されます．
$$X = \frac{L}{1+\exp[-\beta L(T-T_0)]}$$

しかし，その形で考えるよりも，それから誘導される式（あるいは，それを誘導する基礎式）
$$DY = \beta Y(L-Y) \tag{4}$$
が「モデルを特徴づける関係」であることに注意しましょう．

これが，レベルレート図での表現式です．

この表現におけるパラメータについては
　　　　L が飽和水準，　β が成長速度
だと，現象説明に対応するものになっていることが重要なのです．

このモデルは，現象の成長経過を説明するためによく採用されていますが，そのことは，
　　　Y のレベルが増大するにつれて
　　　「その変化率も増加する状態（モデル (1) 式の状態）」から，
　　　「その変化率減少をもたらす状態（モデル (3) 式の状態）」に
　　　遷移していくと想定できる場合が多い
こと，そうして，この状態遷移をモデル化したものになっているからです．

このカーブからも，また，対応するレベルレート図からも，その成長経路の性質に

図 9.3.1 ロジスティックカーブ

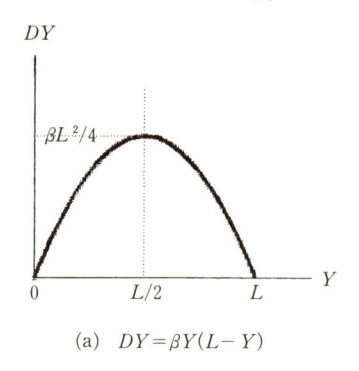

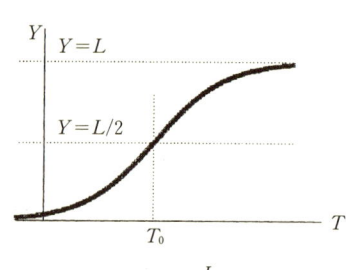

(a) $DY = \beta Y(L-Y)$

(b) $X = \dfrac{L}{1+\exp[-\beta L(T-T_0)]}$

について，
　　$Y=0$ の状態から指数曲線にしたがって増加しはじめ，
　　$Y=L/2$ のところで増加率最大になり，
　　$Y=L$ の線に漸近している
ことがわかります．

これらの性質は，レベルレート図上での関係として，直線のかわりに放物線を想定したことからくるものだとわかります．すなわち，
　　$DY=0$ の線との交点が1つから2つになったこと
　　　⇒ 漸近線が下限，上限の一方だったものが，両方をもつこと，
　　放物線を想定したこと
　　　⇒ $L/2$ の位置に関して対称性があること
と，対応づけて理解できます．

このことから，これまで説明してきたモデルの自然な拡張になっています．また，さらに拡張を考えるときの方向づけが得られます．たとえばこのモデルは，レベルレート図における軸 $DX=0$ との交点が0とLになっていますが，この制約を外したらどうかを考えるのがひとつの方向です．

モデルに含まれるパラメータについては，たとえば $\beta>0$, $Y<L$ と仮定できる場合が多いでしょう．

$\beta<0$ の場合も，上限 L から動き出して下限0に漸近する場合だと考えればこのモデルの範囲に含めることができます．この場合のレベルレート図は，上開きの放物線の負の部分になります．

③ **ロジスティックカーブ（拡張型）**　　前項のモデルではレベルレート図 (DY, Y) 上の放物線が $(0,0), (L,0)$ の2点をとおる形になっていました．すなわち，成長曲線の下限が0，上限が L の場合です．これが，よくあるケースですが，一般化できることは確かです．

9.3 成長曲線のモデル

図 9.3.2 ロジスティックカーブ（拡張型）

(a) $DY = \beta Y(L-Y) + \alpha L$

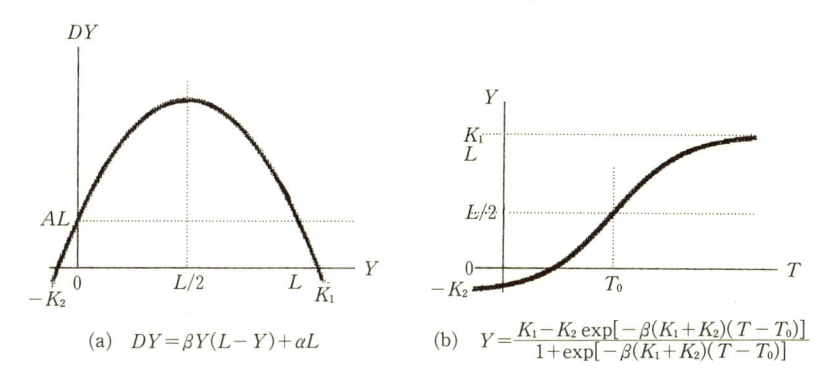

(b) $Y = \dfrac{K_1 - K_2 \exp[-\beta(K_1+K_2)(T-T_0)]}{1+\exp[-\beta(K_1+K_2)(T-T_0)]}$

図 9.3.2 (a) のように，$Y=-K_2$ および $Y=K_1$ において $DY=0$ となる 2 次曲線を想定しましょう．すなわち，

$$DY = -\beta(Y-K_1)(Y+K_2) \tag{5}$$

と想定します．

この式から，ここで想定したモデルは，

「ロジスティックカーブで表現される推移」に，

「Y のレベルいかんにかかわらず一定値をもつ項」

が加わったものになっています．この付加項は，たとえば生産設備を稼働させる限り生み出される最低水準値と解釈できるでしょう．

このモデルに対応する成長曲線は，図 9.3.2 (b) のようになります．数式表現は，図に付記したとおりです．

ここで

$$K_1 - K_2 = L, \quad K_1 K_2 = \frac{\alpha L}{\beta}$$

とおくと，モデル式は図 9.3.2 (a) の下に付記した形になることがわかります．

この成長曲線の形については，次の点が特徴です．

- 式の上では $Y=-K_2$ のところから指数曲線に沿って増加しはじめる形になっているが，現実に観察されるのは $Y>0$ の部分だけで，T があるしきい値に達したときから，$Y>0$ の増加率で増加をはじめる．
- その後増加率が逓増し，
  $Y=L/2$ のレベルに達したとき増加率が最大となり，
  その後は，増加率が逓減する．
- $T \to \infty$ に応じて $Y=K_1$ のレベルに漸近する．
  このレベル値は，モデル式に含まれている L を上まわる．
- したがって，変極点は，観察される漸近線の 1/2 の位置より下になる．

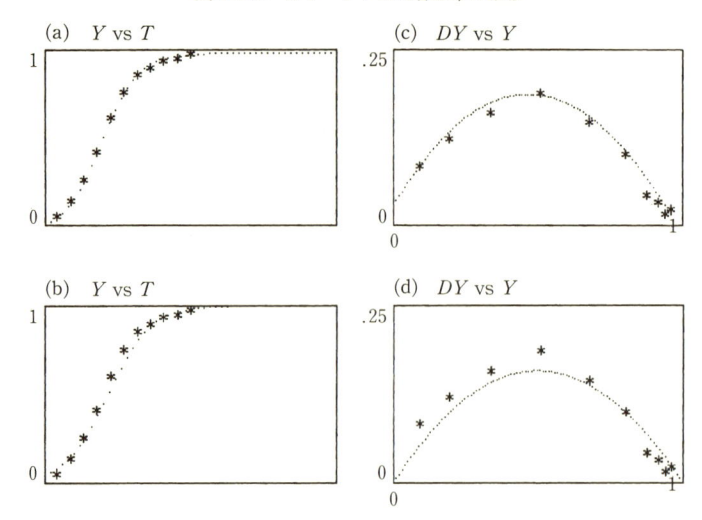

図 9.3.3 カラーテレビの普及率の推移

(a) Y vs T

(b) Y vs T

(c) DY vs Y

(d) DY vs Y

- $K_2<0$ はしきい値をもつ場合，$K_2>0$ は初期水準をもつ場合にあたる．

④ **例：カラーテレビの普及率** 例としてカラーテレビの普及率の推移をみましょう．

図 9.3.3(a) は，上限下限に関する想定をおくことなく，ロジスティックカーブをあてはめた結果です．結果として，下限 0.04，上限 0.98，が得られています．

下限 0，上限 1 を仮定して求めたロジスティックカーブ（図 9.3.3(b)）とほとんど区別できない成長経路が推定されていますが，上限下限のもつ意義を考えて図 9.3.3(a) のモデルを採用することが考えられます．レベルレート図では両者のちがいが識別できることに注意しましょう．

▷ 9.4 循環現象のモデル

① 9.1 節に例示したように，レベルレート図は，周期的にレベルの増減をくりかえす現象の表現手段としても有効です．

たとえば，レベルとレートがそれぞれ次の式で表わされるとしましょう．

$$Y = A + B \sin C(T - T_0)$$
$$DY = BC \cos C(T - T_0)$$

この表現では時間を表わす変数が陽な形で使われていますが，Y と DY の関係をみるためのレベルレート図上での曲線はそれを消去して次のように表わされます．

$$(Y - A)^2 + (DY/C)^2 = 1$$

楕円の式です．この式のパラメータは，

9.5 モデル選定の考え方

図 9.4.1 循環現象のモデル

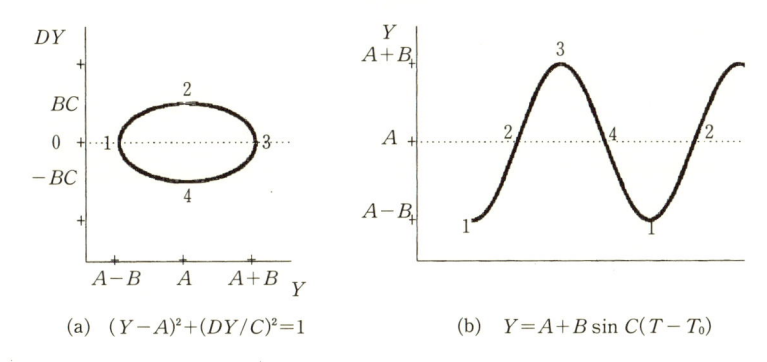

(a) $(Y-A)^2+(DY/C)^2=1$

(b) $Y=A+B\sin C(T-T_0)$

中心点が $(A,0)$，長径が B，短径が C
と対応しています．

YT 平面での動きは，下限 $A-B$，上限 $A-C$ の間を変域とする周期 C の sin カーブです．

前節のモデルと対比すると，下限 $A-B$ から上限 $A-C$ まで増加するロジスティックカーブと，上限 $A+B$ から下限 $A-B$ まで減少するロジスティックカーブとが結合されたものに近い（接続する関係で 2 つの放物線が楕円の形にかわった）ものと解釈してよいでしょう．

周期的変化の型としては sin カーブと限定できないケースが多いでしょうから，実際の問題では，このモデルをこのままの形で適用することは不適当でしょう．たとえば，季節変動の型を想定する手順をつけ加えることを考えるのです．あるいは，種々の周期の sin カーブを組み合わせて表現することを考えるのです．

9.2 節の例示のように，データそのものをレベルレート図にプロットして，数年分をみて「平均的な周期的変化」を把握し，それと各年次の変化を比較するという扱いが実際的でしょう．

それにしても，前節にあげた成長モデルとの関係，たとえばいずれもレベルレート図上の 2 次曲線に対応するモデルであることに注意しましょう．その意味で最も基本的なモデルだと位置づけられるものです．

▷9.5　モデル選定の考え方

① "成長曲線"を求める問題は，9.4 節までの範囲で考えればまず十分でしょう．ここまでみてきたように，一連のモデルについて，それぞれの意味を，一貫して説明できることがわかったと思いますが，これまでの展開のまとめを兼ねて，モデルの選定あるいはパラメータ推定に関する考え方を一般化して述べておきましょう．

② モデルは，現象の説明を考えつつ，順を追って拡張してきました．したがっ

て，モデルの表現式に含まれるパラメータが，
　　　"すべて現象のある面を記述するもの"
になっています．

また，それらは，
　　　レベルレート図上での直線あるいは放物線の位置と対応づける
ことができますから，データをプロットすることによって，およその見当をつけることができます．

まず，こういう体系化によって，たとえば，
　　　"データと合致しているが，現象の動きを説明できない"
といった結果になっている … こういう"回帰分析の誤用"を避けることができます．

そういう意味で，この節で取り上げた問題に関しては，レベルレート図が有効です．

③　モデル選定またはパラメータ推定の良否を判定するために，データとの適合度を測ることが必要ですが，データとして観察された範囲外のことまで言及しようとするには（それが成長曲線を求める問題のポイントです），
　　　"モデルの意味を考えること"
が必要です．そのためには，データ (Y, T) を Y, T 平面にプロットして傾向線をあてはめるという機械的な扱いでなく，レベルレート図を使って，
　　　"種々のモデルの意味のちがいを図の上で識別し
　　　　適用するモデルを選定することが必要"
だということです．

④　統計手法の適用について，基本的な考え方をまとめておきましょう．

> 統計手法の適用
> 情報に潜在する意味をくみとること．

統計手法は，観察値のもつ情報を，現象に関する推論に利用する方法だと了解できます．

したがって，情報のもつ意味を失うことなく，忠実に要約することを考えます．そうして，そのためには，量的指標による要約よりも，図的表現による要約の方が有効な場合が多いでしょう．

したがって，種々のモデルを識別できる図的表現（この節の問題ではレベルレート図）を考えるのです．それによって，観察値の側から示唆されるモデルをしぼっていくのです．

手法の数理が想定するモデルをもちだすのは，その後です．データの観察が不十分なまま数理的手法を先行させ，機械的にそれを適用すると，ミスリーディングする可能性があります．

データとの適合度に注目することは当然必要ですが，それを，分散や決定係数だけ

でみていると，実態を見誤るおそれがあります．また，対象とする期間のとりかたを十分に考えないと，"形の上で合致していても，事態を説明できない"結果になってしまいます．

この章で取り上げた"成長曲線の推計"は，こういう注意の必要な典型的な問題分野です．

データ主導型で問題を考えていく，これが，探索的データ解析(注)の基本理念ですが，その立場で問題を扱うと，こういう筋書きになることを理解してください．

◆**注** 探索的データ解析は，exploratory data analysis (EDA) の訳語です．

これに対して，理論あるいは仮説を先行させ，それを確認する場面を想定したものが"検証的データ解析"(confirmatory data analysis, CDA) です．CDA が適用される場面ばかりではない，それとちがった観点をとる手法も必要だとして，1970 年代に新しく展開された分野です．

● **問題 9** ●

問1 (1) 次の時系列データについて，レベルレート図をかけ．この場合，レートとしては，源データ $X(T)$ の対前期差 $DX(T)$ を使うものとする．
　　注：それぞれの $X(T)$ をプログラム DATAIPT を使って入力し，プログラム XTPLOT を使うこと．
　　注：データの記録形式は，V タイプと指定すること．
　a. テレビ普及率の年次系列（付表 F.1）
　b. 鉱工業製品在庫の月別指数

年月	1982.1	2	3	4	5	6	7	8	9	10	11	12
$X(T)$	103.4	104.2	100.2	101.3	101.9	101.5	102.5	100.2	100.6	100.9	100.5	97.9

　c. 鉱工業製品在庫の年別指数

年	1975	1976	1977	1978	1979	1980	1981	1982
$X(T)$	90.8	89.4	95.1	93.2	92.5	100.0	102.0	101.4

　d. 東京都心から 10～20 km 帯の市町村の人口の年次系列

年	1960	1965	1970	1975	1980
$X(T)$	2821	6618	3403	3467	2950

　e. 東京都心から 40～50 km 帯の市町村の人口の年次系列

年	1960	1965	1970	1975	1980
$X(T)$	2242	5636	4479	5398	3609

(2) (1) と同じデータについて，レート値として対前期変化率を使ってレベルレート図をかけ．

問2 プログラム LOGITH を使って，ロジスティックカーブに関する本文 9.3 節の説明を復習せよ．

問3 プログラム LOGISTIC を使って，カラーテレビの普及率の推移を表わすロジスティックカーブを求めよ．データは，例示用データとしてセットされている．

問4 計算に用いる年次範囲をかえて，問3の計算を行ない，結果を比べてみよ．

データファイル DT20A に，種々の期間に対応するデータを用意してある．
注：「必ずしもデータ数を多くするほどよいとはいえない」ことがわかるでしょう．

問 5 付表 F.2 は，電子レンジとルームエアコンの普及率の推移を所得階層別に示したものである．

各所得階層での年次推移を，所得階層ごとにわけてかき，各所得階層での動きを比較し，ほぼ同じ推移曲線に沿って動く（時間遅れをもつにしても同じ曲線上を動く）か，異なる推移曲線を動くかを識別せよ．

問 6 (1) レベルレート図 (DY, Y) 上での推移が図 9.3.1 の (a) で表わされる場合の成長曲線が図の (b) の形になることを示せ．

(2) レベルレート図 (DY, Y) 上での推移が図 9.3.2 の (a) で表わされる場合の成長曲線が図の (b) になることを示せ．

問 7 (1) レベルレート図 (DY, Y) 上での推移が図 9.A.1 のような直線で表わされる場合の成長曲線が「指数型漸近モデル」にあたることを示せ．

(2) レベルレート図 $(D\log Y, Y)$ 上での推移が図 9.A.2 のような直線で表わされる場合の成長曲線が「ロジスティックカーブ」にあたることを示せ．

(3) レベルレート図 $(D\log Y, \log Y)$ 上での推移が図 9.A.3 のような直線で表わされる場合の成長曲線が次の式で表わされることを示せ．

$$Y = L \exp[-\exp\{-\beta(T - T_0)\}]$$

これは，ゴンペルツカーブとよばれるものである．

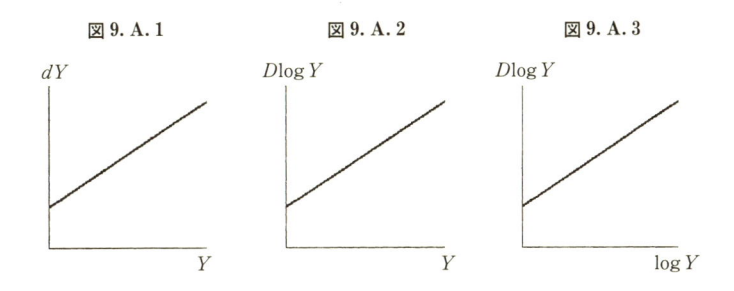

図 9.A.1　　　　　図 9.A.2　　　　　図 9.A.3

付録 A ● 図・表・例題の資料源

図表番号	図表名	資料源	付表名	FileID
表 1.1.1 〜図 1.1.4	説明用データ 職業で区分してみた分布	仮想データ	付表 A.1	XX02
表 1.3.1 〜図 1.3.2	分散の計算例 平均値と標準偏差の比較	仮想データ	付表 A.1	XX02
表 1.4.1 〜図 1.6.1	級内分散の計算 生計費支出の世帯間格差を説明〜	仮想データ	付表 A.1	XX02
表 2.2.2 〜図 2.3.2	残差分散の計算 (5)式を採用した場合の分散の比較	仮想データ	付表 A.1	XX02
表 2.4.1 〜表 2.4.6	統計表の典型例 (1) 統計表を使う場合の傾向線の計算例	家計調査	付表 C.4	DK33
表 2.4.4	消費支出総額の分布表	全国消費実態調査		DK70
表 2.4.7	扱い方に注意を要するデータ例	家計調査	付表 C.2	DK31A
図 3.2.1 〜図 3.2.6	家計支出と収入との関係 図 3.2.3 をよむために補助線を〜	仮想データ	付表 B	DH10
表 3.3.2	分散・共分散と相関係数の計算例	仮想データ	付表 A.5	
図 3.3.3	2 変数の相関図のタイプ	仮想データ	付表 A.3	XX02
図 3.4.1 〜図 3.4.2	X, Y の関係がかくされている例 $X \to Y$ の影響評価が適正でない例	仮想データ	付表 A.2	XX02
表 4.2.2 〜表 4.2.5	総合評点の基礎データ 総合評点 (3)	仮想データ	付表 A.6	
図 4.3.1	集中楕円	仮想データ	付表 B	DH10
図 4.4.1	集中多角形	仮想データ	付表 B	DH10
図 4.5.1 〜図 4.5.2	集中楕円による表現 等高線による表現	人口動態統計	付表 E.1	DF50
図 4.5.3 〜図 4.5.4	ボックスプロット 等頻度プロット	賃金構造基本調査	付表 D.3	DE03
図 4.5.5 〜図 4.5.6	1 変数の分布の表現 2 変数の分布の表現	仮想データ	表 A.4	
図 5.1.1	2 変数の関係を説明する補助線	仮想データ	付表 A.3	XX02
図 5.3.1	枠外に落ちたデータがある	仮想データ	付表 B	DH10
図 5.3.2	傾向線として直線を想定できるか	賃金構造基本調査	付表 D.1	DE11
図 5.3.3 〜図 5.3.5	食費支出に対する消費支出総額と〜 図 5.3.1 に対して直線を想定した〜	仮想データ	付表 B	DH10
図 5.3.6	図 5.3.2 に対して直線を想定した〜	賃金構造基本調査	付表 D.1	DE11
図 5.3.7	地域データの場合の残差プロット〜	社会生活統計指標		DI90
図 5.3.8	時系列データの場合の残差プロット〜		付表 G	DT10
図 5.4.1 〜図 5.4.4	回帰線 基準 2 を採用した加重回帰	仮想データ	付表 B	DH10

付　録

図表番号	タイトル	データ	付表	コード
図 5.4.5	区分別中位値の trace line	仮想データ		
図 5.5.1 ~図 5.5.2	running trace 並行ボックスプロット	仮想データ	付表 B	DH10
図 5.5.3 ~図 5.5.4	支出総額と食費支出の関係 支出総額と雑費支出の関係	仮想データ	付表 B	DH10
図 5.6.1 ~図 5.6.6	この節で扱う基礎データ 平行な直線群を想定	仮想データ	付表 B	DH10
表 6.1.1	集計表様式 (1)	家計調査	付表 C.1~C.4	DK31 DK33
表 6.1.2	集計表様式 (2)	家計調査	付表 C.5, C.6	DK44X DK45X
表 6.1.3	個別データイメージ	仮想データ	付表 B	DH10
表 6.1.4	分布表形式	家計調査	付表 C.7	DK80
表 6.2.1(a) ~表 6.2.1(c)	年間収入階級別平均食費支出 表 6.2.1(a) についての回帰式計算	家計調査	付表 C.1	DK31
表 6.2.2(a) ~図 6.2.2(b)	年間収入十分位階級別平均食費支出 食費支出と年間収入との関係 (2)	家計調査	付表 C.2	DK31A
表 6.2.3(b) 表 6.2.3(c)	回帰式の計算 (ウェイトづけ) 食費支出と年間収入との関係 (3)	家計調査	付表 C.1	DK31
表 6.4.3 ~表 6.4.4	表 6.4.2 の形式のデータ例 表 6.4.1 の形式のデータ例 (1)	家計調査	付表 C.1	DK41
表 6.4.5	表 6.4.1 の形式のデータ例 (2)	家計調査	付表 C.4	DK43
表 6.4.6	V の効果を補正するための計算	家計調査	付表 C.1	DK41 DK43
表 6.4.7	U, V によって階級区分された~	家計調査	付表 C.6	DK45X
表 6.5.4 ~図 6.5.6	米の購入量 米の購入量のコホート比較	家計調査	付表 C.10	
図 7.1.2 ~図 7.1.4	この図で設問に答えられるか 図 7.1.2 の改定案 (2)	消費者物価指数	付表 K.2	DT61
図 7.3.1(a) ~図 7.3.1(d)	(X, Y) の関係 (X, B_2) の関係	家計調査	付表 C.2	DK31A
表 7.3.3	貯蓄純増と可処分所得の関係	貯蓄動向調査		
図 7.3.5	種々の品目の弾力性係数	全国消費実態調査		
表 7.4.1 ~表 7.4.2	支出総額に対する各支出区別の~ 支出総額に対する各支出区別~	家計調査	付表 C.9	DK30
表 7.4.3 ~図 7.4.4	牛肉の購入額に対する単価と~ 変化率の推移	家計調査		
表 7.4.5	物価指数総合に対する各区分の~	消費者物価指数	付表 K.1	DU10
表 7.4.6	物価変化と実質購入量の寄与	消費者物価指数 家計調査	付表 K.1 付表 C.9	DU10 DU30
表 7.4.7 ~表 7.4.8	積モデルの例 3 とおりの端数調整法の結果比較	消費者物価指数 家計調査	付表 K.1 付表 C.9	DU10 DU30
表 8.1.1 ~表 8.2.1	発生率と有病率 死亡者数,罹病者数,致死率	人口動態統計調査		
図 8.4.1 ~図 8.4.2	失業者数の推移 失業期間の推移	労働力調査と労働市場統計調査		DT80
表 8.6.1 ~表 8.6.2	土地住宅のための借入金 表 8.6.1 から誘導される指標	家計調査		

図 9.1.2 〜図 9.1.3	循環現象のレベルレート図 図 9.1.2 に対応する XT プロット	生産動態指数		
図 9.1.4	カラーテレビの普及率の推移	消費動向調査	付表 F.1	DT20
図 9.3.3	カラーテレビの普及率の推移	消費動向調査	付表 F.1	DT20

データを使っていない図あるいは表は，この表には含めていない．
資料源　基礎データが掲載されている資料名．すべて国の統計調査などの報告書．
付表名　基礎データを付録 B に掲載している場合，その付表名．
ファイル名　添付したデータベースに収録している場合，そのファイル名．
　　　　　付録 B に掲載した範囲以上のデータをファイルに収録してある場合もある．
　　　　　基礎データを分析用に編成したファイルもある．それについては検索プログラム DBMENU を使って調べること．

付録B ● 付表：図・表・問題の基礎データ

付表A.1～A.7	仮想例(1)～(7)
付表B	68世帯の家計収支
付表C.1	典型的な集計票(年間収入階級別)
付表C.2	典型的な集計票(年間収入十分位階級別)
付表C.3	典型的な集計票(年齢階級別)
付表C.4	典型的な集計票(世帯人員別)
付表C.5	典型的な集計票(年間収入および年齢階級別)
付表C.6	典型的な集計票(年間収入および世帯人員別)
付表C.7	典型的な集計票(食費支出額の分布および分布特性値)
付表C.8	典型的な集計票(食費支出額，雑費支出額の分布特性値)
付表C.9	典型的な集計票(年次比較)
付表C.10	家計調査による品目別購入量
付表D.1	賃金月額(疑似個別データ)
付表D.2	平均賃金の年齢区分別比較
付表D.3	年齢および平均月額所定内給与階級別労働者数
付表D.4	月間所定内給与額の分布特性値
付表E.1	新婚夫婦の年齢差
付表E.2	新婚夫婦の年齢(疑似個別データ)
付表F.1	耐久消費財普及率の推移
付表F.2	耐久消費財普及率推移の収入階層別比較
付表G	エネルギー需要と関連指標
付表K.1	費目区分別消費者物価指数の推移
付表K.2	消費者物価指数の推移
付表L.1	身長・体重の年齢別推移
付表L.2	身長・体重のクロス表

* それぞれの表に記した資料からの引用です．数字の定義などについては，それぞれの資料を参照してください．
* 数字の表示桁数などをかえたものもあります．
* 数字は，それぞれに付記したファイル名で，UEDAのデータベースに収録されています．
* ファイルには，表示した範囲以外の数字を掲載している場合もあります．

付表 A

付表 A.1 仮想例 (1)

世帯番号	X1	X2	X3
1	34	2	A
2	36	2	A
3	35	2	B
4	39	2	C
5	40	3	B
6	39	3	A
7	43	3	C
8	45	3	C
9	38	3	C
10	42	3	C
11	45	3	B
12	44	3	B
13	45	4	C
14	42	4	C
15	46	4	B
16	49	4	C
17	43	4	A
18	41	4	B
19	44	4	C
20	50	4	B

[ファイル XX 02]

付表 A.2 仮想例 (2)

データ番号	X	Y	Z1	Z2
1	86	120	A	1
2	90	100	A	2
3	110	95	A	3
4	115	90	A	2
5	130	105	A	2
6	132	110	A	1
7	143	95	A	3
8	151	100	A	2
9	174	105	A	1
10	178	80	A	3
11	210	70	A	2
12	220	80	A	1
13	200	90	B	3
14	185	70	B	3
15	215	110	B	1
16	190	95	B	2
17	120	70	B	0
18	140	95	B	3
19	160	100	B	3
20	150	90	B	2

[ファイル XX 02]

付表 A.3 仮想例 (3)

X1	Y1	X2	Y2	X3	Y3	X4	Y4
25	20	25	20	25	20	25	20
30	35	30	35	30	40	30	40
45	30	45	30	45	45	45	38
50	48	50	48	50	60	50	60
60	40	60	40	60	15	60	66
62	45	62	45	62	30	62	70
68	60	68	60	68	40	68	72
76	47	76	47	76	70	76	75
94	74	94	74	94	15	94	80
98	66	148	50	98	45	98	80
120	78	120	78	120	70	120	78
130	85	130	85	130	60	130	82

[ファイル XX 02]

付録

付表 A.4 仮想例(4)

X	Y	X	Y
207.4	297.7	295.1	298.8
243.0	244.0	242.6	300.0
79.0	246.2	329.6	301.5
157.1	259.5	411.9	349.6
215.6	295.1	386.3	343.0
343.0	202.8	400.6	418.0
279.4	242.6	170.5	352.0
285.4	216.3	300.0	468.7
340.7	329.6	349.6	334.5
265.2	275.3	418.0	474.4
356.3	411.9	468.7	345.2
469.0	208.1	474.4	496.0
172.0	386.3	496.0	374.2
129.8	273.6	509.3	487.0
317.9	400.6	463.3	535.6
297.7	239.9	535.6	433.1
246.2	170.5		

付表 A.5 仮想例(5)

```
10000 '
10001 '   変数：　X 所得，Y 食費支出，Z 雑費支出
10002 '
10010 data NOBS=8
10020 data VAR=X
10030 data 62, 136, 116, 160, 240, 122, 100, 121
10040 data VAR=Y
10050 data 53, 38, 41, 30, 36, 58, 34, 53
10060 data VAR=Z
10070 data 20, 25, 23, 31, 42, 33, 23, 27
```

付表 A.6 仮想例(6)

```
11000  '                                    ,
11001  '   2種の評価基準による評点           ,
11002  '                                    ,
11010  data NOBS=34
11020  data VAR=評点1
11030  data 50, 40, 70, 80, 40, 60, 20, 40, 40, 50, 70, 50, 30, 30, 80, 60, 50, 60, 60, 30
11040  data 80, 40, 70, 70, 80, 80, 30, 60, 70, 10, 40, 70, 50, 80
11050  data VAR=評点2
11060  data 42, 69, 49, 78, 49, 78, 60, 75, 60, 63, 63, 66, 72, 49, 84, 84, 75, 60, 75, 42
11070  data 78, 72, 72, 84, 69, 66, 49, 69, 78, 28, 66, 78, 60, 81
```

付表 A.7 仮想例(7)

```
12000  '                                    ,
12001  '   2種の評価基準による評点           ,
12002  '                                    ,
12010  data NOBS=49
12020  data VAR=一般教育科目
12030  data 2.32 2.34 1.90 1.79 1.70 1.90 2.12 2.86 2.03 1.13
12031  data 2.25 1.56 1.89 2.37 2.54 2.50 2.66 2.28 1.53 1.29
12032  data 1.80 2.21 1.74 1.61 1.76 1.79 2.62 2.85 1.80 1.93
12033  data 1.87 1.08 1.62 2.57 2.02 1.75 2.58 2.34 2.84 2.41
12034  data 1.89 2.31 2.39 2.03 1.32 2.21 2.88 1.00 1.91
12050  data VAR=専門教育科目
12060  data 2.68 2.00 2.05 1.42 2.35 1.64 1.91 2.14 1.29 1.27
12061  data 1.74 1.25 1.80 2.20 1.15 2.07 2.48 2.14 1.30 1.18
12062  data 1.74 1.80 2.14 1.25 2.10 1.65 1.77 1.62 1.87 2.04
12063  data 1.42 0.91 1.38 2.70 2.00 1.68 1.90 1.96 1.95 1.21
12064  data 1.77 1.46 2.09 1.77 1.10 1.62 2.44 1.13 1.41
```

注：各科目の成績を 0, 1, 2, 3, 4 とおきかえた上で平均したもの．

付表 B 68 世帯の家計収支（1979 年平均）

ID	X1	X2	X6	X7	X8	X9	X10	X11	X12	X13	ID	X1	X2	X6	X7	X8	X9	X10	X11	X12	X13
1	4	1	399	345	329	99	50	20	103	58	36	4	2	1198	879	800	211	182	18	31	357
2	2	1	912	452	402	151	40	12	58	141	37	4	2	108	1196	1128	244	71	26	140	647
3	4	1	398	418	387	181	60	4	38	104	38	3	1	264	292	270	155	46	4	9	57
4	3	2	546	468	437	175	71	15	32	141	39	2	1	600	564	477	133	40	21	92	192
5	3	1	517	430	382	172	0	5	16	190	40	3	1	901	637	576	131	18	23	102	302
6	2	1	400	384	377	141	53	7	40	136	41	4	1	678	704	657	182	24	17	39	396
7	2	2	1514	1794	1433	143	217	15	12	1046	42	4	1	223	262	242	160	22	11	6	43
8	3	1	694	461	434	213	37	21	20	143	43	5	3	1305	1293	1152	375	171	18	137	452
9	4	2	2065	1288	971	236	5	32	11	687	44	5	2	1663	782	640	252	11	6	4	367
10	5	2	1085	837	608	214	27	29	31	307	45	4	1	1210	698	602	251	59	61	31	201
11	4	1	655	681	582	196	40	20	36	290	46	4	2	469	481	427	185	2	46	48	145
12	3	1	846	876	771	225	55	22	64	406	47	6	2	769	865	745	314	14	38	80	300
13	6	2	791	710	595	308	18	18	80	174	48	5	2	945	1381	1259	186	3	19	55	996
14	5	1	766	747	664	285	11	11	51	306	49	5	1	792	852	731	312	25	22	36	337
15	4	1	533	449	414	202	48	20	37	107	50	6	1	540	687	626	322	57	38	48	161
16	4	1	784	631	538	226	16	11	52	233	51	2	1	1106	619	473	104	82	18	5	263
17	2	2	877	775	346	190	54	15	31	57	52	4	1	937	658	627	224	54	20	30	299
18	3	1	475	391	371	166	52	14	46	93	53	5	2	1092	1207	1151	268	585	37	28	232
19	5	1	654	646	612	171	8	20	24	88	54	5	2	1698	1086	982	367	132	39	56	387
20	4	1	995	836	771	272	155	33	87	224	55	4	1	551	552	493	212	52	16	4	208
21	4	2	1142	1036	971	227	149	24	60	512	56	3	1	477	985	957	146	334	20	381	76
22	7	2	1444	1420	1386	470	140	31	124	620	57	3	2	1008	955	855	273	38	46	42	455
23	2	1	608	484	404	194	54	14	0	142	58	4	2	1240	747	606	274	3	31	37	262
24	3	2	713	454	385	231	4	14	37	100	59	7	4	1226	1033	949	348	1	22	8	569
25	5	1	752	610	549	269	4	20	54	202	60	5	2	426	1776	1740	459	1151	15	0	113
26	5	1	403	420	385	246	5	23	8	104	61	3	2	1496	1068	897	326	5	10	123	434
27	3	1	637	400	369	123	19	17	54	156	62	3	2	880	778	740	240	24	13	120	344
28	4	1	577	517	434	207	6	8	89	124	63	4	1	638	709	652	270	20	14	45	302
29	4	1	720	589	516	155	50	28	72	211	64	4	1	431	422	376	153	38	19	15	151
30	2	1	376	354	319	160	3	9	20	127	65	3	1	417	396	366	141	37	14	29	145
31	4	2	581	437	383	225	38	17	0	103	66	5	2	585	652	585	218	43	14	12	298
32	3	1	782	621	565	284	28	21	51	182	67	2	2	804	459	394	77	57	11	110	138
33	3	1	657	961	889	175	26	15	92	581	68	3	2	627	422	396	160	100	20	5	111
34	5	2	830	566	448	276	18	24	23	107											
35	3	1	387	350	327	123	87	5	31	81											

（百円/月）　X1：世帯人員，　X2：有業者数，　X6：収入総額，　X7：実支出，　X8：消費支出総額，　X9：食費，　X10：被服費，　X11：住居費，　X12：光熱費，　X13：雑費

［ファイル DH10 or DH10V］

付表 C

付表 C.1 典型的な集計表（年間収入階級別）

年間 収入階級	N	X1	X2	X3	Y1	Y2	Y3	Y4	Y5	Y6	Y7
0～99	10	86	2.47	43.5	161	98	91	31948	5453	2145	6286
100～149	68	127	2.76	46.1	269	148	139	43067	7761	3651	9527
150～199	180	177	3.06	42.5	301	160	147	48676	8495	4077	9668
200～249	379	229	3.23	38.9	370	195	175	51797	9285	4086	12036
250～299	572	275	3.41	39.4	417	215	188	56295	11104	4949	13436
300～349	882	324	3.59	39.2	483	247	215	63201	12789	6708	17091
350～399	1068	373	3.68	39.1	542	267	229	65520	14082	7376	18533
400～449	1023	423	3.83	40.4	597	294	248	71309	15190	8115	21483
450～499	993	473	3.87	41.4	660	323	269	74256	17143	10586	23481
500～549	879	522	3.88	42.7	703	343	280	74952	18819	11800	25477
550～599	804	573	3.90	44.0	766	372	303	78309	19945	11773	25223
600～649	665	624	3.92	45.0	820	407	326	82520	23672	16364	31060
650～699	526	672	3.94	45.8	856	415	330	81682	23286	17710	29645
700～749	408	724	3.96	46.0	905	433	338	84417	24255	16170	30096
750～799	300	774	4.11	46.6	961	467	363	86487	23399	17373	33870
800～899	487	844	3.94	47.7	996	486	376	86952	28224	20431	32811
900～999	311	942	4.12	48.7	1105	534	412	90148	31185	21272	42783
1000～	440	1203	4.10	50.3	1362	687	505	97152	46427	25123	46514

N：世帯数，X1：年間収入（千円），X2：世帯人員，X3：世帯主の年齢，Y1：収入総額（千円），Y2：実支出（千円），Y3：消費支出（千円），Y4：食費支出（円），Y5：被服費支出（円），Y6：教育費支出（円），Y7：教養娯楽費支出（円）

家計調査年報（1984年）［ファイル DK31］

付表 C.2 典型的な集計表（年間収入十分位階級別）

年間収入 十分位階級	N	X1	X2	X3	Y1	Y2	Y3	Y4	Y5	Y6	Y7
I	1000	223	3.19	40.4	362	189	169	51362	9441	4206	11787
II	1000	315	3.57	38.9	471	242	211	62058	12469	6525	16363
III	1000	367	3.68	39.0	530	262	224	65111	13509	7333	18013
IV	1000	414	3.80	40.2	587	294	249	70753	15512	8001	21260
V	1000	464	3.88	41.4	653	316	264	73727	16791	9967	22917
VI	1000	516	3.86	42.8	698	341	279	75003	18658	11526	25420
VII	1000	576	3.90	43.8	770	372	302	78294	20453	11787	25993
VIII	1000	648	3.94	45.5	839	412	330	82424	23476	17514	30490
IX	1000	760	3.98	46.5	941	453	352	85208	25466	17800	31741
X	1000	1038	4.07	49.3	1197	593	447	92749	36589	22627	42293

付表 C.1 と同じ［ファイル DK31A］

付表 C.3 典型的な集計表（年齢階級別）

世帯主の年齢階級	N	X1	X2	X3	Y1	Y2	Y3	Y4	Y5	Y6	Y7
～29	753	—	3.12	26.7	541	261	222	54245	13230	1906	18180
30～34	1582	—	3.84	32.3	613	295	247	65898	15308	6270	21277
35～39	1855	—	4.18	36.8	651	318	262	74142	17075	8898	26370
40～44	1715	—	4.22	41.9	730	358	291	82905	20332	15807	28563
45～49	1386	—	4.05	47.0	782	395	322	83551	22787	26080	25210
50～54	1266	—	3.55	51.9	845	421	332	76371	24640	16638	25459
55～59	944	—	3.15	56.8	796	397	311	70686	22651	4876	24516
60～	498	—	2.75	64.1	607	304	253	64874	15242	2424	21123

付表 C.1 と同じ［ファイル DK32］

付表 C.5 典型的な集計表（年間収入および年齢階級別）

年間収入階級区分	年齢階級区分						
	平均	～30	30～40	40～50	50～60	60～70	70～80
Y3：実収入							
平均	375863	270518	328240	400259	463897	382689	376918
～ 100	134675	140018	137395	162991	109214	86667	87714
100～ 200	155372	161609	157264	152391	151270	149612	146369
200～ 300	215363	208886	216691	225880	219720	192779	211419
300～ 400	266515	249563	263655	278927	275984	263701	228273
400～ 500	318951	307668	312054	327289	334461	319431	343732
500～ 600	371259	358690	361844	373659	386559	384061	385341
600～ 800	447854	424612	430254	446131	486580	455710	450067
800～1000	554563	481184	528642	537483	585084	564050	545182
1000～	716845	682833	662920	686150	744294	745959	837550
Y5：食料費支出							
平均	76663	55947	73299	86522	76859	67645	64826
～ 100	41299	33120	38020	55673	35124	49055	25747
100～ 200	47817	44546	50361	51827	45638	41755	40484
200～ 300	56575	48589	59364	64916	54838	51309	40836
300～ 400	65105	55271	65312	74987	62357	57886	63271
400～ 500	73827	60768	73151	81050	68226	64674	67118
500～ 600	79132	63282	78483	85364	71828	68976	54130
600～ 800	84465	68269	83171	91155	78304	72893	73125
800～1000	92583	79354	93803	99500	86013	85475	57926
1000～	101532	93351	108075	108974	95982	92799	107458

全国消費実態調査報告（1984 年）［ファイル DK44X］

付表 C.4 典型的な集計表(世帯人員別)

世帯人員数区分	N	X1	X2	X3	Y1	Y2	Y3	Y4	Y5	Y6	Y7
2人	1538	—	2.00	47.7	621	300	241	54225	16435	363	19683
3人	2244	—	3.00	43.3	680	335	271	65517	19145	5966	22102
4人	3920	—	4.00	41.1	719	354	288	77120	19949	15132	25975
5人	1612	—	5.00	42.0	759	379	310	86423	20597	18968	27711
6人	510	—	6.00	41.7	754	375	313	91731	19230	20068	25386
7人	146	—	7.00	42.8	845	405	345	102758	17244	18622	42539
8人	31	—	8.24	38.0	668	351	305	95381	13089	13133	23765

付表 C.1 と同じ「ファイル DK33」

付表 C.6 典型的な集計表(年間収入および世帯人員別)

年間収入階級区分	平均	世帯人員区分					
		2人	3人	4人	5人	6人	7人
Y3：実収入							
平均	375863	333016	360381	377791	399802	428762	434641
～ 100	134675	121244	140786	186789	142031	X	X
100～ 200	155372	144879	157411	161691	183269	193562	173306
200～ 300	215363	200462	213380	220458	232414	243133	238920
300～ 400	266515	254438	258253	268934	277495	281578	296158
400～ 500	318951	312501	318558	319134	320236	326621	331349
500～ 600	371259	373477	373618	368022	374252	372076	372406
600～ 800	447854	445183	449189	445795	449820	455372	442424
800～1000	554563	541602	572784	555275	551022	543585	539128
1000～	716845	724966	735489	739772	693447	677659	668121
Y5：食料費支出							
平均	76663	56525	67189	80788	88114	92382	95495
～ 100	41229	36316	43831	50855	56328	X	X
100～ 200	47817	41851	48668	53739	57131	60483	79787
200～ 300	56575	47134	53148	61612	68498	72070	77027
300～ 400	65105	52152	59092	69965	74989	75503	85648
400～ 500	73827	56320	66993	77101	82009	85525	89015
500～ 600	79132	60688	69308	82661	88703	90213	87672
600～ 800	84465	64377	75121	88090	94172	93339	94481
800～1000	92583	66059	81537	96474	100965	100601	108127
1000～	101532	75882	87935	102595	108991	117394	113799

全国消費実態調査報告 (1984年)[ファイル DK45X]

付　録

表 C.7 典型的な集計表（食費支出額の分布および分布特性値）

	世帯数	食費支出金額分布								分布特性値		
		0.0 ~2.0	2.0 ~3.5	3.5 ~5.0	5.0 ~6.5	6.5 ~8.0	8.0 ~9.5	9.5 ~11.0	11.0 ~12.5	12.5 ~	Q1	Q2	Q3
年齢区分													
計	100000	178	3020	11946	20994	23079	18547	11747	5613	4877			
30 未満	7838	48	800	2501	2372	1286	507	241	31	53	426	536	661
30~	36023	32	833	4215	8859	9700	6745	3395	1345	899	574	710	863
40~	32331	24	353	1724	4656	7141	7507	5454	2904	2567	681	842	1019
50~	19605	41	704	2628	4053	4241	3207	2397	1144	1190	564	731	941
60~	3818	25	282	744	991	680	543	243	173	136	487	624	839
70~	385	8	48	134	64	30	38	16	16	31	402	501	826
世帯人員													
計	100000	178	3020	11946	20994	23079	18547	11747	5613	4877			
2	14500	108	1524	4478	4180	2559	1021	431	128	72	430	539	675
3	21462	49	909	3797	6326	5074	2943	390	585	389	519	641	797
4	38656	15	395	2592	7270	10019	8814	5511	2348	1692	639	786	948
5	16487	3	148	704	2202	3757	3767	2821	1581	1504	682	853	1040
6	6545	3	32	297	737	1253	1477	1159	767	819	723	888	1091
7	2350	0	12	77	279	417	525	434	204	401	735	919	1111
年間収入													
計	100000	178	3020	11946	20994	23079	18547	11747	5613	4877			
I	10000	106	1261	3049	2997	1618	610	260	65	35	413	528	657
II	10000	19	541	2207	3011	2467	1140	445	104	67	487	608	745
III	10000	6	261	1435	2799	2766	1623	704	262	145	548	676	818
IV	10000	13	245	1061	2480	2780	1931	968	349	172	577	714	862
V	10000	5	223	1045	2154	2656	2024	1213	408	272	597	738	893
VI	10000	18	123	792	1950	2598	2288	1407	506	318	626	774	930
VII	10000	2	129	728	1692	2466	2428	1496	650	428	646	800	956
VIII	10000	5	126	804	1408	2171	2397	1596	871	622	663	828	1002
IX	10000	5	57	511	1430	1999	2284	1690	1099	925	692	862	1053
X	10000	0	54	315	1071	1579	1821	1968	1300	1893	750	964	1171

対象：勤労者世帯　全国消費実態調査（1984 年）（総務庁統計局）
［ファイル DK 80＋dk 80 X］

付表 C.8　食費支出額, 雑費支出額の分布特性値

可処分所得階級区分	世帯数	食費支出			雑費支出		
		Q1	Q2	Q3	Q1	Q2	Q3
計	100000						
0～6	147	23768	38747	60935	21543	37762	53352
6～8	334	26546	35313	42044	17383	26984	46553
8～10	770	31283	38420	52818	22692	33517	49619
10～12	1486	32880	41380	49754	27442	42740	58883
12～14	3194	37888	46238	55627	35325	48456	65171
14～16	5882	40678	48988	58776	40501	54539	73427
16～18	8053	43563	53522	64222	47700	61972	79424
18～20	10100	47487	57489	68488	53579	69556	90629
20～22	10633	50344	61036	72905	61938	79002	100652
22～24	10681	52626	64183	74258	67401	86037	109675
24～26	9532	54857	66997	79850	73263	94405	119824
26～28	8222	55712	69735	83743	79970	102592	131742
28～30	6844	57346	71487	85892	88086	113576	145983
30～35	11143	59769	73928	88643	96253	125898	166169
35～40	5791	60862	75474	94328	107572	146045	191850
40～45	3122	61604	78425	96181	125324	165897	221415
45～50	1742	64180	83322	99122	130786	186492	246894
50～80	2334	65080	84376	104599	156977	216138	306823

Q1, Q2, Q3 は第1四分位値, 中位値, 第3四分位値
　　　　　　　　　対象：勤労者世帯　全国消費実態調査 (1979年)（総務庁統計局）
　　　　　　　　　　　　　　　　　　　　　　　　　　　　［ファイル未登録］

付表 C.9　年次比較

区分	年平均支出額（勤労者世帯）					
	70年	75年	80年	85年	90年	95年度
収入総額		364774	563465	753309	926965	1045240
実収入	112949	236152	349686	444846	521757	570817
実支出	91897	186676	282263	360642	412813	438307
消費支出計	82582	166032	238126	289489	331595	349863
A 食料	26605	49828	66245	74369	79993	78947
B 住居	4364	8419	11297	13748	16475	23412
C 光熱・水道	3402	6859	12693	17125	16797	19531
D 家具・家事用品	4193	8243	10092	12182	13103	13040
E 被服・履物	7653	14993	17914	20176	23902	21085
F 保健・医療	2141	3957	5771	6814	8670	9334
G 交通・通信	4550	10915	20236	27950	33499	38524
H 教育	2212	4447	8637	12157	16827	18467
I 教養・娯楽	7619	14080	20135	25269	31761	33221
J その他の消費支出	19837	44351	65105	79699	90569	94082

　　　　　　　　　　　　　　　　　　　　　　　　　　　　家計調査年報［DK 30］

付表 C.10　家計調査による品目別購入量（全世帯）

年齢	1979 年				1984 年				1989 年				1994 年			
	米	パン	魚	肉	米	パン	魚	肉	米	パン	魚	肉	米	パン	魚	肉
20～	99	278	246	290	89	231	262	308	62	267	182	284	47	240	156	335
25～	100	326	405	375	86	304	301	306	58	311	252	316	46	309	211	334
30～	129	406	486	423	112	404	403	409	76	389	327	380	58	381	284	375
35～	166	461	583	499	142	471	504	477	110	457	417	472	79	469	357	449
40～	206	483	586	542	187	521	509	582	147	513	502	576	113	527	462	569
45～	210	459	578	525	205	471	610	584	156	473	574	602	125	500	543	576
50～	199	372	678	482	181	381	584	480	152	390	582	496	130	407	594	524
55～	177	336	611	417	164	318	597	401	141	331	545	403	123	345	569	415
60～	174	311	624	381	147	315	588	341	133	302	545	351	115	320	532	360
65～	161	328	579	336	143	323	531	300	117	288	486	285	103	301	481	279

世帯あたり年間平均購入量．単位はうるち米（kg），パン（100 g），生鮮魚（100 g），生鮮肉（100 g）

家計調査年報（総務庁統計局）

［ファイル未登録］

付表 D

付表 D.1　賃金月額（疑似個別データ）

```
20000  '
20001  ' 年齢 8 区分 (020-24/25-29/…/55-59'
20002  ' 対象    製造業    男＋女
20003  ' 年次    83 年
20004  '
20010  data SET＝給与月額 ＆ 年齢 for 製造業/83 年
20020  data NOBS＝80/NVAR＝2
20030  data 142, 20, 126, 20, 118, 20,  97, 20, 131, 20
20080  data 134, 20, 150, 20, 224, 20, 116, 20, 132, 20
20150  data 217, 25, 153, 25, 167, 25, 170, 25, 149, 25
20200  data 112, 25, 206, 25, 147, 25, 114, 25, 178, 25
20270  data 217, 30, 134, 30, 272, 30, 162, 30, 187, 30
20320  data 276, 30, 207, 30, 224, 30, 105, 30, 119, 30
20370  data 181, 30, 160, 30, 301, 35, 215, 35, 221, 35
20440  data 176, 35, 237, 35, 102, 35, 208, 35, 327, 35
20490  data 191, 35, 194, 35, 202, 35, 136, 35, 251, 40
20560  data 165, 40, 198, 40, 169, 40, 103, 40, 138, 40
20610  data 228, 40, 279, 40, 225, 40, 406, 40, 296, 40
20660  data 121, 40, 295, 45, 247, 45,  95, 45, 224, 45
20740  data 233, 45, 378, 45, 141, 45, 426, 45, 306, 45
20790  data 309, 45, 231, 45, 208, 50, 335, 50, 257, 50
20860  data 220, 50, 226, 50, 178, 50, 433, 50, 290, 50
20930  data  94, 55, 256, 55, 265, 55, 183, 55, 312, 55
20980  data END
```

賃金構造基本調査（1983）（労働省）

［ファイル DE 11］

注：分布表形式の集計表の度数に合致するように，乱数を発生させることによってジェネレートした疑似個別データである．個別データを扱う手法のプログラムを適用するために，この疑似データを使うことができる．

付表 D.2　平均賃金の年齢区分別比較

産業・性別・学歴・年次	年齢区分							
	20～24	25～29	30～34	35～39	40～44	45～49	50～54	55～
製造業・男・高卒・81年	152.5	189.9	227.9	264.5	280.0	287.0	284.5	255.2
製造業・男・大卒・81年	153.0	190.5	247.8	299.5	348.4	391.5	418.7	388.1
製造業・女・高卒・81年	114.4	123.5	126.0	120.5	120.7	122.2	132.7	131.6
製造業・女・大卒・81年	130.6	148.8	181.7	211.1	236.0	246.3	211.0	170.7
商業　・男・高卒・81年	139.1	184.4	221.8	270.2	286.1	292.8	288.0	261.1
商業　・男・大卒・81年	146.6	182.2	241.5	296.4	354.9	406.0	390.1	379.5
商業　・女・高卒・81年	117.5	133.4	142.4	145.9	145.9	149.4	160.0	161.1
商業　・女・大卒・81年	130.4	145.8	167.4	173.3	233.8	172.7	219.9	157.9
製造業・男・高卒・86年	146.1	178.2	217.8	254.3	294.7	309.3	310.8	281.8
製造業・男・大卒・86年	160.0	189.4	239.2	305.9	376.5	448.1	489.6	454.1
製造業・女・高卒・86年	127.5	134.3	135.1	134.3	133.1	135.9	142.6	149.4
製造業・女・大卒・86年	152.1	168.2	182.4	234.6	242.8	288.0	299.7	240.0
商業　・男・高卒・86年	147.4	184.8	230.8	272.0	313.7	340.9	340.5	291.1
商業　・男・大卒・86年	161.9	193.6	248.5	317.8	386.8	448.5	463.2	433.2
商業　・女・高卒・86年	129.7	146.2	162.3	161.8	164.7	169.1	174.3	179.
商業　・女・大卒・86年	149.8	173.1	194.3	230.7	283.8	231.7	195.4	194.0
製造業・男・高卒・91年	175.3	210.7	246.0	287.0	324.1	365.3	369.7	335.2
製造業・男・大卒・91年	196.7	227.6	283.2	346.1	425.2	506.0	570.9	541.6
製造業・女・高卒・91年	152.2	164.9	159.1	158.3	161.2	164.0	164.3	164.3
製造業・女・大卒・91年	188.4	210.8	235.0	250.0	273.8	324.0	394.4	323.2
商業　・男・高卒・91年	183.3	220.9	262.2	306.1	348.9	404.7	401.1	374.6
商業　・男・大卒・91年	198.2	235.2	293.8	346.3	429.6	490.9	561.9	514.3
商業　・女・高卒・91年	158.6	179.7	194.7	193.6	202.7	209.1	207.3	207.0
商業　・女・大卒・91年	190.4	214.0	235.8	262.9	268.4	292.2	323.3	254.4

指標値：所定内給与額の平均値

賃金センサス（労働省）
［ファイル DE 40］

付表 D.3　年齢および平均月間所定内給与階級別労働者数（男女計，製造業，1983年）

給与 （千円）	年齢階級							
	20～24	25～29	30～34	35～39	40～44	45～49	50～54	55～59
～ 49	41	29	42	32	35	44	33	16
50～ 59	75	103	177	174	232	216	218	120
60～ 69	279	436	675	852	847	864	744	475
70～ 79	1014	1051	1757	1975	2262	2314	1713	1055
80～ 89	2643	1970	2913	3330	4436	4665	3224	1738
90～ 99	5047	2486	3096	3787	5568	5667	4097	2053
100～109	10483	2991	3045	3600	5117	5719	3854	1955
110～119	17367	3473	2594	2805	4280	4788	3461	1771
120～139	36312	13441	5834	4519	6242	7041	5693	3317
140～159	17873	22013	9265	4938	4945	5601	5096	3607
160～179	5419	20051	15417	6916	5458	5737	4836	3617
180～199	1754	12768	20017	10711	7084	6170	5203	3624

200～219	542	6128	19513	13800	9861	7594	5729	3323
220～239	205	2759	14311	15093	11435	8689	6106	2824
240～259	105	1103	8462	12822	11959	8779	5893	2415
260～279	46	436	4734	9607	10106	7468	4965	2064
280～299	8	216	2459	6892	7660	5926	3881	1667
300～349	41	226	2410	8422	11952	9305	6216	2677
350～399	—	43	515	2765	5858	5140	3329	1238
400～449	—	22	170	835	3389	3437	2112	712
450～499	—	25	71	207	1506	2240	1482	523
500～549	—	3	60	118	502	1233	1017	314
550～599	—	—	42	28	184	514	617	184
600～699	—	—	—	62	132	369	546	233
700～799	—	—	—	6	52	95	135	86
800～	—	2	—	—	5	22	46	49
合　計	99254	91759	117575	114295	121105	109736	80244	41657

賃金センサス報告書(1983)(労働省)
この表の区分を集約した数字［ファイルDE 03］

付表 D. 4　月間所定内給与額の分布特性値

年齢区分	年齢区分							
	全体	20～24	25～29	30～34	35～39	40～44	45～49	50～54	55～59
91年・製造業・男								
D1	165.9	144.3	167.7	189.9	211.0	227.6	236.4	227.3	191.3
Q1	205.8	155.7	188.2	219.8	247.7	272.5	288.4	282.5	240.9
Q2	270.6	175.3	211.8	252.3	290.1	322.9	348.3	343.6	302.8
Q3	346.4	195.2	237.9	290.2	338.2	386.4	434.1	435.7	380.4
D9	441.8	217.3	268.6	332.6	394.7	470.2	539.8	571.1	505.4
91年・製造業・女								
D1	107.2	124.6	122.7	106.8	103.2	104.2	104.9	103.7	101.3
Q1	126.4	141.6	146.7	126.1	119.4	121.3	122.2	121.5	117.5
Q2	149.6	154.9	170.9	156.8	143.7	144.7	145.3	144.6	140.8
Q3	177.8	171.1	194.0	198.8	191.5	182.0	179.6	178.4	174.3
D9	211.6	187.1	217.3	233.7	237.1	235.4	231.6	226.7	216.9
91年・商業・男								
D1	172.3	147.7	177.1	203.7	228.3	254.8	263.8	247.3	204.0
Q1	212.7	162.4	194.7	231.7	266.8	299.5	325.0	320.1	264.2
Q2	282.7	180.1	219.0	269.2	312.9	361.2	408.9	415.6	357.2
Q3	375.6	204.0	250.6	313.5	366.7	435.8	499.3	524.3	488.9
D9	485.9	234.0	289.1	362.3	433.9	514.0	597.1	647.8	622.2
91年・商業・女								
D1	128.3	133.1	144.8	136.9	123.7	122.9	126.0	121.6	118.8
Q1	147.7	148.5	164.8	164.9	150.2	147.2	151.6	147.1	143.2
Q2	170.5	162.6	187.4	205.0	192.1	189.5	191.4	184.4	179.5
Q3	202.3	178.6	209.3	240.2	246.4	243.8	246.5	236.1	231.0
D9	247.9	196.0	230.2	270.7	292.5	308.1	314.0	307.5	288.2

分布特性値　D1：第1十分位値，Q1：第1四分位値，Q2：中位値，Q3：第3四分位値，D9：第9十分位値

賃金構造基本調査(労働省)
［ファイルDE20A, DE20B］

付表 E

付表 E.1　新婚夫婦の年齢差

1990 年

妻の年齢	夫の年齢																	
	18	19	20	21	22	23	24	25	26	27	28	29	30	31	32	33	34	35
18	8	10	10	8	6	5	3	2	2	1	1	1	1	1	0	0	0	0
19	5	20	20	17	14	10	8	7	5	4	3	2	2	1	1	1	1	1
20	2	9	36	32	27	21	17	16	13	10	8	6	5	4	3	2	2	1
21	1	4	17	46	42	35	28	31	25	21	17	13	10	8	5	4	2	2
22	0	2	8	23	64	55	46	50	45	38	33	25	19	14	9	6	4	3
23	0	1	4	10	31	87	68	77	67	59	50	38	28	21	13	8	6	4
24	0	1	3	6	14	37	101	102	88	74	65	50	37	26	17	11	8	5
25	0	0	2	5	10	21	51	153	125	104	90	72	56	39	26	17	11	7
26	0	0	1	3	6	12	22	61	125	99	84	69	57	42	29	20	13	8
27	0	0	1	2	3	7	12	25	47	85	70	61	52	42	30	20	15	9
28	0	0	0	1	2	4	7	13	21	35	56	47	42	36	28	21	16	11
29	0	0	0	1	1	2	4	7	11	15	23	34	31	28	22	18	14	11
30	0	0	0	0	1	1	2	4	5	7	9	14	21	19	16	14	12	10
31	0	0	0	0	0	1	1	2	3	4	5	6	9	14	11	10	9	8
32	0	0	0	0	0	0	1	1	2	2	3	3	5	6	9	7	7	6

新婚夫婦（初婚どうし）についての夫の年齢と妻の年齢（単位百組）

人口動態統計調査年報（厚生省）
［ファイル DF 50］

付表 E.2　新婚夫婦の年齢

1990 年

(18, 18) (22, 18) (20, 19) (24, 19) (20, 20) (21, 20) (24, 20) (28, 20) (21, 21) (22, 21)
(23, 21) (25, 21) (27, 21) (20, 22) (22, 22) (23, 22) (24, 22) (25, 22) (26, 22) (28, 22)
(29, 22) (35, 22) (23, 23) (23, 23) (24, 23) (25, 23) (25, 23) (26, 23) (27, 23) (28, 23)
(30, 23) (32, 23) (23, 24) (24, 24) (24, 24) (25, 24) (25, 24) (26, 24) (27, 24) (27, 24)
(28, 24) (29, 24) (30, 24) (33, 24) (23, 25) (24, 25) (25, 25) (25, 25) (26, 25) (26, 25)
(26, 25) (27, 25) (27, 25) (28, 25) (29, 25) (30, 25) (31, 25) (32, 25) (40, 25) (25, 26)
(26, 26) (26, 26) (26, 26) (27, 26) (27, 26) (28, 26) (29, 26) (30, 26) (31, 26) (32, 26)
(37, 26) (25, 27) (27, 27) (27, 27) (28, 27) (29, 27) (30, 27) (31, 27) (32, 27) (37, 27)
(26, 28) (28, 28) (29, 28) (30, 28) (31, 28) (34, 28) (25, 29) (29, 29) (30, 29) (33, 29)
(38, 29) (30, 30) (33, 30) (42, 30) (32, 31) (27, 32) (38, 32) (33, 33) (36, 34) (42, 38)

表 E.1 の分布に合致するように 100 組を選んだ疑似個別データ

［ファイル DF52NEW］

付表 F

付表 F.1　耐久消費財普及率の推移

年次	X1	X2	X3	X4	X5	X6
64		38.2		1.7		
65		51.4		2.0		
66	14.3	61.6		2.0	0.3	0.3
67	16.7	69.7		3.8	1.6	1.6
68	21.4	77.6		3.9	5.4	5.4
69	28.6	84.6		4.7	13.9	13.9
70	37.4	89.1	2.1	5.9	26.3	26.3
71	46.0	91.2	3.0	7.7	42.3	43.5
72	50.4	91.6	5.0	9.3	61.1	64.7
73	57.6	94.7	7.5	12.9	75.8	82.5
74	63.4	96.5	11.3	12.4	85.9	97.6
75	67.2	96.7	15.8	17.2	90.3	107.9
76	69.1	97.9	20.8	19.5	93.7	117.2
77	71.2	98.4	22.6	25.7	95.4	125.5
78	72.9	99.4	27.3	29.9	97.7	131.0
79	75.6	99.1	30.6	35.5	97.8	136.1
80	76.1	99.1	33.6	39.2	98.2	141.4
81	77.3	99.2	37.4	41.2	98.5	150.9
82	77.1	99.5	39.9	42.2	98.9	152.9
83	68.1	99.0	37.2	49.6	98.8	158.6
84	69.7	98.7	40.8	49.3	99.2	163.8
85	68.0	98.4	42.8	52.3	99.1	176.6
86	69.3	98.4	45.3	54.6	98.9	174.7
87	68.9	97.9	52.2	57.0	98.7	180.2
88	67.1	98.3	57.0	59.3	99.0	187.7
89	65.7	98.6	64.3	63.3	99.3	196.9
90	65.0	98.2	69.7	63.7	99.4	196.4
91	62.1	98.9	75.6	68.1	99.3	201.3
92	62.9	98.1	79.2	69.8	99.0	203.6
93	58.4	98.0	81.3	72.3	99.1	208.8
94	60.1	97.9	84.3	74.2	99.0	213.5
95	58.3	97.8	87.2	77.2	98.9	212.7

X1＝ガス湯沸し器普及率(66～95年)
X2＝電気冷蔵庫普及率(64～95年)
X3＝電子レンジ普及率(70～95年)
X4＝ホームエアコン普及率(64～95年)
X5＝カラーテレビ普及率(66～95年)
X6＝カラーテレビ保有率(66～95年)

消費動向調査年報(平成7年)(経済企画庁)
［ファイル DT 20］

付表 F.2　収入階級別耐久消費財普及率の推移

年次	年間収入　五分位階級別				
	I	II	III	IV	V
	電子レンジ				
74	6.7	9.2	11.8	14.1	22.4
79	21.9	25.1	29.6	31.9	41.7
84	37.9	48.0	52.4	55.1	64.1
89	59.3	70.3	73.7	77.7	83.4
94	81.1	89.1	91.3	92.2	94.4
	ルームエアコン				
64	0.8	1.1	1.4	1.9	7.1
69	2.4	3.3	4.7	7.0	16.9
74	12.1	17.1	21.4	25.7	39.4
79	34.6	44.0	46.1	50.1	59.3
84	40.6	51.8	55.4	57.2	66.6
89	50.9	60.8	66.2	67.6	77.6
94	69.2	77.5	80.4	81.7	86.9

全国消費実態調査（総務庁統計局）
[DT 22]

付表 G

付表 G　エネルギー需要と関連指標

年度	X	U	V	X*	U*	V*	H
65	146	32.9	56589	166	108.538	(22.3)	(65399)	24657
66	166	38.5	62337	177	123.604	(26.1)	(72042)	25520
67	190	45.5	68205	188	141.333	(30.8)	(78825)	26403
68	214	52.4	74745	198	158.642	(35.5)	(86382)	27115
69	250	61.2	81867	210	186.387	(41.5)	(94614)	28206
70	284	67.8	87404	218	211.226	(46.0)	101014	29146
71	297	69.1	92825	225	223.535	(46.8)	107264	30027
72	322	76.2	102556	240	240.305	(51.7)	118662	30853
73	354	85.7	109108	254	265.234	58.1	125784	31908
74	345	77.3	110479	247	257.787	52.4	127551	32628
75	341	73.9	114689	252	251.083	50.1	132481	33310
76	362	81.9	119296	256	266.319	55.5	137200	33911
77	366	84.5	123981	262	265.245	57.3	142556	34380
78	380	90.4	131784	271	273.315	61.3	151443	34859
79	390	97.6	138536	283	279.583	66.2	159290	36350
80	373	99.7	139654	282	264.508	67.5	160346	35831
81	364	101.7	142400	280	257.005	68.9	163800	36347
82	355	101.1	148532	288	248.806	68.5	171499	36859
83	368	107.6	152956	293	260.326	72.4	176716	37426
84					267.452	78.4	181126	37935
85					270.630	80.4	187665	38457
86					271.685	80.2	194824	38988
87					284.656	85.1	202905	39536
88					300.992	92.5	214162	40025
89					311.252	96.5	222225	40561

X＝最終エネルギー消費：単位100億 kcal，資源エネルギー庁「エネルギー統計年報」
X*＝同上（新推計値）
U＝鉱工業生産指数：1980年基準（通商産業省「鉱工業指数年報」）
U*＝同上：1990年基準
V＝家計最終消費支出：1980年基準価格10億円（経済企画庁「国民経済計算年報」）
V*＝同上：1990年基準価格10億円
H＝世帯数：各前年度末（自治省「住民基本台帳人口要覧」）
（ ）をつけた数字はリンク係数を使って計算したもの．

[ファイル DT 10 および DT10NEW]

付表 K

付表 K.1 消費者物価指数の推移

区分	ウエイト	81年	82年	83年	84年	85年	86年	45〜49歳の世帯でのウエイト
総合	10000	104.9	107.7	109.7	112.1	114.4	114.9	10000
A 食料	3846	105.3	107.2	109.4	112.5	114.4	114.6	3795
B 住居	519	104.0	107.1	110.3	113.2	116.2	119.9	392
C 光熱・水道	628	107.7	111.5	111.2	111.0	110.6	105.1	597
D 家具・家事用品	523	104.5	105.3	106.0	106.9	107.6	107.6	450
E 被服・履物	960	104.0	107.0	109.5	112.3	116.1	118.7	1005
F 保健・医療	311	102.8	105.8	107.2	111.0	117.5	119.7	264
G 交通・通信	1113	103.4	108.7	107.8	108.8	111.1	110.3	1069
H 教育	411	107.5	114.1	119.7	124.9	130.5	135.2	778
I 教養・娯楽	1157	105.0	107.0	109.6	111.8	114.1	115.8	1119
J 雑費	532	104.5	106.4	110.5	113.6	114.5	116.8	531

消費者物価指数統計年報（総務庁統計局）
［ファイル DU10］

付表 K.2 消費者物価指数

```
data    VAR=75年基準消費者物価指数    76/04-80/12
data    NOBS=57
data                    108.6, 108.9, 109.1, 109.7, 108.8, 110.7, 112.4, 112.4, 113.6
data    114.7, 115.3, 116.0, 117.9, 119.0, 118.4, 118.1, 118.1, 120.2, 120.8, 119.4, 119.1
data    119.6, 120.1, 121.2, 122.5, 123.2, 122.5, 123.0, 123.1, 124.6, 124.8, 123.5, 123.3
data    123.4, 123.0, 124.0, 125.7, 127.0, 127.1, 128.2, 126.9, 128.5, 130.1, 129.6, 130.4
data    131.6, 132.8, 133.9, 136.2, 137.4, 137.8, 138.1, 137.9, 140.0, 140.2, 140.5, 139.6
data    VAR=対前年同月比    76/04-77/12
data    NOBS=21
data                      9.3,   9.2,   9.5,   9.9,   9.2,   9.7,   8.6,   9.1,  10.4
data      9.2,   9.2,   9.4,   8.6,   9.3,   8.3,   7.7,   8.5,   7.6,   7.5,   6.2,   4.8
data    VAR=80年基準消費者物価指数    78/01-81/12
data    NOBS=48
data     87.2,  87.5,  88.3,  89.3,  89.8,  89.3,  89.7,  89.7,  90.8,  91.0,  90.0,  89.9
data     89.9,  89.7,  90.4,  91.6,  92.6,  92.6,  93.4,  92.5,  93.7,  94.8,  94.5,  95.0
data     96.1,  96.8,  97.4,  99.2, 100.1, 100.6, 100.6, 100.3, 102.1, 102.3, 102.5, 102.1
data    103.1, 103.0, 103.3, 104.3, 105.2, 105.3, 105.0, 104.4, 106.1, 106.5, 106.2, 106.5
data    VAR=対前年同月比    78/01-81/12
data    NOBS=48
data      4.3,   4.2,   4.5,   3.9,   3.5,   3.5,   4.1,   4.2,   3.7,   3.3,   3.4,   3.5
data      3.2,   2.4,   2.3,   2.6,   3.1,   3.8,   4.2,   3.1,   3.1,   4.2,   4.9,   5.8
data      6.6,   8.0,   8.0,   8.4,   8.2,   8.4,   7.7,   8.7,   8.9,   7.8,   8.4,   7.1
data      7.3,   6.4,   6.3,   5.1,   5.1,   4.7,   4.4,   4.1,   3.9,   4.1,   3.6,   4.3
```

消費者物価指数年報（総務庁統計局）
［ファイル DT61］

付表 L

付表 L.1 身長・体重の年齢別推移

```
10000 ****************************
10001 *          年齢・性別身長と体重          *
10002 *                DI30.DAT               *
10003 *   平均身長および体重/年齢 1-25 の男女   *
10004 *   年次    1960 年/1980 年              *
10005 *              [国民栄養調査/厚生省]*
10009 ****************************
10100 data NOBS=25
10110 data VAR=身長(男)/1960 年
10120 data  77.9, 85.7, 93.4, 99.6,104.7,110.8,116.7,121.5,126.6,130.8
10130 data 135.9,141.0,147.6,153.6,158.7,161.1,163.2,162.9,163.2,161.1
10140 data 162.6,162.9,163.2,163.2,162.9
10210 data VAR=体重(男)/1960 年
10220 data 10.27,12.20,14.02,15.52,17.12,19.01,21.04,23.28,25.64,27.64
10230 data 30.48,34.18,39.10,43.94,49.44,52.76,54.86,55.98,55.44,55.58
10240 data 55.60,56.38,56.98,57.60,56.14
```

付表 L.2 身長と体重のクロス表

```
10000 ********************************
10001 *              身長と体重のクロス表              *
10002 *                   DI40.DAT                    *
10003 *   身長  17 区分  <150/150-/152-/154-/…/176-/178-/180-   for 男   *
10005 *   体重  22 区分  <40/40-/42-/44-/46-/…/76-/78-/80-      for 男   *
10007 *   年齢  15 以上    男女別                              *
10008 *   年次  1980 年              [国民栄養調査/厚生省]*
10009 ********************************
10110 data NOBS=17/NVAR=22
10120 data TABLE=身長体重(男)
10131 data 182,17,15,22,18,22,32,23,13, 6, 8, 2, 1, 2, 0, 1, 0, 0, 0, 0, 0, 0
10132 data 130, 4, 7,12,10,19,14,23,11, 8, 9, 6, 1, 3, 1, 0, 1, 0, 0, 0, 0, 1
10133 data 222, 3, 8,18,19,27,20,26,31,18,21,11, 4, 4, 6, 3, 2, 1, 0, 0, 0, 0
10134 data 296, 6, 5, 6,19,21,35,32,33,33,25,20,21,12,10, 9, 4, 4, 0, 0, 1, 0
10135 data 441, 5, 6,10,18,31,30,62,56,46,42,28,31,25,24, 7,13, 2, 4, 1, 0, 0
10136 data 550, 2, 2, 8,20,31,48,42,59,66,64,45,48,41,25,12,11, 7, 7, 3, 2, 6, 1
10137 data 634, 0, 2, 3,16,21,32,51,63,66,68,56,50,49,45,20,33,21,14, 7,12, 2, 3
10138 data 725, 0, 0, 3, 9,13,34,40,57,66,72,82,77,67,60,56,43,32,28,17,17, 4, 7, 8
10139 data 692, 1, 2, 2, 4,10,18,33,53,73,70,83,57,60,55,49,37,24,21,14,11, 4,13
10140 data 619, 1, 0, 0, 5, 9,16,30,41,49,50,51,67,78,51,44,33,28,18,14, 6,12,16
10141 data 539, 0, 0, 0, 1, 5, 6,18,31,51,49,56,74,40,54,25,22,26,28,20,12, 7,14
10142 data 416, 0, 0, 0, 0, 3, 5,13,13,32,36,36,41,23,47,32,23,25,23,13, 7, 19
10143 data 311, 0, 0, 0, 0, 3, 0, 2,13,12,16,26,32,32,30,28,22,24,20,13, 9,14,15
10144 data 202, 0, 0, 0, 0, 0, 0, 2, 5, 8,11,20,20,14,19,17,11,13,15,14,11, 5,17
10145 data 106, 0, 0, 0, 0, 0, 0, 0, 2, 7, 2, 6, 8,10, 9, 6,15,12, 6, 5, 6, 2,10
10146 data  57, 0, 0, 0, 0, 0, 0, 0, 0, 2, 1, 4, 6, 6, 5, 6, 2, 5, 3, 4, 2, 2, 9
10147 data  48, 0, 0, 0, 0, 0, 0, 0, 0, 0, 2, 2, 4, 5, 6, 3, 1, 4, 7, 1, 6, 1, 6
```

付録 C ● 統計ソフト UEDA

① まず明らかなことは
　　統計手法を適用するためには，コンピュータが必要

だということです．計算機なしでは実行できない複雑な計算，何回も試行錯誤をくりかえして最適解を見出すためのくりかえし計算，多種多様なデータを管理し利用する機能など，コンピュータが果たす役割は大きいのです．また，統計学の学習においても，コンピュータの利用を視点に入れて進めることが必要です．
　したがって，このシリーズについても，各テキストで説明した手法を適用するために必要なプログラムを用意してあります．
　② ただし，
　　「それがあれば何でもできる」というわけではない

ことに注意しましょう．
　道具という意味では，「使いやすいものであれ」と期待されます．当然の要求ですが，広範囲の手法や選択機能がありますから，当面している問題に対して，
　　「どの手法を選ぶか，どの機能を指定するか」

という「コンピュータにはまかせられない」ステップがあります．そこが難しく，学習と経験が必要です．「誰でもできます」と気軽に使えるものではありません．「統計学を知らなくても使える」ようにはできません．これが本質です．
　③ このため「統計パッケージ」は，「知っている人でないと使えない」という側面をもっているのですが，そういう側面を考慮に入れて使いやすくする…これは，考えましょう．たとえば，「使い方のガイドをおりこんだソフト」にすることを考えるのです．
　特に，学習用のテキストでは
　　「学習用という側面を考慮に入れた設計が必要」

です．
　UEDA は，このことを考慮に入れた「学習用のソフト」です．
　UEDA は，著者の名前であるとともに，Utility for Educating Data Analysis の略称です．
　④ 教育用ということを意図して，
　○ 手法の説明を画面上に展開するソフト
　○ 処理の過程を説明つきで示すソフト

○ 典型的な使い方を体験できるように組み立てたソフト
を，学習の順を追って使えるようになっています．たとえば「回帰分析」のプログラムがいくつかにわけてあるのも，このことを考えたためです．はじめに使うプログラムでは，何でもできるようにせず基本的な機能に限定しておく，次に進むと，機能を選択できるようにする … こういう設計にしてあるのです．

⑤　学習という意味では，そのために適した「データ」を使えるようにしておくことが必要です．したがって，UEDA には，データを入力する機能だけでなく，
　　　学習用ということを考えて選んだデータファイルを収録した
　　　「データベース」が用意されている
のです．収録されたデータは必ずしも最新の情報ではありません．それを使った場合に，「学習の観点で有効な結果が得られる」ことを優先して選択しているのです．

⑥　以上のような意味で，UEDA は，テキストと一体をなす「学習用システム」だと位置づけるべきものです．

⑦　このシステムは，10 年ほど前に DOS 版として開発し，朝倉書店を通じて市販していたものの Windows 版です．いくつかの大学や社会人を対象とする研修での利用経験を考慮に入れて，手法の選択や画面上での説明の展開を工夫するなど，大幅に改定したのが，本シリーズで扱う Version 6 です（第 9 巻に添付）．

⑧　次は，UEDA を使うときに最初に現われるメニュー画面です．このシリーズのすべてのテキストに対応する内容になっているのです．

　くわしい内容および使い方は第 9 巻『統計ソフト UEDA の使い方』を参照してください．

UEDA のメニュー画面

Utility for Educating Data Analysis	
1…データの統計的表現（基本）	8…多次元データ解析
2…データの統計的表現（分布）	9…地域メッシュデータ
3…分散分析と仮説検定	10…アンケート処理
4…2 変数の関係	11…統計グラフと統計地図
5…回帰分析	12…データベース
6…時系列分析	13…共通ルーティン
7…構成比の比較・分析	14…GUIDE

注：プログラムは，富士通の BASIC 言語コンパイラー FBASIC97 を使って開発しました．開発したプログラムの実行時に必要なモジュールは，添付されています．
　Windows は，95，98，NT，2000 のいずれでも動きます．

索　引

欧　文

DATAEDIT の使い方　34
dirty data　49

Hartwig の方法　92

LAR 法　84

RATECOMP の使い方　160
running trace　89

smoothing　90

TRIM　89
Tukey 線　85

VARCONV の使い方　35

XY プロット　78

ア　行

アウトライヤー　74, 84

移動平均　89
因果関係　38

ウエイトづけ　108

エンゲル係数　134

カ　行

回帰分析　23
回顧調査　125
加重回帰　87
加重積モデル　154
加重和モデル　154
仮説主導型　41
頑健性　86

季節変動　129
季節変動調整　129
級間分散　12, 21, 77
級内分散　12, 77
共分散　45
寄与度　55, 149
寄与率　149

クリーニング　49
クロス集計表　106
クロスセクションデータ　30, 121
区分け　9, 21
　　——の有効度　9

傾向線　23
決定係数　11, 75, 113, 117
限界性向値　138, 140
限界性向値などの推定値　147
顕在化　12

交互作用　13
個別データ　106

コホートデータ　121
コホート比較　122
混同効果　47

サ 行

最小2乗法　23
残差　15
残差対推定値プロット　81
残差対データ番号プロット　82
残差プロット　77
残差分散　20
3点トレース　66, 91

しきい値　185
時系列データ　121
指数的限界漸近モデル　186
指数的成長モデル　184
システムダイナミックス　171
時断面データ　121
質的データ　20
集計データ　27
　——の分析過程　113
集計の過程　113
集計表　105
集団　2
集団的規則性　2
集中域　66
集中楕円　62
集中多角形　62
主軸　54
主成分　53
循環現象　180
　——のモデル　190
状態継続期間　170
情報縮約　63
初期レベル　184

数量化　21
数量データ　20
ストック　161

ストック・フローのモデル　165
スプライン関数　101
スムージング　91

成長経路　181
成長速度　187
成分分解　37
積モデル　151
説明変数　73, 78
遷移確率　169
潜在情報量　12
全分散　12

相関係数　45
総合化　38
総合指標　55
粗回帰係数　97
粗評価値　13

タ 行

タイムラグ　179
滞留期間の情報　166
ダミー変数　100
探索的データ解析　193
弾力性係数　139, 140

値域区分　108

追跡調査　125

データ主導型　41
データをよむための補助線　43
統計的規則性　2
同時出生集団比較　122
等頻度原理　66

ナ 行

2次元散布図　38

索引

2数要約　62
2点トレース　62
2変数の関係をみる論理　37

ハ　行

端数調整　157
パーセントポイント　133
発生率　161

被説明変数　73, 78
標準偏差　7
ひろがりの大きさと方向　63

フロー　161
分散　45
　——の意味　5
分散分析　11, 14
分布特性値　107
分布のひろがり　60
分布の方向　60
分布表　107

平均値系列　28
平均値の対比　4
平均でみた傾向　114
並行ボックスプロット　92
変化率　128
変化量　128

飽和水準　187
補正した回帰係数　97
補正ずみ評価値　13

マ　行

モデル選定の考え方　191

ヤ　行

有病率　161

要因分析　149

ラ　行

ラウンド　52

レベルレート図　178

ロジスティックカーブ　183
ロジスティックカーブ（拡張型）　188
ロバスト回帰　87

ワ　行

和モデル　150

著者略歴

上田 尚一（うえだ・しょういち）

1927年 広島県に生まれる
1950年 東京大学第一工学部応用数学科卒業
　　　 総務庁統計局，厚生省，外務省，統計研修所などにて
　　　 統計・電子計算機関係の職務に従事
1982年 龍谷大学経済学部教授

主著 『パソコンで学ぶデータ解析の方法』Ｉ，Ⅱ（朝倉書店，1990，1991）
　　 『統計データの見方・使い方』（朝倉書店，1981）

講座〈情報をよむ統計学〉2
統計学の論理
定価はカバーに表示

2002年11月25日　初版第1刷

著　者　上　田　尚　一
発行者　朝　倉　邦　造
発行所　株式会社　朝　倉　書　店

東京都新宿区新小川町 6-29
郵便番号　162-8707
電　話　03 (3260) 0141
ＦＡＸ　03 (3260) 0180
http://www.asakura.co.jp

〈検印省略〉

© 2002〈無断複写・転載を禁ず〉　平河工業社・渡辺製本

ISBN 4-254-12772-3　C 3341　Printed in Japan

◆ 講座〈情報をよむ統計学〉◆

情報を正しく読み取るための統計学の基礎を解説

前龍谷大 上田尚一著
講座〈情報をよむ統計学〉1
統 計 学 の 基 礎
12771-5 C3341　　A5判 224頁 本体3400円

情報が錯綜する中で正しい情報をよみとるためには「情報のよみかき能力」が必要。すべての場で必要な基本概念を解説。〔内容〕統計的な見方／情報の統計的表現／新しい表現法／データの対比／有意性の検定／混同要因への対応／分布形の比較

前龍谷大 上田尚一著
講座〈情報をよむ統計学〉3
統 計 学 の 数 理
12773-1 C3341　　A5判 232頁 本体3400円

統計学でよく使われる手法を詳しく解説。〔内容〕回帰分析／回帰分析の基本／分析の進め方（説明変数の取上げ方）／回帰分析の応用／集計データの見方／系列データの見方／時間的推移の分析／アウトライヤーへの対処／2変数の関係要約／他

前龍谷大 上田尚一著
講座〈情報をよむ統計学〉9
統計ソフトUEDAの使い方
[CD-ROM付]
12779-0 C3341　　A5判 200頁 本体3400円

統計計算や分析が簡単に行え、統計手法の「意味」がわかるソフトとその使い方。シリーズ全巻共通〔内容〕インストール／プログラム構成／内容と使い方：データの表現・分散分析・検定・回帰・時系列・多次元・グラフ他／データ形式と管理／他

◆ シリーズ〈データの科学〉◆

林　知己夫 編集

元統数研 林知己夫著
シリーズ〈データの科学〉1
デ ー タ の 科 学
12724-3 C3341　　A5判 144頁 本体2600円

21世紀の新しい科学「データの科学」の思想とこころと方法を第一人者が明快に語る。〔内容〕科学方法論としてのデータの科学／データをとること―計画と実施／データを分析すること―質の検討・簡単な統計量分析からデータの構造発見へ

東洋英和大 林　文・帝京大 山岡和枝著
シリーズ〈データの科学〉2
調　査　の　実　際
—不完全なデータから何を読みとるか—
12725-1 C3341　　A5判 232頁 本体3500円

良いデータをどう集めるか？不完全なデータから何がわかるか？データの本質を捉える方法を解説〔内容〕〈データの獲得〉どう調査するか／質問票／精度.〈データから情報を読みとる〉データの特性に基づいた解析／データ構造からの情報把握／他

日大 羽生和紀・東大 岸野洋久著
シリーズ〈データの科学〉3
複 雑 現 象 を 量 る
—紙リサイクル社会の調査—
12727-8 C3341　　A5判 176頁 本体2800円

複雑なシステムに対し、複数のアプローチを用いて生のデータを収集・分析・解釈する方法を解説。〔内容〕紙リサイクル社会／背景／文献調査／世界のリサイクル／業界紙に見る／関係者：資源回収と消費／消費者と製紙産業／静脈を担う主体／他

統数研 吉野諒三著
シリーズ〈データの科学〉4
心　　を　　測　　る
—個と集団の意識の科学—
12728-6 C3341　　A5判 168頁 本体2800円

個と集団とは？意識とは？複雑な現象の様々な構造をデータ分析によって明らかにする方法を解説〔内容〕国際比較調査／標本抽出／調査の実施／調査票の翻訳・再翻訳／分析の実際（方法，社会調査の危機，「計量的文明論」他）／調査票の洗練／他

統数研 村上征勝著
シリーズ〈データの科学〉5
文　化　を　計　る
—文化計量学序説—
12729-4 C3341　　A5判 144頁 本体2800円

人々の心の在り様＝文化をデータを用いて数量的に分析・解明する。〔内容〕文化を計る／現象解析のためのデータ／現象理解のためのデータ分析法／文を計る／美を計る（美術と文化，形態美を計る―浮世絵の分析／色彩美を計る）／古代を計る他

上記価格（税別）は 2002 年 10 月現在